华 章 图 书

一本打开的书，一扇开启的门，
通向科学殿堂的阶梯，托起一流人才的基石。

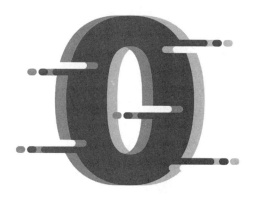

Low Code in Action

实战低代码

韦青 赵健 王芷 崔宏禹 徐涛 著

机械工业出版社
China Machine Press

图书在版编目（CIP）数据

实战低代码 / 韦青等著 . -- 北京：机械工业出版社，2021.6（2021.12 重印）
ISBN 978-7-111-68472-5

I. ①实… Ⅱ. ①韦… Ⅲ. ①程序设计 Ⅳ. ① TP311.1

中国版本图书馆 CIP 数据核字（2021）第 105127 号

实战低代码

出版发行：机械工业出版社（北京市西城区百万庄大街 22 号　邮政编码：100037）
责任编辑：杨绣国　　罗词亮　　　　　　　　　责任校对：殷　虹
印　　刷：三河市东方印刷有限公司　　　　　　版　　次：2021 年 12 月第 1 版第 3 次印刷
开　　本：186mm×240mm　1/16　　　　　　　印　　张：21.25
书　　号：ISBN 978-7-111-68472-5　　　　　　定　　价：99.00 元

客服电话：（010）88361066　88379833　68326294　　　投稿热线：（010）88379604
华章网站：www.hzbook.com　　　　　　　　　　　　读者信箱：hzjsj@hzbook.com

作为一名从事 IT 行业多年的开发者，我见过不少低代码 / 无代码平台的兴衰。在我的记忆里，这类产品都承诺不用写一行代码就能构建应用程序。这固然是一句令人兴奋的营销语，然而实际开发却要复杂得多。我发现这些工具大多只解决了非常基本的问题，而在可扩展性、企业架构可整合性、可管理性和安全性方面都受到很大的限制。不可否认，这些经历让我对低代码平台产生了怀疑。那么，现如今的低代码平台会有什么不同吗？

花了一段时间学习如何使用 Power Platform，并结合一些客户和合作伙伴的实际应用情况后，我开始意识到代码开发生产力领域有了很大的变化。我重新思考云计算对低代码平台的影响，发现云计算连接服务和数据的能力为低代码开发打开了新的大门。

无论你会不会编程，出于以下三方面的原因，你都需要了解低代码开发，甚至快速上手编写企业应用。

第一，低代码开发能缩短开发周期。代码开发之所以周期长，原因之一是我们在开发时需要遵从代码方程式，即算法 + 数据结构 = 程序。这个代码方程式是近半个世纪以来人们的编程实践。虽然它合乎软件开发的规律，但是任何开发人员都有体会，用这种方式编程相当于手动拧螺丝，费时费力。不仅如此，无论是算法还是数据结构，都是非专业开发人员难以逾越的认知门槛，令其望而生畏。

那么，低代码平台有什么不同呢？

为了搞清楚这个问题，我开始学习低代码平台 Power Platform，并使用其组件 Power Apps 编写了一个手机应用。给我留下深刻印象的是，在编写过程中我不用再花时间在数据结构和相关操作的方法上。对于任何格式的数据源，如数据库、SharePoint、CSV 文件等，Power Apps 都是以表格形式呈现给我。开发人员不再用算法而是用公式来决定应用的行为，即如何将表格呈现给用户。虽然我无法代表非专业开发人员，但从知识工作者能够顺利创建 Excel 工作簿的角度来看，"表格 + 公式 = 程序"这个低代码方程式将大大降低非专业开发人员的认知门槛，弥补其技能上的缺失。读者可以从本书的诸多案例里得出如下结论：不同于"算法 + 数据结构 = 程序"的方程式，用 Power Platform 进行低代码开发如同用电动工具拧螺丝，多快好省。随着开发效率的提高，开发人员能更快地构建应用原型或最小可行产品，迅速将应用呈现在用户面前。花更少的时间完善代码，从而有更多的时间关注人们对产品体验的反馈，这才是我们想达到的效果。

第二，**低代码开发能加速数字化场景落地**。新冠肺炎疫情迅速改变了我们的生活和工作方式。似乎就在一夜之间，企业更新了原有的流程和操作方式，以便在"数字化一切"的世界里满足用户的新需求和新期望。虽然数字化转型需要顶层的总体设计，但是我建议在执行层面不要过度依赖超大规模的转型项目，因为它风险高，开销大，落地慢，难以满足快速变化的业务需求。数字化的旅程是关于公司和个人的变化。你必须踏上自己的旅程，慎重对待变化，并养成将数字化场景快速落地的新习惯，那么不妨考虑学习低代码，为企业的数字化转型添砖加瓦。这个新习惯的必要性何在呢？

应用的预期爆炸性增长对应着数以千计的潜在场景，这些场景过去常年被埋没在开发等待队列中，原因是没有现有的解决方案可用，或者让专业开发人员构建的成本太高。从整体上考虑，这些场景是可以为企业创造价值的。相比试图把每个人都变成专业开发人员，或在内部通过大量投入来开发软件，采用低代码开发可以帮助企业更好地解决这些挑战，并弥补企业现有技术能力上的不足。

第三，**低代码开发能推动全民开发的浪潮**。云计算已经发展了十多年，现在是时候反思了：未来十年，云计算将如何改变世界？如何通过软件重新定义每个行业来推动最广泛的经济增长，使每个人都能参与其中并受益？为了实现这个远大目标，未来十年，我们必须实现软件技术的全民化，必须促进人们对工具、技能和平台的使用，加强社区间的联系和合作，以使每个人都能创造应用。21 世纪 20 年代，大部分开发人员已不再是传统意义上的软件工程师，而是各行各业的从业人员。无论是刚毕业的学生还是资深职场人士，无论是管理者还是个人贡献者，都将加入低代码开发的浪潮中。这种应用创造的全民化将推动终端用户体验的新一轮创新。而创新经验将在社区里被相互学习，相互借鉴，形成正反馈，进而加速低代码应用的更新。

现在是时候行动了！

徐明强

微软（中国）全渠道事业部首席技术官

2021 年 6 月

每一本书都有写作背景、写作初衷、适用对象、内容价值和局限性，本书也是如此。

写作本书的想法源自 2020 年新冠肺炎疫情期间的一次线上活动。当时我们与线上的朋友们一起探讨低代码 / 无代码技术的发展现状与前景，共同分析疫情带来的市场变化、用户行为变化、产品与服务变化以及接下来可能的技术发展路径，其中夹杂了一些对历史的回顾。彼时 RPA（Robotic Process Automation，机器人流程自动化）话题非常火热，因此大家讨论得很热烈。但是我们写作本书的起因并不是这次讨论的具体内容，而是活动中听众的反馈。

如同所有在线公开交流一样，本次活动的听众也给出了各种各样的反馈。大部分听众对低代码 / 无代码这种应用开发方式感兴趣，有的听众针对嘉宾发表的观点提出自己的看法，有的跃跃欲试，还有一些人提出质疑与反对意见。质疑与反对是所有公开讨论中一个非常重要的组成部分，这本身就是科学与技术领域一贯倡导的批判精神的体现。但是这种批判精神需要有严谨的逻辑和充足的证据作为支撑。当时活动中大多数的质疑观点非常中肯且严谨，比如：低代码 / 无代码开发并不是新鲜事物；低代码 / 无代码开发并不意味着专业程序员会丢掉饭碗；低代码 / 无代码开发不是万能的，在使用过程中需要专业程序员做很多事前准备和事后管理工作。这些都是客观事实，据我们的观察，这个行业的绝大多数从业人员也秉持着这些观点，读者会在本书中看到作者对这些观点的介绍与分析。

但是在那次活动的反馈中，有些听众却因为这些局限性，再加上这些年技术领域惯于炒作概念的事实，生硬地把低代码 / 无代码趋势当作新一轮的炒作，将这种因社会发展需要和技术进步而产生的对于更高生产力工具的要求看成完全没有市场根基的空洞概念，甚至把它简单地理解成 "新瓶装旧酒"，这就完全忽略了它的时代属性。当然，我相信很多人也是本着实事求是的态度，希望对技术概念正本清源，但是这种看似用心良苦的批判，由于没有注意到人类社会始终追求更高生产力工具这一基本逻辑，其结论有点以偏概全了。

客观地说，任何技术的兴起、流行或者消失，不仅取决于技术本身，更取决于现实的需求。低代码/无代码开发技术之所以能在这个时候重新发扬光大，有两方面的原因。一方面，相关技术发展到一定程度，使原来不可能的事情成为可能，其中的决定性因素是市场对于更高生产力工具的追求，其本质是人类社会对于如何利用机器的能力提高人类福祉的终极探索。

另一方面，生产力工具在不同的时代有不同的特征。在工业革命的早期，能够加强或代替人类四肢劳作能力的工具是生产力工具发展的重点，因此才有了以蒸汽机为代表的机器的普及。随着电力的发现与应用，以电力为动力的机器成为人类生产力工具的代表。之后随着计算机的普及，人类开始利用机器的信息处理能力来减轻或代替计算与决策工作，办公自动化工具在这个过程中起到了重要的促进作用。而当时代与技术发展到目前数字化越来越普及的阶段，尤其是当当代人的工作与生活已离不开云计算和移动应用之时，通过软件手段开发出的各种生产力应用就成为人类提高工作与生活效率的主要手段。

截至目前，大部分的软件开发是由专业程序员来完成的。而目前的事实是，专业程序员已经供不应求了。当然我们可以通过培养更多的专业程序员来提高全社会的软件开发能力，但是各种迹象表明（本书对此也有专门介绍），社会对于生产力应用开发能力的需求已经远超社会培养专业程序员的能力。同时，由于数字化已经逐渐渗透到人类社会工作与生活的方方面面，现在已经很难明确地表达我们需要什么样的应用、不需要什么样的应用。如果被问起这个问题，我们的答案大概会是"我们需要各种软件应用来强化人类社会的所有工作与流程"。另外，开发过软件应用的人都会有深刻的体会，那就是软件开发不可能凭空发生，它需要基于具体需求解决具体的行业问题，而现在软件应用的覆盖领域越来越广，覆盖内容越来越细致，再优秀的程序员也很难对所有业务的细节有深入的理解。这种时代的变化要求各行各业的从业人员具备基本的应用开发能力，其目的并不是将自己培养成专业程序员，而是借助这种能力来提高自己的工作效率。理论上，所有重复性工作、所有工作模式都可以总结成规律的工作，都可以用机器的软件与硬件能力来代替。因此当技术发展到一定阶段，当低代码/无代码技术发展到普罗大众都可以更有效地利用软件的能力来提高工作效率的时候，低代码/无代码技术自然就重新发扬光大了。

低代码/无代码不是新鲜事物，也不是办公自动化的终点。

就像三十多年前由DTP（Desktop Publishing，桌面出版）和OA（Office Automation，

办公自动化）引领的大规模办公自动化一样，人类的办公方式将再次由于低代码 / 无代码技术的普及而产生新的变化。

上一轮的办公自动化让人类从物理意义上的"剪和贴"（Cut-Paste）逐渐变成用鼠标点击的菜单指令，再到越来越普及的 Ctrl+C/Ctrl+X/Ctrl+V。没有多少人还记得原来的办公文员是真的要拿一把剪刀通过"剪和贴"来修改文件，那时候的剪刀不只是用来剪开信封的，还是一个非常重要的办公工具。

这一轮的办公自动化，一个最基本的标志将会是低代码 / 无代码编程能力变成一个与办公软件一样普及的基本办公技能。曾几何时，为了能够得到心仪的职位，大学毕业生的简历中要专门注明具备使用办公软件的能力。在可预见的将来，低代码 / 无代码开发能力或它的变种也极有可能会成为应聘职位的前提要求，而再过若干年，这种能力将变成默认能力，而不必写入简历之中。

这一轮低代码 / 无代码技术潮流再次兴起之时，与以往任何新潮流刚出现之时一样，受到保守程序员的冷嘲热讽，他们认为这又是一轮换汤不换药的编程自动化炒作；同时又受到悲观程序员的抵制，他们认为这会抢了自己的饭碗。殊不知，这与编程自动化根本就毫无关系，这是办公自动化的另一种体现。

也就是说，低代码 / 无代码能力是一种未来我们必须掌握的办公能力，它与现在流行的办公软件没有本质区别，与过去几十年的办公基本动作"剪和贴"的进化原理相似。随着时间的推移，大家逐渐意识到，未来的职场需要大量专业程序员与被称为"全民开发者"（Citizen Developer）的原办公文员或信息工作者共同努力，进一步提高办公效率。这不仅是对信息工作者办公内容和办公形式的升级，也是对专业程序员的开发范式提出的新要求。专业程序员需要帮助公司把大量已经沉淀下来的固定流程和能力打包成云原生的应用模块，以开放 API 的方式，以服务的形式，供大家调用。

在这种局面下，现在的专业程序员非但不会失去工作，反而会将自己的软件技能延展到一个新的空间，但这要求无论是专业程序员还是全民开发者都进入一个新的学习态。

至此，以"云原生、容器化、微服务化、一切皆是 API、一切皆是服务"为基础的下一代智能办公链开发闭环已形成。

这种效率实现方式需要软件开发与行业领域知识的密切配合，它既不是传统意义上的纯粹软件开发，也不是传统意义上的纯粹办公自动化，它需要依赖专业程序员和所有其他人员的共同努力，一起通过软件提高大家的工作效率。正是因为看到有很多人对于这种生产力提高工具充满兴趣，又有很多人对于这种技术抱有不切实际的期望或者不符合实际的偏见，几位作者产生了写作本书的想法。

本书的目标读者群体主要是希望了解低代码/无代码技术最新发展趋势的企业决策者和一线业务人员，以及希望拓展自身软件开发技能边界的专业程序员（提供一个未来发展的新视角）。本书系统讲述了低代码平台的基本概念与知识、实践操作指导及行业应用场景等，并介绍了低代码平台对数字化转型的作用以及对未来全民开发者和企业数字公民的深远影响。在对趋势与变革的描述中，将技术实践和行业案例娓娓道来。

全书共 12 章，分为三篇。

第一篇　刷新认知（第 1 ～ 4 章）

作为全书的开端，本篇从低代码平台的基础讲起，重点解析其概念与价值、市场定位与主流平台、典型应用场景，并剖析低代码平台对数字化转型的重要影响。

第二篇　实践出真知（第 5 ～ 10 章）

本篇以低代码平台 Power Platform 的具体实践为例，从低代码应用开发、流程自动化、数据分析与展现、AI 赋能低代码等维度，结合实际案例，详细讲述低代码应用的开发过程。相信认真读完本篇，尤其是能够跟着一步步操作所有示例的读者，一定会受益匪浅，并学会如何开发属于自己的低代码应用。

第三篇　已知和未知（第 11 ～ 12 章）

本篇是围绕已知的行业应用案例和未知的变革展望展开的。行业应用案例部分以零售、教育、金融、制造、专业服务等真实场景为例，从面临的挑战、基于低代码平台的解决方案、方案收益等角度层层递进；变革展望部分以开放的视角展望未来变革的新常态，探索数字化能力和创新的边界。

写作一本书很难面面俱到，会受到作者思想与能力的限制。尽管本书作者尽最大努力带给读者全面的知识和客观的解读，但终究难免挂一漏万，甚至出现差错，恳请读者谅解。

本书作者均来自微软（中国）公司。我们能够在繁忙的工作之余完成本书的写作，离不开微软公司各级领导和各个部门的大力支持与协助。在此衷心感谢微软公司的各级领导与相关同事，正是他们的支持使我们有信心、有动力为广大读者提供这样一份融入了我们自身心得体会的作品。同时，也要感谢本书编辑及出版社的其他工作人员，他们对书稿细致耐心的修改使本书得以顺利与大家见面。

本书内容均来自作者在职业生涯中的学习与体会，不代表任何公司的建议。我们衷心希望广大读者能够借助此书开阔视野，为即将到来的伟大时代做好准备。

$\mathcal{C}ontents$ 目　　录

第一篇 *Part 1*

刷新认知

数字化时代的到来，迫使企业跳出舒适圈，坚定地踏上数字化转型的征程。不断飙升的用户需求，加上专业开发人员的显著缺口，让我们不得不承认，过去几十年的应用开发方式已经无法满足需求。低代码革命已经悄然开始，并不断渗透到各行各业。

本篇作为全书的开端，将带领大家走进低代码时代，了解低代码的兴起，并建立对其概念、优势和应用场景的全方位认知。我们会从低代码平台的基础讲起，解析概念和相关能力维度，介绍国内外低代码市场上的主流工具平台，分析低代码平台的典型应用场景。在大家对低代码有了基础的了解后，将通过新冠肺炎疫情下的重要转变，以批判性思维剖析低代码平台对数字化转型的重要影响。

第 1 章 $\;$ *Chapter 1*

低代码平台简介

数字化转型涉及企业的方方面面，其中寻求技术及实现手段上的突破是决策者需要考虑的主要问题之一。顺应这种潮流，近几年发展起来的"低代码技术"作为解决企业数字化转型以及增强企业复原力的有力手段，得到越来越多的关注。

低代码平台是一个新概念，2014 年前后才被正式提出。但是要注意，软件开发的简单化始终是软件技术发展的原动力。本章主要介绍低代码平台的基本概念、分类以及典型低代码平台在一般数字化转型中给企业带来的价值和优势，同时从不同的维度来简要剖析低代码平台应该具备的能力。

1.1 低代码平台的概念与分类

目前，由于企业的经营日益复杂，企业内部各业务实体之间以及企业与企业之间的业务关联不断增强，业务数据交互日益频繁，企业面临着越来越多的难题。此外，市场的变化频率越来越快，这意味着企业需要迅速且灵活地响应这些变化，以满足环境的可变要求。因此，承载企业运维能力的 IT 系统和业务系统需要能够承受环境负荷的压力，具备满足快速变化的需求的能力。该能力被一些学者（例如西班牙的桑奇和波勒）定义为企业复原力，旨在为企业提供预防和预测的能力，改变企业的性质和适应不断变化的环境的能力以及应对动态需求的能力。

因此，速度是当前企业数字化及 IT 系统转型中一个非常重要的影响因素。

为了提高企业的适应能力，以便迅速有效地满足市场需求，为企业内外部快速开发满足业务和市场需求的软件解决方案，在历经最底层的汇编、高级语言、更高效率的编程框架（如 Spring 框架、大前端框架等）后，计算机科学领域的大量研究工作集中在一个共同的目标上：实现软件的高效构建，无须重复传统的手动编程，同时兼顾业务人员和专业开发人员的更多参与。有鉴于此，低代码平台被视为一种新机制，可促进软件的快速开发及其自动化，以满足当前企业需求并促进弹性数字化转型。

"低代码"一词最早由 Forrester Research 的 Clay Richardson 和 John Rymer 在 2014年提出。这一年在他们发表报告《面向客户应用的新开发平台出现》之后，低代码平台正式诞生。在这份报告中，他们创造了"低代码"这一术语，并对低代码的技术、用途和市场进行了概述，同时指出，许多公司更喜欢选择低代码替代方法，以便快速、连续地进行应用交付。

低代码，顾名思义，就是指开发者写很少的代码，通过低代码平台提供的界面、逻辑、对象、流程等可视化编排工具来完成大量开发工作，降低软件开发中的不确定性和复杂性，从而大幅提升开发效率，让企业能够降低开发成本，降低技术门槛，快速创新应用，实现快速试错，敏捷迭代。

在 Gartner 的定义中，低代码平台被称为企业级低代码应用平台（Enterprise Low-Code Application Platform，Enterprise LCAP），是支持快速应用开发，使用陈述性、高级的编程抽象（如基于模型驱动和元数据编程语言）实现一站式应用部署、执行和管理的应用平台。不同于传统的应用平台，它支持用户界面、业务逻辑和数据服务的开发，并以牺牲跨平台的可移植性、应用开放性为代价来提高生产效率。

目前，广义的低代码是指所有可以帮助缺少编程基础的人员快速完成软件开发的技术和工具。Gartner 认为，低代码主要有以下几个主流分支。

1. 无代码开发平台

无代码开发平台属于低代码平台的一种，不提供或者仅支持非常有限的编程扩展能力，一般仅用来开发内部管理类或市场营销类表单。

2. 低代码应用平台（LCAP）

LCAP 属于狭义的低代码平台，是万金油类产品，可用来开发包含前端和后端的应用。它关注通过声明式的模型驱动和基于元数据的服务来提供快速的应用开发、部署和执行。这个市场囊括了大部分低代码技术供应商，主要产品是具备自描述性的无代码应用开发工具。

3. 多重体验开发平台（MXDP）

MXDP 提供快速开发跨平台 App 的工具，突出前端开发能力，一般用来开发多平台／多终端应用。这些产品通过提供一套包含前端开发工具和后端服务的集成套件，使开发人员（有时甚至是非开发人员）能够跨各类数字设备进行相应用途和形式的扩展性应用开发。它们支持自定义移动应用、响应式 Web 和渐进式 Web 应用（PWA）、沉浸式用户体验及对话式应用。

4. 智能业务流程管理套件（iBPMS）

整合了 AI 等技术的业务流程管理系统（BPMS）突出后端流程定义和数据整合能力，一般用于解决大型企业的跨系统业务流程。这类模型驱动的（因而是低代码的）开发平台可以在操作模型和应用时动态变化。它们通过流程和业务规则／决策实现业务操作的自动化。Gartner 的研究范围也扩大到 iBPMS，包括可持续的智能和动态流程管理系统。尽管模型驱动意味着低代码，但其中一些可以实现复杂流程和决策的模型既复杂又专业，这可能需要相关专家协助开发。

低代码平台的诞生，使得原本不具备 IT 系统或应用系统开发能力的非技术人员参与开发成为可能，这就带来一个新的"全民开发者"的概念。这个概念是由 Gartner 创造的。根据 Gartner 的说法，全民开发者是指使用企业 IT 认可的开发和运行时环境为他人创建新的业务应用的用户。专门针对低代码／无代码领域的全民开发者是为自己或公司创建商业应用的商业用户。因此，低代码平台主要面向如下两类人员提供快速开发应用的能力。

- ❑ 业务人员。平台通过提供大量界面模板、业务模板、流程模板和对象模型，使业务人员能够根据实际业务需要以积木式组装的方式快速拼装应用系统，快速实现应用创新。
- ❑ 开发人员。利用平台的页面编排工具和流程编排能力，开发人员可在平台上组件化、微服务化已有的大量服务，同时，基于数据共享能力，编写少量代码就可以实现自己想要的应用管理系统。

因此，低代码平台是可以开发应用的生态系统，使用者通过已经构建并预配置的能力，可以最大限度减少手动定义和实现代码。低代码平台强调可视化界面，使没有技术背景的人能够相对轻松地创建和部署业务应用。

从低代码技术的起源来看，低代码平台的主要目标是允许企业开发应用而不需要复杂的工程来促进其配置，从而实现快速性和敏捷性。此外，这些平台也为企业提供了更经济的方式来满足市场或企业自身的要求。借助低代码平台，企业可以为移动或桌面设备等创建多功能和高信息管理功能的应用。

低代码平台技术目前在国内外都发展迅猛。早在低代码的概念完善之前，Salesforce公司就在 1999 年提出了"软件终结"的口号，并面向开发者研发了 force.com 应用开发平台，允许开发者基于此快速开发 CRM 软件系统，从而开启了低代码应用开发的航程。OutSystems 和 Mendix 分别于 2001 年、2005 年创立，专注于低代码开发平台的建设。微软在 2015 年推出了融合 AI 技术的低代码平台 Power Platform。

在国内，低代码平台在近几年如雨后春笋般涌现。明道云、简道云、APICloud 都加入了低代码赛道，科技巨头华为、阿里巴巴等也都纷纷推出了自己的低代码平台。

1.2　低代码平台的 7 大核心价值

低代码平台采用可视化的开发方式，一方面可以降低对业务人员掌握编程语言及开发环境的能力要求；另一方面，基于业务和开发逻辑分离的方式降低了对开发人员理解业务的能力要求。因此，它能够兼顾技术和业务需求，快速对市场作出反馈，并为企业内部系统的构建带来 7 大核心价值，如图 1-1 所示。

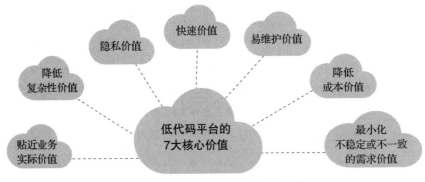

图 1-1　低代码平台的 7 大核心价值

（1）隐私价值

低代码应用可以由没有深厚技术功底的业务人员开发，因此企业可以不将这些开发任务外包给第三方，而是交给内部人员完成，这增强了保密性。

（2）快速价值

由于代码的主要部分已经开发好，用户无须手动编写代码，而只需直观地配置应用或进行必要的调整，就能开发出他们需要的应用。Forrester Research 进行的一项调查显示，低代码平台将开发速度加快了 5 ～ 10 倍。

（3）降低成本价值

由于开发周期缩短，无论应用是由公司开发还是由外包人员开发，成本都会降低。

（4）降低复杂性价值

应用不是从头开始构建的，其开发已经简化，所以开发人员能够更专注于自定义软件以满足用户的要求。

（5）易维护价值

软件维护至关重要，要求能快速更改软件，确保应用提供的服务与业务需求之间保持一致。由于低代码平台提供的代码很少，因此几乎没有代码需要维护。

（6）贴近业务实际价值

低代码平台提供简单直观的界面作为应用部署的开发环境。在这种情况下，不需要技术知识，这些应用的最终用户将成为其开发人员，因为他们了解业务需求。根据调查，44% 的低代码平台用户是与技术人员协作的业务用户。

（7）最小化不稳定或不一致的需求价值

在当前的软件开发过程中，需求之间可能会发生冲突，并对需求发生变化的应用产生影响。但是，由于业务人员也能参与开发，使用低代码意味着可以先快速构建最小可行产品来验证想法和客户要求，然后再将资源花费在客户可能不重视的特性和功能上。

Forrester Research 的 Clay Richardson 和 John Rymer 在他们 2014 年发表的报告中指出，低代码平台会带来一些好处，但也会有一些风险。基于上面介绍的价值，低代码平台提供了有效的企业 IT 转型解决方案，实现应用交付的自动化和高速度，并提高平台更新效率。然而，他们也强调了数十项在技术管理之外的风险，以及客户对于低代码平台如何融入其更广泛的产品组合几乎没有共识。综合来看，阻碍使用低代码平台的三个主要因素如下。

（1）可扩展性

低代码平台目前主要用于开发小型应用，尚未用于开发大型项目和任务关键型企业应用。

（2）碎片化

根据每个低代码平台公司及其特定的编程模型，可以定义不同的低代码开发模式，从而导致不同的公司提供的模型不一样，针对的业务场景也各不相同，容易造成碎片化的开发模式和产品。

（3）软件系统的功能扩展限制

在低代码模式下，企业的业务人员会变成"开发人员"。虽然这些企业"开发人员"几乎没有专业编程知识，但他们通常是其他工程领域的专家。这些专家希望能够在应用系统中充分运用他们的知识并扩展应用系统的功能或能力，但这种扩展性的能力要求是目前大多数低代码平台很难具备的，这就相当于要求业务人员同时精通软件系统的底层开发能力。

1.3 低代码平台的 2 大优势

低代码平台由于采用可视化的开发方式，基于预先定义或配置的能力来快速满足业务需求变化，因而至少具有 2 大优势。

1. 低代码平台能提高开发效率和降低成本

低代码开发如何提高开发效率和降低成本？下面来具体分析。

（1）效率方面

第一，用图形化拖曳的方式替代原来编写代码的方式，能够大幅降低工作量；第二，在编写代码的方式下，开发人员往往会花很多时间寻找并解决代码 bug，而低代码开发因为很少需要直接写代码，因而有效规避了代码本身的 bug 问题；第三，支持将开发完的应用一键部署到多种环境，包括 PC 客户端、Web 端、iOS、Android、H5、小程序等；第四，通过云化的开发全流程协同和版本管理，可以提高协同效率。

除此之外，在编写代码的方式下，增加人力并不能带来对等的开发总时长缩短，传统开发是紧耦合、串行开发模式，即开发者之间需要紧密配合、联调等，很多开发环节需要等待上一环节完成才能进行。低代码平台非常关键的一点是，底层核心技术从紧耦合的产品（如 MySQL、Java 等）变成松耦合的产品（如 NoSQL、JavaScript 甚至是无代码方式等），从而实现从串行开发到并行开发的转变。

（2）成本方面

应用开发的成本主要是人力成本，通常按人天或人月来衡量，可以按照这个公式核算：开发成本 = 人员日均工资 × 人数 × 开发天数。效率的提升会成比例减少人数和开发天数，同时，低代码开发模式降低了对开发者开发水平的要求，很多开发工作不再需要高薪聘请专业的开发人才来完成，这样也降低了人员日均工资，从而降低整体成本。

2. 低代码平台是企业数字化转型的有力工具

OutSystems 公司 2019 年发布了报告《应用程序开发状态》（The State of Application Development）。该报告通过分析一项针对全球 3300 多名 IT 专业人员的调查结果，给出了他们使用低代码平台的主要原因，详见图 1-2。在这些受访者中，有 66% 的人将加速数字化转型、提高对业务的响应能力作为他们使用或将使用低代码平台的主要动机；有 45% 的人指出，对难以雇用的技术人员的依赖性正在降低。

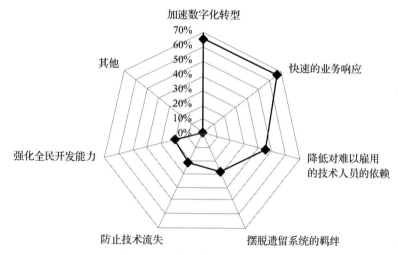

图 1-2　选择低代码平台的原因

来源：OurSystems，《应用程序开发状态》报告，2019 年

为什么有这么多的人选择将低代码平台作为数字化转型的利器？主要有三方面的原因。

（1）低代码致力于降低应用开发的准入门槛

比如在工业互联网行业，从自动化到信息化，再到智能化，不同领域（IT、OT、CT 等）、不同技术背景的工程师都需要得心应手的工具，以推动数字化转型的进程。在实际工作中，IT 工程师看重程序，OT（运营技术）工程师看重设备，CT（通信技术）工程师看重通信，彼此之间不同的视角和流程需要有行之有效的工具进行融合。在这种情况下，低代码便是极佳的候选技术。它利用一种新的软件文化，让来自不同领域的工程师们的思维和逻辑相互渗透，降低人力和时间成本。用户可以基于图形化界面，通过拖曳、参数配置、逻辑定义、模板调用等方式，完成软件应用的构建，将开发效率提升几倍甚至十几倍。

（2）低代码有助于打破信息系统的孤岛

无论是工业互联网平台还是低代码开发平台，都在呼应一个共同的大趋势：企业需要将现有系统更好地集成，打破孤岛，快速迭代，以便响应快速变化的市场环境。

因此，应用需要更简便地与现有信息系统集成，并在新技术出现时更好地适应新变化。

这种情况在物联网领域尤为突出。物联网的应用种类更多，集成难度更高。一套有效的物联网解决方案需要调度端、边、管、云、用各方资源，要兼顾传感、语音等交互方式，随时保持 5G、Wi-Fi 等连接在线，还要适应环境各异的物理空间里的各种状况。这就需要物联网的应用与大量的数据资源、各种传感器、外部 AI 与分析能力、边缘计算等通通相连。低代码除了解决已有系统的打通和串联问题，还可以直接构建新的应用。

（3）低代码加速了各种能力服务化的进程

低代码体现的是一种新思维：优先考虑各种能力的服务化。工具永远只是工具，它只有在善于使用的人手中才能发挥出最大价值。低代码平台作为一种工具，可以做很多事情，不过到底怎么做，怎样做效果好，最终要看使用工具的人。

使用低代码平台，让用户拥有解决自身需求的技术，这也是此类平台现在备受关注的重要因素。在低代码这个"翘板"的两端，一端，低代码降低了编程和开发的复杂度；另一端，用户可以将更多精力用于应用和流程的抽象提炼，构建通用模块，将各种能力转化为服务。

企业自身对现有和未来业务的理解、对工具的熟悉以及清晰的逻辑和产品思维，是实现企业数字化转型的一个关键点。低代码不仅让公司内部的各种应用可以用搭积木的方式实现，而且可以将面向企业外部的解决方案组合成行业套餐。

这种思维贯穿于工业互联网平台、数据中台、云原生、微服务等领域，可以说各种工具仅仅是手段，最终输出的是理念和价值。

降低开发门槛、打破信息孤岛、加速能力服务化，低代码快速发展的背后是技术、企业和商业期望的变化。

1.4　低代码平台的 11 个能力维度

低代码平台支持快速应用开发（RAD），使用声明式的高级编程抽象（如模型驱动和基于元数据编程）进行部署和执行。低代码平台拥有以下共同的技术要素：

- 一个以模型 / 元数据为中心的 UI 层设计器，只需要编写很少的代码，甚至不需要编写代码；
- 支持基本的数据结构定义和内置数据库的通用数据存储（如 RDBMS、NoSQL、平面文件）访问；
- 通过 REST、SOAP 或其他 API 简化对外服务的访问；
- 通过 API 包装它们的底层流程逻辑和数据；
- 支持面向业务规则和常规业务逻辑开发的编码方法；
- 足够好的性能表现和足够低的操作延迟。

企业级低代码平台还应包含其他功能，例如：

- 用户密集访问量、数据存储量和高事务率的弹性伸缩能力；
- 高可用性与容灾复原能力；
- 应用程序访问 API 和数据存储的安全性；
- 运营阶段的服务品质协议（SLA）；
- 资源使用追踪能力；
- 对开发人员和运营人员的技术支持能力。

基于上述技术要素，Gartner 共列出了低代码平台的 11 个关键能力维度，如图 1-3 所示。

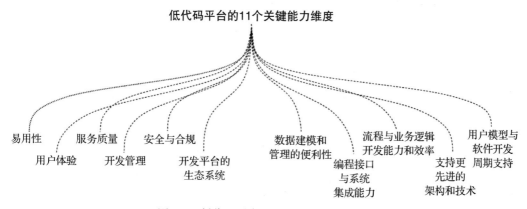

图 1-3　低代码平台的 11 个关键能力维度

来源：Gartner，2019 年

（1）易用性

易用性是标识低代码平台生产力的关键指标，是指在不写代码的情况下能够完成的功能的多少。

（2）用户体验

这个指标能够决定最终用户对开发者的评价。一般来说，独立软件开发团队为企业客户开发的项目对用户体验的要求会显著高于企业客户自主开发的项目，开放给企业的客户或供应商的项目对用户体验的要求会高于企业内部用户使用的项目。

（3）数据建模和管理的便利性

这个指标就是通常所讲的"模型驱动"，模型驱动能够提供满足数据库设计范式的数据模型设计和管理能力。开发的应用复杂度越高，系统集成的要求越高，这个能力就越关键。

（4）流程与业务逻辑开发能力和效率

这个能力有两层含义：第一层是指使用该低代码平台是否可以开发出复杂的工作流和业务处理逻辑，第二层是开发这些功能时的便利性和易用性有多高。一般来说，第一层决定了项目是否可以成功交付，而第二层则决定了项目的开发成本。无论如何，使用者都应关注第一层。在此基础上，如果项目以工作流为主，则还应该将第二层作为重要的评估指标。

（5）开发平台的生态系统

低代码平台的本质是开发工具，内置的开箱即用的功能无法覆盖更多的应用场景。此时，就需要基于该平台的完整生态系统来提供更深入、更全面的开发能力。很多开发平台都在建立自己的插件机制，这就是平台生态的一个典型体现。

（6）编程接口与系统集成能力

为了避免"数据孤岛"现象，企业级应用通常需要与其他系统进行集成，协同增效。此时，内置的集成能力和编程接口就变得至关重要。除非确认在可预期的未来项目不涉及系统集成和扩展开发，否则开发者都应该关注这个能力。

值得一提的是，另一家权威行业机构 Forrester 在其报告《 Forrester Wave：面向应用程序开发和交付专业人员的低代码平台（2019 年第 1 季度)》中，将编程接口认定为企业级低代码平台的重要标志，不具备编程接口的"低代码"被划归为"无代码"，转移到那些只适用有限用例的平台报告中。

（7）支持更先进的架构和技术

系统是否支持更先进的架构、清晰的分层，以对接 IoT、RPA、机器学习等新的技术？如果开发者希望自己开发的应用有更长的生命周期，深入了解低代码平台产品的架构就变得尤为重要。

（8）服务质量

与上一点类似，服务质量也是衡量运行于公有云模式下低代码平台的指标。这里的服务质量，除了通常所说的"无故障使用时间"外，还要考虑资源是否支持独占模式，避免某一个应用的高负荷，导致其他应用不可用或出现性能劣化。

（9）用户模型与软件开发周期支持

在软件开发的生命周期中，除了开发和交付，还有设计、反馈、测试、运维等多个环节，如系统开发早期的用户模型建立和验证过程通常需要快速模拟和迭代，投入的开发力量甚至不少于正式开发。如果一套低代码平台具备全生命周期所需的各项功能，将会大大简化开发者的技术栈，进一步提高开发效率。开发者所开发的系统规模越大，这一能力就越重要。

（10）开发管理

企业级软件的项目规模通常比较大，而且业务更关键，这就对开发团队管理提出了更高的要求。现代软件开发中主推的敏捷开发是否能在低代码中落地，是衡量开发管理能力的重要指标。这通常包含代码库权限管理、版本权限管理、发布权限管理等一系列功能，帮助开发团队负责人降低软件开发管理过程中的各种人为风险。开发团队规模越大，开发者越应当关注这一指标。

（11）安全与合规

低代码平台需要在部署方式、系统安全机制、权限管理和控制功能等层面发力，全方位赋能开发者构建安全的、符合企业规则的企业级应用。支持本地部署、全 SSL 数据传输、密码强度策略、跨域访问控制、细粒度的用户权限控制等都是该能力的具体体现。大型企业、特定行业企业（如军工、金融等）通常对该指标的关注程度会更高一些。

主流低代码平台

随着企业创新型业务的爆发式增长，传统的 IT 架构已无法有效支撑互联网的快速打法，IT 团队不能及时响应业务需求，为低代码 / 无代码开发平台的普及营造了更多机会。因此，低代码在大数据、AI、拖曳式工具的加持下，逐渐成为国内外企业布局数字化战略的重要选择。本章通过对国内外主流低代码平台的介绍，让读者对整个市场的发展状况和各家产品的定位有个基本的了解。

2.1　市场定位

根据 Forrester 的报告，2019 年低代码领域的市场规模约为 38 亿美元，预计在 2021 年这一赛道的市场规模将增长到 152 亿美元。此外，Gartner 预计，到 2024 年，低代码应用开发将占应用开发总数的 65% 以上，将有 3/4 的大型企业会使用至少 4 个低代码平台进行 IT 应用开发。快速发展的趋势使得国内外各大厂商纷纷推出低代码相关平台和工具。

总的来说，国外低代码平台比国内更成熟，其中 Microsoft、OutSystems、Mendix、Kony 和 Salesforce 占据领导地位，而 ServiceNow、GeneXus、Progress Software、MatsSoft、WaveMaker、Thinkwise 等后起之秀也呈现出强劲的追赶之势。

根据 Forrester 绘制的低代码平台象限图（见图 2-1），Microsoft、OutSystems、Mendix、Kony 和 Salesforce 在海外处于头部位置。其中，OutSystems 2018 年宣布融资 3.6 亿美

元，被视为低代码平台赛道的独角兽，可见低代码平台的应用在国际市场的体量正在快速增长。同时，ServiceNow、GeneXus 及 Progress Software 等也奋起直追，表现出极强的产品竞争力。

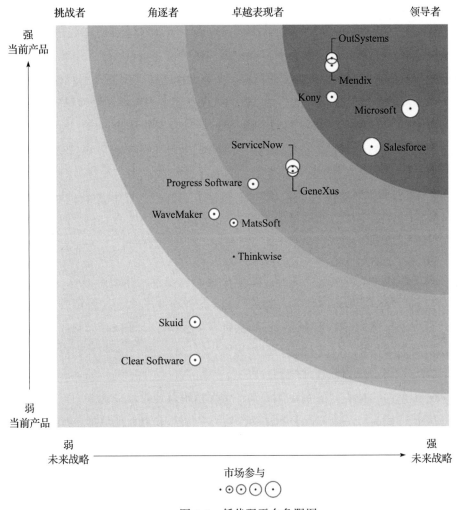

图 2-1　低代码平台象限图

2.2　国外主要低代码平台

1. Microsoft Power Platform

微软位居低代码平台象限图中的领导者象限，其产品线较为丰富，具备不同的特征，从低代码的开发到流程实现,从报表展现到基于 AI 能力的 RPA 等。Power Platform 现已成为专业人士低代码平台的优先选择。该平台提供强大的功能,尤其是用于开发 Web 和移动端应用,具有非常丰富的第三方产品和服务的内置整合,以及深受业务人员喜爱的、类似于 Excel 开发的脚本开发工具。

Power Platform 支持和扩展 Microsoft 365、Dynamics 365、Azure 及第三方服务和应用程序,根据内部和外部托管的数据来创建数据动态可视化,从而进行分析。同时,可以通过构建应用程序来采取相应措施,通过使用工作流程来处理重复流程,实现自动化。

Power Platform 通过数据可视化、可操作的数据驱动应用程序、低代码流程自动化、虚拟助手等功能来提供服务。Power Platform 利用可自定义的业务逻辑,允许用户定制 Microsoft 365、Dynamics 365 和 Azure 服务,以帮助改善业务流程、系统和工作流程。Power Platform 的弱点是它的产品线非常多,容易让使用者混淆。此外,对于报告和分析,微软提供 Power BI 来加强 Power Platform 的能力,但仍然需要额外的许可证和流程集成。

2. OutSystems

近几年,OutSystems 加快了拓宽功能广度的速度。作为低代码供应商,OutSystems 的主要特点为:坚持不懈地为开发人员添加功能,以及提供与产品路线图和战略目标一致的交付。它已经实现了过去的目标,包括本机移动应用、处理核心交易业务应用的规模和可靠性以及全球业务。OutSystems 不断将低代码平台的边界推向处理设备数据和其他流式数据的应用,同时增强 AI 能力。

OutSystems 采用的是典型的模块化编程,每个模块封装一部分功能,以便在其中提供一个 App 功能。同时,App 可以分离出多个独立的功能和潜在的可替换代码片段。在开发设计的过程中,应用界面、逻辑、数据库的开发都是可视化的。在 OutSystems 中,模块是存放用户图形界面和业务逻辑代码的地方。

OutSystems 中的 Server Studio 是低代码应用的开发环境,它是安装在开发者的电脑上的。一旦连接上 Platform Server,开发者就可以创建应用并将应用发布到 Platform Server 上,并且每个版本的应用都将会被存储在 Platform Data 数据库中。Platform Server 会编译应用,然后将其部署到 Application Server 上。

该产品几乎没有弱点,但面临着与其他低代码领先产品同样的挑战:复杂的定价会导致潜在客户暂停购买甚至流失。

3. Mendix

Mendix 也是行业中的引领者，在分销合作方面尤为领先。Mendix 持续精进其在低代码平台的水平，专攻企业应用开发，重点面向 B 端用户。它一般面向有开发团队的大中型企业，提供模型驱动编辑界面和自动化流，减少代码量，使业务人员可以通过可视化组件参与到开发过程中，与程序员合作开发企业应用。

Mendix 提供一些企业解决方案和模板，开发平台也支持自定义和组件，并会根据应用和业务类型推荐相关的模板和组件，从而达到快速开发的目的。它通过管理持续集成开发风格、管理环境和应用程序生命周期，并实现应用部署的自动化，部分响应其所有者西门子和最大合作伙伴 SAP 的需求，这些合作使 Mendix 在这个市场上与众不同，吸引了更多的潜在客户。

可视化组件可以减少代码量，但是这些组件的颗粒度不够精细，逻辑也不够完善，很难满足企业的个性化需求。开发之后的调试和测试需要使用几款别的软件，这既增加了使用成本，又提高了对代码的要求。此外，该平台在应用程序中的内容管理服务方面有些滞后，客户报告必须编写代码以满足集成需求。与其他领先平台一样，Mendix 平台的采用成本对于潜在客户来说可能也有些高。

4. Salesforce

Salesforce 以其客户关系管理（CRM）系统而闻名。现在，出于对低代码平台的考虑，Salesforce 整合其相关平台，并把 Lightning 开发平台扩展到移动端，使自己成为低代码领域的早期玩家。Salesforce 强大的合作伙伴名册和一长串安全认证是其优势。与同类产品相似，Salesforce Lightning 也使业务人员和其他非专业开发人员能够使用预构建组件和模板等功能创建移动应用。只要点击几下，即可丰富项目功能，实现定制化需求，从而丰富机器学习、人工智能等创新应用的数据准备，并保障应用数据的安全性。

该平台的工作流程主要由移动构建器、移动服务、自动流程三个组件组成。移动构建器用于使用低代码开发环境和预构建的组件打造沉浸式移动体验。这些组件就如同乐高积木的积木块。借助移动构建器，管理员可以轻松地将电子表格转换为移动应用，设计应用的数据模型，并通过简单的点击操作来配置应用界面。移动服务为业务用户轻松添加后端服务。借助移动服务，管理员可以通过精心设计的工作流程、第三方的数据服务集成为移动应用增加丰富的功能。全新的移动发布者模块使管理员能够直接在应用商店中发布员工或客户应用。移动发布者模块负责整个打包和提交过程，使发布和更新应用变得前所未有地快捷。而自动流程构建可以基于触发器、动作、条件节点等方便地构建自动化的简单业务流程。

Salesforce Lightning 在收入方面处于市场领先地位，但在功能方面却不算非常领先。它的流程自动化、移动和用户体验工具是可靠的，但其功能的创新性和便捷性并不是领先的。此外，它的开发过程支持和应用更改管理也有提升的空间。

5. Kony

在最新的调查中，Kony 首次进入第一象限，但其在流程自动化方面还需要加强。在进入通用应用和软件即服务（SaaS）应用领域之前，Kony 一直是移动应用开发平台的专家。它的移动优先方法既高效又具创新性，具有深度定制化的功能，可创建十分贴近客户需求的产品。Kony 对开发流程和数据治理的支持非常出色，还支持使用外部工具。Kony 已经开始在其平台上生产 SaaS 应用，为客户创造更多的创新价值。

Kony Quantum 最适合希望使用可视化低代码构建 Web 和移动应用的专业开发人员。该平台可使用 JavaScript 进行大规模扩展，并可以通过 Kony 的连接器与各种流行的企业系统集成。Kony Fabric 后端为企业应用需求提供全面的服务，包括身份管理、工作流、用于后端数据模型转换的对象服务、离线同步和应用程序分析。它还提供 API 管理功能和用于扩展平台的 API 开发者门户。Kony App Platform 通过可重复使用的组件和实时协作工具加速开发，以保持项目正常进行并与团队成员保持一致。集中式代码库为所有设备和操作系统提供支持，并与本地操作系统无缝集成，实现真正的本地化体验，同时简化支持并最大限度减少维护。Kony 上的应用为创新提供了面向未来的基础，并可灵活地无缝集成创新技术，包括 AI、增强现实、机器人、物联网、可穿戴设备等。

为了跟上其他领导者的步伐，Kony 需要更强大的流程自动化功能，包括流程相关的内容管理。同时，它只提供自动缩放，而有些企业希望设定专有资源，控制自动缩放本身。另外，其合作伙伴数量目前也明显少于其他领导者。

6. ServiceNow

ServiceNow 是众所周知的 IT 服务管理（ITSM）SaaS 提供商，其 SaaS 建立在名为 Now Platform 的低代码平台上。它支持门户、Web 和移动端，可实现 ITSM 及其相关领域的低代码流程自动化。ServiceNow 的用户可以使用 Now Platform 进行集中式应用开发。开发人员可以将其 SaaS 开发的所有功能（例如对门户和聊天机器人的支持）用于开发整个企业的新应用。

ServiceNow 在其平台和开发人员拓展方面的投资已经获得了显著的效果。通过集成新的移动端工具、丰富的 AI 融合、用于编程人员的开发工具、身份和访问管理、云安全认证等能力，ServiceNow 在 IT 用户中广受欢迎。ServiceNow 拥有强大的市场能力，但从功能上来说，它能实现的场景还比较有限，其 ITSM 解决方案仅提供了较为简单的附加程序，对于复杂场景的支持还不够。

总的来说，ServiceNow 在 IT 用户中的受欢迎程度较高，但针对低代码开发者，尤其是非技术背景的全民开发者的特定支持较少。这个问题在 2019 年纽约版本中得到部分解决，但 ServiceNow 的受访用户仍称其开发是基于 3GL 的，并且较高的开发门槛使其用户群体仍以专业开发人员为主。部分用户给 ServiceNow 的应用开发功能和应用市场生态的使用情况打了低于平均水平的分数，尽管 ServiceNow 宣称其在稳定增长。此外，很多用户对其功能标准给出了"好但不优秀"的评价。

7. GeneXus

GeneXus 是最佳低代码平台之一。作为一家已创立长达 30 年的快速应用交付供应商，GeneXus 在日本和拉丁美洲市场取得了良好的成绩，最近也开始在北美开展业务。GeneXus 与 OutSystems 一样，希望将低代码平台作为吸引用户并形成用户黏性的重要工具。GeneXus 具有许多优势，特别是在数据管理和生成报告、移动应用开发和编码器工具等方面。

GeneXus 采用的增量开发理论认为，稳定的数据模型实际上是不存在的。系统的开发不可能通过一次将用户的所有需求了解清楚，然后设计一个完善、稳定的数据模型来完成。应用系统的设计与开发可以在了解部分需求的情况下就开始进行。当发现新需求时，仅需把变化的对象输入系统中，系统就能自动将变化的数据模型合并到系统中，并自动生成最优的数据库模型与应用。

使用 GeneXus 开发完全从用户业务视图出发，无须设计完整的数据模型或数据结构。GeneXus 系统内含的推理引擎可自动从用户视图推导出一个优化的数据模型。数据库结构和所有程序代码都是自动生成的，当业务需求改变时，只需改变业务模型的层次应用，系统会自动按改变后的业务模型知识库来生成新数据库结构和新应用，同时将老数据库中的应用数据自动转移到新结构的数据库中。这样，新的需求就可以被极为方便地添加到系统中。系统的数据库结构可以按优化方式随时自动变更，从而实现增量开发。

在大多数其他标准功能方面，GeneXus 的整体表现是不错的，但达不到非常优秀的水平。GeneXus 最大的弱点是它尚未拥抱云业务。用户可以将 GeneXus 部署到自己选择的云中，但供应商本身尚未提供其平台作为云服务，没有自己的服务级别协议和安全认证，这或多或少会影响用户体验。不过，对于更喜欢代码生成和控制平台部署的用户来说，GeneXus 是一个可靠的选择。

8. Progress Software

Progress Software 是一家企业软件公司，于 2017 年收购了强大的移动为先的低代码产品 Kinvey，并将 Kinvey 彻底改造为通用的低代码平台，使其在移动应用和 Web 应用方面拥有出色的用户体验。Progress Software 还将其集成资产添加到低代码平台，并提供强大的标识和访问管理。该平台的其他领先之处还有 UX 开发工具、移动应用开发工具、集成开发工具和适配器以及 AI 开发工具。

Progress Software 在流程自动化、内容管理、开发流程等方面表现平平。虽然在数据管理、流程自动化、内容管理、事件应用、开发流程支持、部署选项以及其他几个标准方面功能良好，但并不算非常领先。在一定程度上，这些评估反映了公司应优先选择与用户现有的工具及功能（如 CI/CD 工具和内容管理）集成，而不是将这些功能全部添加到平台上。

2.3 国内主要低代码平台

国外的低代码平台发展如火如荼，国内也不甘落后。国内低代码开发商抓住时机、整合资源、积极吸收和借鉴先进经验，已经打造出可以媲美甚至胜过国外产品的低代码平台。

1. 雀书

雀书是一个高性价比无代码平台，主打无代码搭建业务流程管理，为多家大型企业提供办公平台，帮助企业提高办公效率。它搭建简单，流程完善，审批迅速，不仅优化了企业的业务流程管理，还能够提高办公效率。它的产品定位为业务流程管理软件，主要用于企业的流程管理、审批等场景。雀书整体上采用无代码开发，用户通过拖曳组件就可以快速完成流程表单的设计。雀书的流程规则引擎做得较好，用户可以根据自己的需求来设置流程环节的权限和规则。利用雀书，用户可以添加、编辑或删除不同的模块（如考勤、进销存、客户管理等），轻松实现无缝扩展网站功能。

该产品的优势突出：可视化审批流程，流程自动化；支持与外部系统多端集成；无代码开发，应用搭建迅速、易操作，非技术人员也能快速上手；标准版功能齐全，且价格不高；支持私有化部署和私有云部署。其不足之处也较明显：新势力品牌，了解的人不多；数据分析功能目前比较薄弱；有些复杂的功能组件尚在开发中。值得一提的是，雀书的产品开发速度较快，对于用户体验方面的建议大都能快速跟进。

2. 钉钉

钉钉作为中国最大的 API 市场之一，提供 500 多个 API，供其生态上的合作伙伴调用。钉钉低代码平台上的合作伙伴，尤其是独立软件提供商，可以基于该平台创建数据流和基本流程，实现定制化的应用，例如审批、财务流程、信息录入等。钉钉提供三种应用：基础应用、第三方应用和自建应用。

基础应用是钉钉在企业工作台展示的一系列官方应用，供企业内部人员使用，如审批、签到等。它通过审批流程电子化、移动端打卡考勤、快速收集各类型数据的智能表单、薪酬管理的智能人事等模块，为用户提供便捷的使用体验。

第三方应用是指一系列在国内广受认可的企业级应用。它们被展示在钉钉的应用市场中，由钉钉背书，并通过强大的云能力提供一站式钉钉云解决方案。

自建应用是提供一个低代码平台，企业开发者可以创建并开发企业内部应用，并在工作台展示，供企业内部人员使用。企业内部开发有两种方式，分别为企业内部自主开发和授权给服务商开发。针对前端开发，钉钉开放平台支持小程序和 H5 微应用两种开发类型。

总体来说，钉钉的低代码开发功能使用起来较方便，但也受到一定的功能限制，比如自带的审批流程功能有限，只能满足基本需求；权限管控比较简单，灵活度较低。

3. 企业微信

企业微信依托于微信成功的产品设计和极高的市场占有率，能够较好地满足广大用户的需求。从低代码平台的角度来看，企业微信提供现成的模板功能（如审批、请假），业务人员可以直接更改。功能上提供通讯录管理、应用管理、消息推送、身份验证、移动端 SDK、素材、OA 数据接口、企业支付、电子发票等 API。但定制应用仍需要代码开发，尤其是涉及服务端和客户端的应用，其应用数据需要托管在企业微信或第三方服务器上。

企业微信也有基础应用、第三方应用和自建应用三种。功能分类上和钉钉类似，但 API 的数量较少。从自建应用的角度看，通过企业微信的低代码平台可以更方便地将小程序迁移到企业微信。从微信生态集成的角度看，企业微信比钉钉、雀书等平台更完善。

低代码的典型应用场景

数字化转型是企业业绩增长的重要推动力，已成为企业间的共识，并获得了企业决策者的广泛认同。然而，数字化转型之路上充满挑战，比如不断涌现的创新性业务需求、信息孤岛、切换成本、IT 人才缺口等。为此，在众多数字化转型的实施方案中，低代码平台因其"全民开发"理念而成为首选，它可以帮助企业快速实现业务落地，并从业务需求端倒推企业的数字化建设区别于企业 IT 部门主导需求的传统模式。在数字化转型背景下要快速响应市场需求或者调整业务部门的流程，而这些需求主要由业务部门自主发起，由 IT 部门提供技术与服务，这种供需关系的转换需要业务部门的管理者及开发人员等直接参与整个企业的应用系统的建设。

以制造业场景为例。业务部门人员一般拥有丰富的工程生产、业务管理等经验，如 OT（运营技术）知识，并知道一些专业统计方法，但是对于 IT、DT（数字技术）知识知之甚少。低代码平台通过内置的基础计算模型、工业机理模型，让"离业务生产现场最近的人"可以自助将自己的个人经验和工业知识转化成各种可复用的工业机理模型。这些工业机理模型可以在平台上被快速开发、测试、部署、验证和迭代，从而实现企业应用的开发与运维一体化。

Gartner 称，过去几年，在以企业为代表的组织机构中，IT 部门领导者对低代码平台的兴趣从 52% 上升至 76%，这是一次跃升。在软件开发领域，低代码开发模式更为盛行。早在 2015 年，Amazon、Google、Microsoft 和 Oracle 等软件供应商就开始陆续进入市场；

2018 年 8 月，西门子收购 Mendix 并帮助其用户更快地应用 MindSphere 后，低代码工业应用开发成为推进工业互联网应用的新兴热点领域。在国内，TCL 集团孵化的科技公司格创东智、以数据中台业务为主的宇动源都将低代码开发作为推进工业互联网的重要手段。

由此可见，低代码平台在数字化转型中的价值得到了 IT 部门领导和业务部门的一致认可。双方都可以充分发挥各自的优势和能力，通过低代码平台来快速完成业务系统的更新，以满足业务不断变化的需要。

从应用的表现来看，典型的低代码应用场景可以分成以下类型：创新型应用、客户参与型应用、内部运营效率型应用、遗留系统的迁移或升级等。

3.1　创新型应用

现阶段，创新型应用的主要场景类别有 B2C 移动应用和物联网智能应用。

1. 应对日益增长的 B2C 移动应用

在数字化转型时期，网上销售是将产品快速推向市场的一个有力渠道，在移动互联网已经十分成熟的今天，基于移动平台的网上渠道尤其如此。B2C 移动应用是一种典型的创新型应用，比如投资新的数字自助服务（如移动应用）可以极大提高客户满意度，开拓新的业务收入来源。然而企业通常的状态是，缺乏开发移动应用所需的各类资源，且面临适配各式各样移动设备和操作系统版本的挑战。

与此同时，在业务需求层面，由于商品种类繁多，各商品属性的不同会带来用户 UI、界面逻辑、页面流程等的不同。因此，面对 B2C 移动应用场景，低代码平台是一个非常合适的选项，而且在企业内各核心系统执行中台战略，构建了基于数据与业务中台的数据集和基本业务逻辑或业务接口后，IT 人员或业务人员使用并实施低代码平台的门槛已大大降低。

低代码使企业可以轻松地与现有的员工一起，从单个开发平台构建面向不同目标用户平台的移动应用，例如基于 Mendix 开发平台，利用 React Native 框架为 Android 和 iOS 用户平台快速构建移动应用。

2. 支持物联网的智能应用

随着 5G 及物联网技术的普及和发展，越来越多的设备将接入物联网平台，这会带来两种不同的应用场景。

第一，5G 技术方面，由于其具有高带宽、低延迟和高可靠性等特征，大量的计算需求将可以前移到移动设备端（也称为边缘端），这也给移动设备端的计算能力带来了通过软件重新定义的可能，而在这种"软件可定义"的方式下，需要通过方便、可靠、简单的开发方式来高效、快捷地重新开发边缘端或者移动设备端的应用。

第二，物联网技术方面，各类传感器以及协议、软件将共同作用于一个物联网平台，不仅需要大量新物联网设备的接入，也需要低代码这样快捷的开发平台帮助用户在第一时间将功能和数据接入平台。支持物联网的业务解决方案可提高内部运营效率，提高用户参与度，而这又会让企业越发积极地寻找方法来交付新的物联网功能。

物联网应用很复杂，需要在许多不同的系统之间进行集成。首先要从物联网端点（如传感器、通信设备、汽车等）收集数据，这些数据本身并没有太多价值。物联网软件（如Microsoft Azure IoT Hub、AWS IoT 等）可处理和分析来自端点的数据，还提供了 API 以便使用和公开物联网服务。

使用低代码平台，现有的人员可以与物联网平台无缝集成来构建 Web 或移动应用，从而将物联网数据转化为可感知业务逻辑及可操作的行为见解，以供最终用户使用。此外，还可以轻松地将物联网应用与企业系统、天气或交通等第三方服务集成，以提供更多见解或触发物理操作，例如在天气达到特定温度时打开空调。

下面分享一个典型场景案例。某大型制药企业使用低代码平台构建了基于 RFID 的快速盘点模块方案，该模块方案包含安装在手持型 RF 扫描器（基于 Android 系统）上的App 和对应的数据服务程序，后者直通 ERP 系统。模块上线后，设备与库存盘点的工作效率得到大幅提升。

该企业的 IT 负责人表示，企业的生产设备和库存商品数量大、密度高，部分设备的运行温度高，传统的条形码存在贴纸易损、扫码操作不便等问题。随着 RFID 等智能设备日趋成熟，企业希望借助该技术改进盘点过程。但是 ERP 系统并没有提供 RF 识别模块，而 RF 设备厂商也没有提供与该 ERP 系统对接的解决方案。综合考虑 IT 部门的技术能力与开发成本后，该企业最终决定使用低代码的方式自行研发相应的功能模块，在 RF 硬件设备和 ERP 软件系统间架设桥梁。

首先，没有 App 开发经验的开发者使用低代码平台构建了 Android App 并将其安装到 RF 手持终端上，从页面布局、业务逻辑到数据表，全程无须编写代码；其次，借助低代码平台提供的前端编程接口，开发者在技术支持团队的协助下，使用 RF 设备提供的Android SDK 读取 RFID 数据，并将其填写到页面上，完成软硬件对接过程。测试通过后，开发者将该应用的数据库切换到 ERP 数据库，RF 盘点模块就可以上线投入使用了。

从这个案例中不难看出，低代码平台可以大幅降低定制开发企业应用的技术门槛，轻松实现各类移动终端、智能硬件设备与企业管理软件的对接，帮助工业互联网落地。

3.2　客户参与型应用

客户参与型应用主要是在应用系统的建设过程中，针对客户强烈的业务多样化需求进行开发的应用，或者客户根据自己的业务需求，基于某一平台自行构建并提供给其他客户使用的应用，典型的例子有 SaaS 平台。一般来说，客户参与型应用主要包括以下 3 个场景分类。

1. 基于 Web 的门户网站

基于 Web 的门户网站是提供自助服务的出色数字工具。客户可以通过它执行日常任务，例如搜索服务、支付账单、获取报价等，而无须经过工作人员。对于企业而言，门户是一种经济有效的方式，可提供一致的客户体验并增加新的收入来源，因此许多企业仍在努力建立客户门户。传统开发速度缓慢且消耗资源，而现有的商用解决方案的差异性不能满足客户的独特需求，例如对定制化 UI、业务流程等的需求。

通过低代码平台，业务人员和 IT 人员能够使用消费者级 UI 协作等开发方法交付客户门户，从而解决了这些难题，而所需时间仅为传统开发的一小部分。此外，企业可以一次构建应用系统接口，然后针对不同的目的和设备多次使用。

2. 移动优先的供应商应用

一个企业的供应链应像状态良好的机器一样运转，以向消费者提供优质的产品。但是，我们在实际中经常见到的是混乱的电子表格网络、分散的系统、不准确的数据以及用于管理供应商的高度手动的流程，这些问题导致供应链效率低下。

基于 Web 的供应商门户网站为上述问题提供了很好的解决方案，但它无法支持需要从现场位置立即报告的活动。例如，操作员在计算最新原材料装运的内容时，更希望立即在移动应用中键入库存计数，而不是等回到办公室再在计算机上打开门户网站；或者，使用手机摄像头扫描有缺陷产品批次的 QR 码，以自动将缺陷产品信息注册到核心业务系统中。

通过集中整合应用生命周期，低代码平台使构建带有消费者级 UI 的 iOS 和 Android 移动优先供应商门户变得容易。

3. 新的 SaaS 应用

虽然许多企业向客户提供的核心产品是实体产品、服务或两者的结合，但是在当今数字优先的背景下，每家企业都或多或少会涉及软件业务。因此，可以想象利用多年的行业经验和客户资源来构建新的 SaaS 应用有多大的优势，包括：不仅可以增强核心产品的竞争力，而且可以作为附加或独立软件解决方案进行销售；不仅可以解决客户最常遇到的数字化痛点，而且可以为企业开辟新的收入来源，有助于占领新市场。

构建新的 SaaS 应用总是令人生畏，而借助低代码平台可以快速有效地构建、测试和推出应用。平台的协作性质确保可以直接从最终用户那里持续获得反馈。与传统开发相比，低代码平台可提供更快的上市速度、显著的成本节省以及尝试新应用的理想环境。

我们来看一个案例。在国内，随着企业信息化的持续发展，实施了用友 U8+ 的企业开始对客户化提出更多要求。而客户化开发受限于技术门槛和开发成本，长期处于供不应求的状态。代理商、集成商及企业 IT 中心面对高附加值、高紧迫性的客户化开发项目，苦于缺乏掌握 U8+ UAP 开发平台和配套编程语言的专业开发人员，以及对接移动端和硬件设备的技术方案等，无法做到及时响应。

2019 年，用友 U8+ 将低代码开发的应用扩展到行业软件的客户化开发，为用友的合作伙伴及企业客户提供全新的客户化开发解决方案，在显著提升客户化开发效率的同时，大幅降低了技术门槛，让没有受过专业编程训练的实施和运维人员也能从事开发工作。借助低代码技术，实施、运维等没有专业编程能力的人员能够通过拖曳的方式快速开发出满足企业个性化需求的 Web 应用和移动端应用，然后利用集成套件，将这些应用以扩展模块的形式深度集成到用友 U8+ 中，实现页面集成、用户集成和数据集成，以快速定制属于自己企业的各类 ERP 应用门户、移动端应用或系统。

3.3 内部运营效率型应用

使用低代码平台，企业可以创建员工真正喜欢的现代的、精美的业务应用。最新的设计模板，加上直观的低代码可视化设计界面，使专业开发者和非专业开发者都可以轻松地进行应用开发。企业的所有开发人员和业务人员可以通过新的移动和 Web 界面从现有系统和数据中获取更多价值，这有助于改进业务流程，提高整个企业的效率。

尤其是在企业内部，由于要应对市场的快速变化，无论是业务部门的协作、财务部门的审批和支付，还是市场销售部门的不同促销动作，均需要相应的 IT 系统具备高效、快捷的适应能力或再开发能力。

在上述情况下，低代码平台可以快速有效地构建、测试和推出满足新业务需求的应用，例如预算申请与审批应用。

传统的预算申请和审批应用一般基于纸质或电子表格的预算批准流程，其问题是易出错、耗时长且缺乏透明度。建立在遗留系统（如 IBM Notes、Domino、Oracle、ERP 等）上的流程也会出现一系列问题，比如用户界面很复杂，通常使用要求填写大量信息的表单，对智能手机和平板电脑不友好。在后端，IT 部门很难快速更新系统以适应流程中的任何新业务变化，也很难随着用户数量的增长对其进行扩展。

低代码平台为专业开发人员和业务人员提供了速度、灵活性和协作工具，允许他们在单个平台上数字化端到端的资金要求和批准流程。用户获得了可从多个设备访问的应用，这些应用响应迅速，并提供了消费者级的 UI。IT 部门可以将应用与 ERP 系统（如 SAP Finance）集成，以根据会计预算检查资金要求。此外，IT 部门很容易以低代码维护和频繁更新应用，而云原生架构也可以轻松地根据业务需求扩展应用。

下面来看一个案例。Heritage Bank 成立于 1875 年，是澳大利亚最大的互助银行。如今，Heritage Bank 正面临一群全新的竞争者，其中包括精通数字技术的初创金融科技公司、纯数字的"新型银行"等。该银行意识到必须通过实现自身营运现代化来保持竞争力，因而其对自动化和智能化的需求激增。

为了提高 Heritage Bank 自动化的开发和执行效率，咨询顾问为其介绍了 RPA 的新型低代码解决方案，通过软件对重复性的业务流程任务实现自动化处理，例如发现模式、整理数据以及在客户关系管理（CRM）数据库中填写相关信息以推动销售。为此，Heritage Bank 使用了 UiPath。UiPath 是一家通过快速实现流程自动化来简化数字化转型之路的企业，其核心产品也叫 UiPath。在 Heritage Bank 自动化道路上的每一步 UiPath 都提供了引导，为其团队提供帮助并全面阐释 RPA 的工作机制。

自 2017 年开始使用 UiPath 以来，Heritage Bank 已经对约 80 个面向客户的后台和中台流程实现了自动化，这些流程分布在运营、支付和联络中心服务等各个领域。

3.4　遗留系统的迁移或升级

对于大多数开发者来说，基于遗留代码进行开发是日常工作的一部分，毕竟从头开始创建新系统的机会不多。

构建在遗留系统之上的大多数系统很难在刚开始就直接将遗留系统丢弃，特别是一些业务逻辑非常复杂的系统（如金融、电信系统）。这些代码往往有如下特点：

❑ 用旧的编程语言开发，低效；

❑ 冗繁，质量差；

❑ 添加新功能和修改错误用时长且痛苦；

❑ 没有单元测试，甚至没有功能测试、冒烟测试、回归测试；

❑ 无法交接，因为写代码的人大多已经离职。

这些代码的维护代价高，而且经常会让 IT 人员心惊肉跳，特别是系统遇见特殊情况时（节假日、访问高峰期等），他们更是不得安宁。

通常认为，在迁移或升级遗留系统时只有两种选择。一是组织开发团队根据新的业务重新开发一套新系统。这种选择非常昂贵且耗时，需要熟练的开发团队，并且在 IT 孤岛中开发可能导致业务失败。另一种选择是基于低代码技术：一方面，最大限度地保留遗留系统的代码，保留其"公共数据服务"；另一方面，基于遗留系统的开发环境和能力构建相应的"功能适配器"，然后在此基础上，通过低代码技术快速定制新业务和流程的交互式 UI 与业务逻辑。

通过低代码平台强化协作，同时将敏捷的方法应用于整个应用生命周期，可确保业务人员和 IT 人员协同工作，降低项目失败的风险，并在极短的时间内交付关键任务应用。默认情况下，基于成熟的低代码平台构建的应用是云原生和多云可移植的。这些应用建立在现代微服务架构之上，可轻松扩展，高度安全，并通过关键任务的弹性实现最长的正常运行时间。

我们再来看一个案例。几十年来，美国 Continental 公司一直使用一套软件和应用开发平台来支撑公司的所有业务，从管理电子邮件和内部通信到构建数百个自定义应用以数字化内部流程。与所有软件一样，对旧平台的支持会随着时间的流逝而终止。Continental 公司宣布将在 2021 年停止对旧平台的支持，并将借助现代化的应用开发平台，利用更先进的技术（如云技术）来上线新业务。但无论采用哪种新技术和平台，原有遗留系统的数据资产与核心业务能力都不可能被完全替代，更不可能被一次性替代。

为此，该公司借助 Mendix 创建了具有移动功能和新数据结构的健壮且稳定的应用，这些应用从遗留系统中获取相应的"公共数据"服务及能力，从而极大缩短了用户的请求时间。例如，利用 Mendix 对全民开发的支持，Continental 的业务人员即使没有编码经验，也可以开发新的物料号申请（MNA）替换工具，该工具使用户可以提交创建或重复使用生产物料的请求。使用 Mendix，业务人员能够共同开发新的 MNA 替换工具，并与其遗留的 SAP ERP 后端系统建立更清晰的集成。

第 4 章 *Chapter 4*

低代码开发的破立之道

数字化转型说起来容易，做起来难，其实施策略、纲要、手段、步骤与效果评估还远远没有成熟，绝大多数数字化转型方法论仍然处于实践与探索阶段，需要不断优化与完善，其中包括各种数字化工具的开发与应用。在数字化转型时代，技术提供的是一种强大的赋能能力，其本身不是目的，技术只有在实践应用中才能够发挥它应有的作用。深刻理解"技术—工具—应用"与企业生存和发展的关系，从而充分发挥工具的作用，同时避免有可能带来的问题，是企业数字化转型成功的关键。

作为一种正在蓬勃发展的数字化生产力工具，低代码开发听起来像是一种与软件开发人员相关的能力，但实际上它更接近于已经发展了几十年的办公自动化手段。与其说它是一种开发工具，倒不如说它是一种与 Office 软件一样的办公工具。但是，如果想让最终用户用好低代码开发及其工具，还需要专业开发人员的辛勤努力。因此，树立起对低代码开发的客观认知，破除对低代码开发的迷信与误解，将是低代码开发迈向下一代办公自动化领域的重要一步。

4.1 巨变时代的无常态

2020 年年初，一场突如其来的新冠肺炎疫情席卷全球。一开始，人们只把它当成一个与人类健康相关的挑战，没有想到一年下来，越来越多的人逐渐意识到，这是彻底改变人类工作与生活方式的巨大加速器。

对于所有个人与企业而言，一个基本的转变是对数字化能力的再认识。正如有的人所讲的："原来以为数字化只是一道选做题，没想到它是人类赖以生存与发展的必答题。"

微软公司首席执行官萨提亚·纳德拉在公司内部大会上说道："我们在过去两个月见证了以前需要两年才能完成的数字化转型。"这种迅速的改变让大家终于认识到：原来数字化转型没有想象中那么难，真正难的是改变我们自己的思维定式和思维惯性。如果思想上转变了，敢于跳出自己的舒适区，就会产生足够有力的变革，再加上足够多的资源、持之以恒的决心、明确的目标、切实可行的步骤、阶段性的纠偏，在学习中进步，在进步中学习，我们就会看到越来越多的个人、企业及国家迈上以数字化能力为核心竞争力的新时代发展道路。

以新冠肺炎疫情的出现作为分水岭，人们慢慢意识到人类社会极有可能已经进入一个无常态的时代。如果说在疫情之前，对于诸如黑天鹅、灰犀牛之类的现象，人们还觉得只是偶然事件，那么新冠肺炎疫情以及由其带来的全球政治、经济等方面的突发和反常态事件，让人们不得不开始思考当下的时代特征以及我们到底需要构建何种能力来应对这种持续性的变化常态。

微软公司为此提出了一个关于构建企业"韧性"的能力结构和发展范式（见图4-1），这种范式被称为"企业韧性能力环"。

图4-1　企业韧性能力环

企业在这个能力结构和发展范式下，任何外界变化和内部矛盾都被预设为常态。企业要想生存、发展与壮大，就必须建立起能够主动应对这种变化的"韧性"能力，以及包括"响应→复苏→重塑"三部曲的循环迭代路径。

其中"韧性"代表了企业应对变化的预见性、灵活性和持久性。在这种能力的基础上，企业需要具备随时感知外部变化并快速响应的能力，同时基于自身的柔软性和灵活性（具体表现为人员、流程、产业链上下游以及产品与服务形态的可变性和适应性），实现快速复苏。但是到这一步，企业应对变化的能力与原来并没有本质区别，真正的区别在于第三步所定义的"随时随地的重塑能力"。这种"重塑"基于对未来"无时无刻不在变化"的预判，基于这种前提假设，未来几十年，大概率不会再有长期的稳定态。企业面临的变化与挑战将如同潮水般循环往复，迭代递进。基于这种前提假设，无论何种企业，无论哪个国家，要想应对这种变化的局势，都需要随时根据外界和内部的变化重新塑造自身的能力、结构、流程以及对外交付的产品与服务形态。

这三部曲是一个循环往复的过程，没有起点和终点，不断在"响应→复苏→重塑"之间快速迭代，提升能力。企业也将基于这种能力结构和发展范式而得到生存、发展及壮大的机会。

接下来需要明确的就是如何塑造这种应对各种变化的"韧性"能力。

4.2　韧性——通过软件实现的数字化生存能力

所谓"韧性"也就是灵活性或柔软性，是物理空间难以持久的特质，也是所有生机勃勃的事物所具备的本质。比如，刚出生的婴儿、刚刚长出的幼苗是具有很好的韧性的，但随着孩童或者植物的成长，机体会日渐老化、僵硬，对于人类而言还表现为思想的僵化，对于企业而言则是结构、流程、业务模式的僵化，最终发展为产品与服务的僵化。但是如果依靠数字化的方式，将物理世界的对象、行为和关系映射到数字空间（也叫赛博空间），在数字空间内通过软件来对物理世界的数字化镜像进行仿真、优化与完善，并以优化后的数字模型"反哺"物理世界的各种具体行为方式，就有可能获得应对变化所需的韧性以及快速迭代的"响应→复苏→重塑"能力。

因此，如果我们把持续不断的变化预设为常态，把企业的韧性定义为应对这种常态的必备前提，那么数字化的能力与软件的方法就是获得并强化这种韧性能力的两大支柱。

随着人们工作与生活方式的剧烈变革，许多原来不可想象的现象变成了新常态，比如在线协同办公、线上课堂、远程诊疗等关系到国计民生的基本形态。从全球经济发展与业态变化的趋势来看，这种变革的势头只会愈演愈烈。所有这一切都指向了一个最关键的生存与发展能力——数字化的能力。

20 年前，互联网经济才刚刚萌芽就已经有了"软件将吞噬一切"的说法。当时绝大多数人只是把这种说法当作技术行业内部的自说自话，之后人们又将注意力转向互联网、区块链、人工智能这些新名词和新概念上，而忽略了这一切表象的基础都是因数字化能力提升而产生的数据。直到近些年，才开始有了"数据是石油""数据是货币""数据是电力"的说法。在数据这个主角登场之后，处理数据的软件也就越来越体现出它的作用，于是又开始有了"所有公司都是技术公司""所有公司都是软件公司"的说法。

随着近年来以机器学习为代表的新一代机器能力的普及，人们在逐步提高对机器的学习能力的理解并加以利用的同时，开始重新审视机器的能力边界、机器对于人类的作用以及机器与人类之间的关系，这种反思的结果是形成了"机器以数据为口粮，经由软件能力消化数据口粮以产生机器智能"的通识。

至此，物理世界的数字化、数据、软件以及由它们实现的新的机器学习能力就形成了一个闭环。正是在这个大前提下，"拥有更强大的软件能力"这个业务发展诉求就摆在了每一个领导者的面前。

4.3　低代码开发范式——因数字化转型而进步

早在新冠肺炎疫情暴发之前，全球就面临着软件人才供不应求的问题，为了应对疫情的挑战而加速的全球数字化浪潮则进一步加剧了这种局面。企业绝不会因为软件能力不足而停下发展的步伐，而只会为了更好地生存和发展，想尽一切办法强化自身的软件能力。在这种大的社会背景下，低代码开发重新焕发了生机。

随着全球数字化进程的发展，软件开发方法也在不断迭代。回顾历史，软件开发从早期以纸带打孔的方式编程，到发展出汇编语言，再到进一步发展出更加高级、更加便于人类理解的成百上千种编程语言。这本身就是一个不断迭代、抽象、简化、复杂、再简化、再复杂的过程。

软件开发走到今日，已经出现了各种工具和手段来简化和优化开发流程，也造成了传统的 IDE 代码编写方式和各种图形化拖曳开发方式并存的局面。各种开发方式的拥趸由于视角不同、思路不同，经常会形成对不同开发范式针锋相对的意见。这种争论往往掩盖了因具体业务需求和业务痛点而产生的对于软件开发形式多样化的真实需求，而行业内外对于低代码开发范式的争论尤其激烈。

低代码开发范式之所以能够重新得到重视，主要是因为全社会数字化发展的刚需，也就是需要解决软件开发人员不足和数字化高速发展之间的矛盾。但是一些讨论由于过于关注名词的局限和历史上出现过的一些发展误区，忽略了技术的进步以及实际应用场景的需要，而往往陷入低代码开发方式是否可行的意气之争，以及出现低代码开发会不会砸了传统软件开发人员的饭碗这种毫无根据的偏激论调。这种争论恰恰忽略了人类区别于其他物种的一个根本生存能力：利用技术手段优化自身生存条件。

与历史上各种在当时来看非常先进的技术能力（如识字能力、写字能力、机器操作能力、打字能力、计算机辅助办公能力等）一样，对软件开发能力也存在着一种全人类的技术扫盲运动，这种运动有时也被称为"技术的大众化"。在当今这个数字化时代，因数字化技术大众化不彻底而造成的数字化鸿沟是一个亟待解决的问题。低代码开发在某种意义上承担了一部分这方面的使命。

低代码开发的首要纲领是实现软件开发的大众化，实现人人都是开发人员的愿景。这种愿景的实现与前面所讲的各种争论没有必然联系，只是由于在大众心目中低代码开发被附加了很多低代码开发范式本身不具备的定义和前提约束条件，因此产生了很多理解上的歧义。在介绍具体的低代码开发范式之前，我们有必要阐明几个观点来说明低代码开发到底"是什么"和"不是什么"。希望每一个人，无论是已经掌握软件开发技能的软件开发人员，还是不具备软件开发能力但希望成为"全民开发者"的各行各业专业人员，都能够放下包袱，轻装上阵，携手进入由数字化能力和软件方式开启的智能化时代。

4.4　低代码开发——"是什么"与"不是什么"

在技术领域经常会出现以名词概念来代替实际进步的现象，比如现在十分火爆的人工智能，在 1956 年由明斯基主持的达特茅斯会议前后，其实业界就有许多不同的声音。究其原因，其中有一个明显的局限就是当时（其实现在依旧如此）人们对于什么叫作"智能"并没有统一的认识，更不用提什么是"人工智能"了。用词造成理解误差，进而造成对于这种新型机器能力的期望值偏差（主要原因是把机器的能力过早地拔高到与人的智能相提并论的程度），再加上一些激进的技术路径选择和媒体炒作，造成人工智能发展的几起几落。对于物联网的理解也有类似的隐忧。物联网这个概念到底与几十年前科学家和工程师们就在努力实现的遥控、遥测、遥感是否有本质区别，也是一个值得商榷的话题。

因此我们有必要认真审视一下低代码开发代表着什么，有什么前提约束条件。在此笔者想先引用一个有关名词与事实的故事来为后面的内容做个注解。这个故事据说是亚伯拉罕·林肯讲的，标题叫作"狗的尾巴与腿"。

据说当时林肯是以下列问答的方式来表达他对名词与事实的观点的。

问：如果我们将狗的尾巴称作腿，那么狗有几条腿？ 5 条吗？

答：不！狗还是只有 4 条腿。一只狗不会因为把尾巴称作腿就拥有 5 条腿。也就是说，不管把狗的尾巴和腿称作什么，狗都只有 4 个支撑身体的肢体器官，这种器官用人类的语言来描述叫作腿。

上述故事想表达的观点是语言只是事实的一种符号代表，这种符号只是一种代表，而不是事实本身。我们不会因为语言是什么而忽略了事实的真相。本书所要介绍的是低代码与无代码开发范式，"低代码"和"无代码"是对于一种开发范式的描述。我们应该关注的是这种开发范式本身的内涵与外延，而不要过于在意什么是"低"、什么是"无"。

当然，对于目前这种因数字化转型的需要、技术的进步和业务的痛点而产生的开发范式，"低代码"和"无代码"这两个词是不是精确的描述是另一个话题，这就跟把现在流行的机器能力称为人工智能和机器学习是一样的道理。本书更加关注的是这种开发范式所代表的具体能力和方法。下面介绍我们对于低代码开发范式的理解。

1）低代码是数字化发展到一定阶段的必然产物，不是突然凭空出现的奇思妙想。

如第 1 章所述，尽管"低代码平台"这个词出现于 2014 年，但是不断降低软件开发难度、简化软件开发流程是软件技术发展的基本诉求，由来已久。低代码开发不是新鲜事物，第 12 章将以 Excel 为例介绍 Excel 编程赋能早期的全民开发者的故事。

近代电子计算机在被发明之初，采用的是冯·诺伊曼体系结构。其运行特征是需要人类输入机器能够识别的机器指令来控制机器对数据进行加工，这种加工的表现形式就是对数据进行的计算、存储以及对计算结果的输出。这种机器也因此被称为"计算机"。

但是计算机的中央处理器能够识别的机器指令集人类难以理解，为了提高人类对计算机发出指令的效率和效果，计算机科学家和计算机语言设计专家不断利用抽象、集合的方式，将常用的计算机计算功能以计算机高级语言的形式给出。这里，高级与低级的主要衡量标准是，计算机语言是否易于被人类理解和使用。

从这个意义上讲，计算机语言的发展路径本身就是朝向低代码，直至无代码。当计算机高级语言的抽象能力发展到极致时，这种抽象就可以通过图形的形式来表达。用图形来表达的计算机程序就是无代码程序。但不要被编程语言与图形的区别所迷惑，语言与图形都是对某种概念的抽象表现形式，没有高下之分，只是使用方式不同。

不同的场景对计算机指令描述能力的需求不同，就会出现不同的表现形式。以图形的形式来对计算机语言进行抽象就是其中的一种。这种形式有它的受众对象，有它的能力范畴，过去发展良好，未来也必将继续向前发展。

至于要不要把这种发展视为一种突发的奇思妙想，那就要回到前文所说的，我们是否有必要通过名词的高下来判断事实的进步，这就是仁者见仁、智者见智的问题了。

2）低代码开发是一种问题导向、由痛点催生的开发范式，是一种生产力工具，而非技术玩物。

低代码开发因某种具体的业务需求和受众痛点而产生，也因此受到使用场景的约束。

它针对数字化进程被极度加速的后疫情时代，要满足因数字化而产生的大量计算需求，解决因企业对软件开发能力的巨大需求而造成的软件开发人员不足的问题。低代码开发的愿景是让每一个人都可以使用经过简化的软件开发方法来优化、自动化和智能化自己的业务内容与流程。

企业如果没有这些业务需求和痛点，数字化水平也没有达到能够将复杂业务抽象为简单步骤的程度，却大谈低代码开发，就很容易陷入邯郸学步的误区。

总之，低代码开发虽然是一种先进的软件开发范式，但它不是适合所有企业的生产力工具，更不是包治百病的万能神药。它会因人、因时、因地、因事而制宜，是特定企业在特定行业特征、特定数字化发展阶段，以及特定的人员素质、业务流程、产品与服务内容、上下产业链交互方式下的特定解决方案。

3）低代码开发的目的是让全民开发者基于经过专业的软件开发人员针对特定业务流程与业务功能进行优化和抽象、通常以图形界面表现的功能模块，实现对自己工作内容的优化、自动化和智能化，不是也不可能是让全民开发者替代专业的软件开发人员。

在软件行业有"天下没有免费午餐"的说法。由于计算机本身只能理解机器指令，任何除机器指令集以外的指令表达方式和方法，不管是以人类可以识别的语言来实现，还是以人类能够理解的图形来实现，都是对机器指令集的一种抽象。

对于不同的表现方式，越是接近人类日常使用习惯，对机器指令集进行抽象时需要付出的工作量就越大，而在可预见的将来，这些工作大部分将由专业的软件开发人员完成，其中会有部分重复性的工作将利用机器学习完成。也可以这么理解，越是对全民开发者友好的低代码开发方式，越离不开专业的软件开发人员。

此外，低代码开发要实现的大多是具有行业和领域特征，也就是领域知识（Domain Knowledge）的业务流程数字化、自动化与智能化。它的主要工作是把业务逻辑转化为程序逻辑，这项工作本身就需要熟悉业务逻辑的广大业务人员与懂得实现程序逻辑的专业软件开发人员的共同努力。

还有大量的合作与配合工作要做，因此目前谈论谁会代替谁，软件开发人员是否还有职业前景为时尚早。另外，就像机器学习能够提高专业软件开发人员的开发能力一样，低代码平台同样可以为专业的软件开发人员减少日常开发工作中的重复性劳动。因此，简单地认为低代码开发范式会使专业软件开发人员失去工作是毫无根据的，同样，对低代码开发冷嘲热讽也不是解决当下数字化发展中的软件瓶颈问题的正确态度。

预见变化，拥抱变化，分工合作，这本来就是在这个巨变时代每个个体与企业必须抱持的基本态度。

4）低代码开发是一项新技能，每个业务人员和软件开发人员都需要掌握。它是数字化时代的一种新型的生存技能，虽然被称为低代码，但绝不是简单的、不用努力学习就能轻易掌握的能力。

原来不会写代码的业务人员需要理解低代码开发范式背后的机器逻辑，有时也称为培养和掌握计算思维，这样才能高效地利用低代码平台和工具，优化、自动化、智能化自己的工作内容与流程。

而对于专业的软件开发人员而言，更好地理解业务逻辑，并将业务逻辑抽象为业务人员可以轻松调用、组合的业务模块，是比原来自己写代码、实现业务逻辑更加强大也更加具有业务影响力的架构和编程能力。在这个数字化急速发展的时代，无论会不会写代码，每个人都需要掌握这种新形式的生存能力。

理解了低代码开发的缘起与时代背景，明确了低代码开发"是什么"与"不是什么"之后，让我们进入低代码开发的广阔天地吧。

第二篇 *Part 2*

实践出真知

在了解了低代码平台的价值后，本篇将带着大家一起体验低代码平台的使用方法。本篇会以微软低代码平台 Power Platform 为例，讲解在低代码平台中的数据服务、应用开发、流程自动化、数据展现及 AI 赋能。

本篇共 6 章，将以全民开发者的角度展开。无论你是业务人员、IT 人员还是开发人员，都可以通过本篇的学习快速完成低代码应用的搭建。每一章都由浅入深，从概念认知和基础场景出发，带领大家一步步实现一个完整的应用。如果你能够完全跟随本篇的讲解，在特定的场景中亲自动手实践，完成低代码开发，那么你的工作和生活都会发生创新性和颠覆性的转变。

第 5 章 Chapter 3

Power Platform 介绍

纵览各大技术社区和技术论坛，如果要统计当下的新锐技术词汇，"低代码开发"定会占有一席之地。在企业不断寻求数字化转型的过程中，如何利用新兴技术提高工作效率、更快地实现业务需求，是每个企业掌舵人都在盘算的大事。Power Platform 作为微软开发的低代码平台应运而生。本章将介绍 Power Platform 的定位、特点及价值，带大家了解什么是 Power Platform。

5.1 什么是 Power Platform

本节主要介绍 Power Platform 的构成组件、服务以及相应的功能，并讲解 Power Platform 的 4 款产品（Power Apps、Power Automate、Power Virtual Agents 和 Power BI）是如何针对低代码开发的各个领域帮助用户实现快速开发的。希望通过本节的学习，读者能够快速且全面地了解 Power Platform 的特性及发展趋势。

5.1.1 Power Platform 的构成组件

Power Platform 是微软推出的低代码平台，用于帮助全民开发者快速实现业务需求，助力企业的数字化转型。可以从以下方面理解 Power Platform。

1）Power Platform 是基于云端的 SaaS 服务。

2）Power Platform 不是单一的服务，而是低代码平台，包含多个用于低代码开发的服务的集合。

3）Power Platform 中的服务能够端到端地覆盖数字化转型中移动化、数据化、智能化的需求。

Power Platform 作为一款低代码平台，包含 4 款核心服务：Power Apps、Power Automate、Power Virtual Agents 和 Power BI。同时，它还提供了三大平台级的功能：Microsoft Dataverse、数据连接器和 AI Builder。Power Platform 所包含的主要服务如图 5-1 所示。

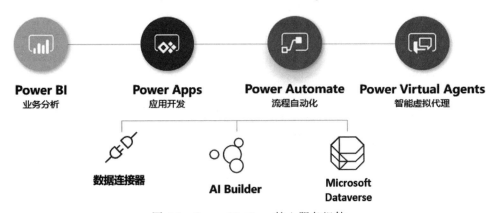

图 5-1 Power Platform 核心服务组件

接下来，让我们来看一看每个服务组件的功能。

1. Power Apps

作用：帮助用户快速构建业务应用，用户无须具备专业的编程知识。

Power Apps 主要用于低代码开发中的应用开发。Power Apps 提供 3 种应用形式——画布应用、模型驱动应用和门户，帮助用户快速实现业务需求。依托于 Microsoft Dataverse 及数据连接器，Power Apps 能够快速打通数据的壁垒，将不同的业务数据进行整合，而且借助于模块化的控件以及数据连接器集成的功能，Power Apps 能够快速处理业务数据，从而实现既让数据流进来，又让数据动起来。

利用 Power Apps 开发的应用为终端用户提供了跨平台的使用体验，无论是移动端（智能手机、平板电脑）、PC 端还是网页端，用户都可以打开来使用，并能够轻松集成到 Microsoft Teams；利用 Power Apps 开发的应用涵盖了前台应用、后台管理应用以及门户网站。通过 Power Apps，全民开发者能够快速访问企业应用（如 ERP、CRM、OA、Microsoft 365 等），访问企业核心数据库（如 Microsoft SQL Server、Oracle 等），完成业务的处理。Power Apps 的使用场景如图 5-2 所示。

图 5-2　Power Apps 的使用场景

2. Power Automate

作用：帮助用户快速实现业务流程自动化，提供可视化业务流程设计工具。

Power Automate 主要针对低代码开发中的流程自动化（既包含标准自动化流程的设计与实现，又包含当下流行的 RPA 功能），帮助用户对原本手动完成的重复性工作进行自动化改造，提升工作效率。

Power Automate 专注于企业流程自动化，业务人员可以通过 Power Automate 快速解决日常办公中遇到的工作流、审批流等问题；专业程序员可以将 Power Automate 与开发好的应用相结合，整合低代码与专业代码，处理复杂的业务场景；IT 人员可以通过 Power Automate 处理 IT 管理中的问题，并依托于 SaaS 服务的优势，确保企业工作流的运行安全。

Power Automate 能够无缝集成 Microsoft 365、Dynamics 365 和 Azure，使流程自动化与日常办公系统、商业应用及云原生微服务快速集成；能够扩展第三方系统，消除企业遗留系统、本地核心数据库及核心应用系统间的隔阂，完成业务全流程自动化；还能够快速对接 AI 能力，借助于 AI Builder，提供表单识别、预测等功能；借助于数据连接器，连接 Azure 认知服务，提供文本翻译、语义分析、视频内容检测等功能。Power Automate 的使用场景如图 5-3 所示。

通过与 Microsoft 365 集成提高生产力

通过 Power Automate 自定义体验并自动化 SharePoint 列表

通过 Power Automate 在 Excel 工作表上实施自动化

通过 Power Automate 自动化一个机器人或流程

通过 Power Automate 中的可操作邮件和自适应卡增强通信

创建 SharePoint 项目后在 Microsoft Teams 中请求批准

单击一个按钮识别图中的文本并通过电子邮件发送该文本

图 5-3　Power Automate 的使用场景

Power Automate 主要包含 3 种形式。

（1）基于事件触发的工作流

基于事件触发的工作流包含触发器及一组需要执行的任务，例如在报销系统中提交一个申请，系统会自动发送一封邮件给上级主管，邮件中包含报销内容及审批操作，待审批完成后，继续执行后续操作。触发可以是手动触发、定时触发和基于事件的自动触发。Power Automate 中包含上百种触发工作流的方式，如 Forums 表单的填写、Teams 中的信息、Outlook 中的邮件、Microsoft Dataverse 或数据库中数据的更新等。

（2）基于业务流程的工作流

通过创建业务流程，可以帮助保证用户输入数据的一致性，以及确保在应对客户时每次都遵循相同的步骤。例如，如果希望所有人以相同的方式处理客户服务请求，或者要求员工在提交订单前获取发票许可，可以创建一个业务流程。

业务流程使用与其他流程相同的底层技术，但其提供的功能却与使用流程的其他功能有很大不同。

（3）RPA

在 Power Automate 中，有一款服务名为 UI Flow，专门用于提供 RPA（机器人流程自动化）的能力。UI Flow 支持为 Windows PC 端及 Web 应用创建自动化流程。UI Flow 既可以通过录屏的方式操作无 API 的应用，也可以通过 API 的方式调用现代应用。

3. Power Virtual Agents

作用：帮助用户快速开发对话机器人。

Power Virtual Agents 主要针对低代码开发中的对话机器人开发，提供对话设计、模型训练、自然语言理解、智能机器人部署等方面的一站式解决方案。它允许用户通过可视化的图形界面完成上述所有操作，且能够与 Power Platform 中的其他组件（如 Power Apps 和 Power Automate）集成，调用 Power Automate 工作流，实现自动化业务处理及信息反馈。

对话机器人实现的是一种自助式知识查询功能，可以提升用户体验，且能够有效降低企业人员成本。但构建对话机器人通常需要专业的软件开发人员编写复杂的代码，需要数据科学家进行语义理解、对话处理等方面的模型训练，还需要运维人员维护对话机器人运行环境，确保其高可用。针对上述问题，Power Virtual Agents 提供了对话机器人设计的编辑器，用户不需要专业的 IT 知识即可快速设计针对不同场景的对话机器人，针对对话结果进行测试，并根据对话内容及时调整。Power Virtual Agents 的特性如图 5-4 所示。

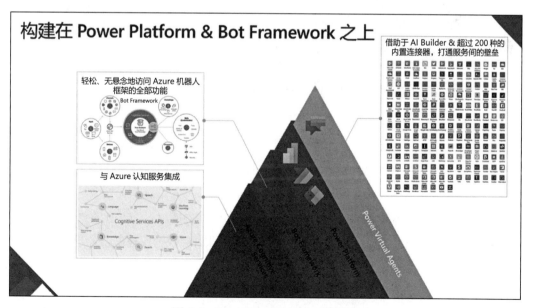

图 5-4　Power Virtual Agents 的特性

4. Power BI

作用：帮助用户快速实现商业数据分析。

Power BI 主要针对低代码开发中的商业分析任务，为用户提供可视化的商业洞见，挖掘商业价值。Power BI 孵化于 SQL Server 中的 Reporting Server，并在性能、安全、合规、数据接口兼容性、跨平台能力和可视化方法与种类等方面得到极大加强。Power BI 目前主要有 4 种形式。

❑ Power BI Reporting Server：运行于本地环境的私有模式。

❑ Power BI Embedded：运行于云端的 PaaS 化服务，可以方便地将 BI 界面集成到现有应用中。

❑ Power BI Pro：运行于云端的 SaaS 化服务，开箱即用。

❑ Power BI Premium：运行于云端的 SaaS 化服务，提供专有的计算资源。

Power BI 的分析流程如图 5-5 所示。

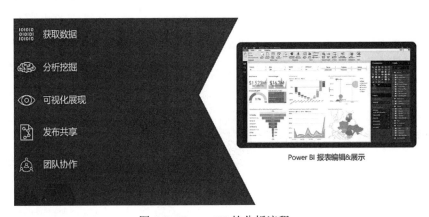

图 5-5 Power BI 的分析流程

Power BI 作为一款 BI 工具，除了提供方便的开发界面，帮助业务人员自助完成报表制作外，还有如下几个特点。

（1）数据源丰富

与 Power Platform 中的其他服务一样，Power BI 也支持超过 300 种数据源连接，无论是本地的 SQL Server 还是云端的 SAP HANA，都可以将数据快速安全地连接到 Power BI 中进行分析展示。

（2）AI 功能、Azure 数据分析服务的集成

在 Power BI 中能够运行 R 语言的脚本，能够通过 AI 工具快速获得商业洞见，能

够调用认知服务进行分析展示。同时，Power BI 能够无缝对接 Azure Machine Learning Service，通过定制化的机器学习算法对数据进行挖掘，能够对接 Azure 数据分析服务及数据仓库服务，对原始数据进行快速整理分析。

（3）完善的权限管控和安全治理

Power BI 能够对其所分析的数据内容、完成的报表页面进行权限控制，实现人人可以制作报表、人人只能看到自己职责和权限范围内的报表。Power BI 提供一系列数据保护功能，例如 Microsoft Information Protection 及敏感数据标签（保障不同数据类别的访问安全）、实时风险评估分析（第一时间通知管理员现有环境面临的风险）、对敏感数据及哪些人正在访问这些数据的直观显示（方便管理员实时了解数据使用动态）。

5. Microsoft Dataverse

作用：Power Platform 内置的数据存储，帮助用户安全地存储数据，轻松构建业务应用。

当我们基于 Power Platform 开发应用或工作流时，往往会涉及数据的存储，在这种场景下，与 SharePoint、Excel、SQL Server 等相比，Microsoft Dataverse 是一个更合适的新选择。

孵化于 Dynamics 365 的 Microsoft Dataverse 首先是一个业务数据库，方便用户基于业务模型构建数据模型，能够针对存储在其中的数据进行细粒度的权限控制，能够将业务的处理逻辑直接应用到 Microsoft Dataverse 存储的数据中，确保数据的完整性。作为一个统一的数据存储，它在前端解锁了应用开发，无论是 Power Apps、Power Automate 还是 Power BI，都可以基于 Microsoft Dataverse 来实现业务需求；在后端解锁了数据汇总，通过 Connector 能够将散落在各地的数据进行汇总整合，构建业务数据层，并对其中的数据进行处理。

Microsoft Dataverse 还是一个 SaaS 数据库，为用户提供了一个高可用、弹性可扩展、安全高效的数据层，而无须用户维护基础设施。Microsoft Dataverse 的特性如图 5-6 所示。

Microsoft Dataverse 具有如下两大特点。

（1）合规与安全

Microsoft Dataverse 是 SaaS 服务，但仍然具有区域性。创建 Microsoft Dataverse 时，需要选择所属区域，也就是确保数据部署在最需要它的地方，且符合当地的法律法规。

Microsoft Dataverse 基于 RBAC（Role Based Access Control，基于任务角色的访问权限）为不同角色分配不同的访问权限，实现细粒度的管控，同时借助于 AAD（Azure Active Directory，Azure 动态目录），实现多步认证、条件控制等。

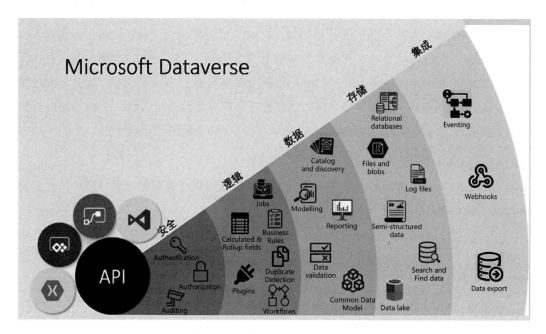

图 5-6 Microsoft Dataverse 的特性

（2）数据多样性与业务逻辑下沉

Microsoft Dataverse 不仅能够存储多种类型的数据，包括整数、文字、日期、文件等，方便用户基于业务需求构建数据模型，还提供完善的数据管理手段。Microsoft Dataverse 允许将业务逻辑，如某一列数据的计算、多行数据的汇总、列校验等功能直接应用到存储的数据上，一次设置就可以共享给前端的各种类型服务。相比于传统的代码开发，它减少了重复代码，提高了企业数据的管理手段。

6. 数据连接器

作用：连接数据源与 Power Platform 各个组件的桥梁。

数据连接器实现了将分散在各处的企业数据（无论是核心系统数据还是应用数据，无论是 ERP 中的数据还是微服务中的数据）进行汇总，供前端业务应用开发所用。截至本书写作时，已经有超过 300 种数据连接器，图 5-7 给出了部分案例。

云和本地部署连接性

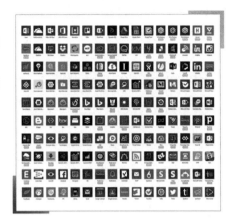

包括 SAP、Adobe、SQL Server 在内的多种云服务、文件、数据库、Web API 等的内置连接

通过本地数据网关无缝混合连接到本地部署系统

构建自定义的连接器供任何人使用

拥抱开源，开放连接器源代码，便于社区使用与改进，全面敞开对语言、环境、工具的支持

图 5-7　数据连接器的价值

7. AI Builder

作用：让开发的应用瞬间拥有 AI 能力。

AI Builder 是 Power Platform 提供的 AI 组件，允许用户在开发的应用或工作流中方便地引入 AI 功能，例如名片扫描、表单识别、智能预测等。AI Builder 包含的部分功能及模型如图 5-8 所示。

图 5-8　AI Builder 提供的功能

AI Builder 目前包含两大类 AI 功能：

1）调用系统提供的 AI 模型，实现 AI 能力；

2）提供训练数据，训练定制化的模型，实现 AI 能力。

5.1.2 Power Platform 能做什么

在实际的商业实践中，企业往往面临诸多现实问题，图 5-9 列举了一些常见的问题。

图 5-9　企业面临的常见问题

每一家企业都在不断寻找合适的工具来高效解决这些问题。如何平衡投入的资源、耗费的时间以及整个生命周期的功能扩展与维护是企业当下热议的话题。作为低代码平台，Power Platform 提供的工具服务可以为企业解决一些困扰。

Power Platform 主要实现了如下三点功能。

❑ 利用 Power Apps，快速开发移动应用，满足业务诉求，实现企业办公移动化。

❑ 利用 Power Automate，快速实现业务流程自动化，实现企业办公自动化。

❑ 利用 AI Builder 和 Power Virtual Agents，快速引入 AI 功能，开发智能客服，实现企业办公智能化。

简单易用的工具服务使业务人员能够参与应用的开发，减少中间环节，直接解决业务痛点，确保开发出来的应用符合实际需求，并且能够不断迭代。

完善的云端治理使 IT 人员能够从容地管理 Power Platform 平台服务，确保平台的应用在开发与运行的过程中能够保障数据的安全性。

利用数据连接器，Power Platform 能够实现多系统的对接，打通数据孤岛，提升业务数据的流动性。

Power Platform 利用自身低代码开发的便利性，结合微软其他云平台的能力，扩展出多个场景，主要有以下几个方面。

1）Power Platform 是 Microsoft 365 和 Dynamics 365 SaaS 服务的定制化开发手段，能够实现用户定制化的需求。图 5-10、图 5-11 分别为 Power Platform 与 Microsoft 365、Dynamics 365 结合的场景。

和 Microsoft 365 融合

以SharePoint web部件的形式发布Power应用程序，或创建自定义SharePoint列表体验

在OneDrive上用Excel表格创建一个Power应用程序

使用Power Apps 自定义一个 Microsoft Teams选项卡

通过内置的连接器和Microsoft 365屏幕模板使用Microsoft 365数据

通过邮件应用程序（Win32、OWA和mobile）将来自cd和Power Apps UX的数据带到Outlook中

在 Power Apps 中结合Microsoft 365的连接器获取&展示雇员数据

图 5-10　Power Platform 与 Microsoft 365 结合的场景

与 Dynamics 365 集成

Power Apps 提供用于自定义 Dynamics 365 for Customer Engagement 的工具客户参与度

在 Dynamics 365 for Customer Engagement 中嵌入 Power Apps 应用

Dynamics 365 for Customer Engagement 运行在 Microsoft Dataverse之上

Microsoft Dataverse 支持 Dynamics 365 for Finance and Operations 的双写功能

可以将 Power Apps 内嵌入 Dynamics 365 for Finance and Operations

扩展 Dynamics 365 移动端解决方案

图 5-11　Power Platform 与 Dynamics 365 结合的场景

2）Power Platform 能够打通数据孤岛，针对企业的现有应用及 ERP/CRM 等核心系统，利用现代化手段开发的应用进行整合对接。图 5-12 展示了这部分内容。

图 5-12 Power Platform 对接企业核心系统及日常办公系统

3）Power Platform 能够与 Azure 中的服务快速整合，扩展服务能力，获取数据洞察。Azure 是微软提供的公有云服务，其中包含云原生、数据存储、数据分析、机器学习等各类应用，也有很多用户基于 Azure 公有云搭建其业务系统。Power Platform 通过 Azure 原生数据连接器及自定义连接器，能够无缝整合 Azure 中的各项服务以及第三方服务，从而无限扩展自身的业务处理能力。图 5-13 展示了 Power Platform 与 Azure 整合的多个层面。

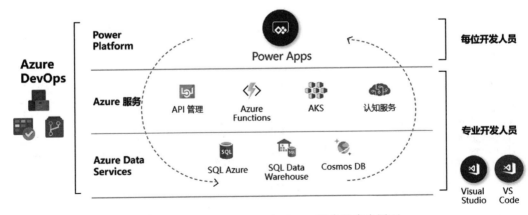

图 5-13 Power Platform 与 Azure 整合的多个层面

在这里，特别扩展一下 Power Platform 与 Azure 的整合。从图 5-13 中可以看出，借助于 Azure，Power Platform 能够实现更多的能力，包括 AI 能力的集成、关系型 / 非关系型数据库的整合、应用的对接、复杂业务逻辑的处理等。通过 Azure 云平台，Power Platform 能够加速应用的开发，快速分析数据、构建 App、处理业务流程等。

Azure 本身也是 Power Platform 的基石。Power Platform 构建在 Azure 之上，其每个服务都用到了 Azure 的技术。例如，Microsoft Dataverse 用到了 Azure Data Lake 和 Azure SQL 的特性，Power Portal 用到了 Azure Web App 的特性，AI Builder 用到了 Azure 认知服务的特性等。

Power Platform 与 Azure 的整合方式大体可分为 4 种：

❑ 与 Azure 中的数据源（Azure SQL、Azure Cosmos DB 等）对接；

❑ 与 Azure 中的应用服务对接，利用 Azure Functions、Azure API Management、AKS 等服务处理复杂的业务逻辑；

❑ 引入数据分析和机器学习的能力，将企业内部构建的机器学习模型算法、数据分析结果运用到应用开发中；

❑ 利用 Azure 中的服务管理 Power Platform 平台，通过 Visual Studio、Visual Studio Code 实现自定义组件的开发，利用 Azure DevOps、GitHub 实现应用的生命周期管理，利用 Azure Application Insights 实现应用的性能监控。

针对专业开发者，Power Platform 平台也提供了很多功能，可以更方便地与 Azure 服务集成，如与容器相关的 AKS 部署及与开发接口相关的 API 管理的应用可以毫不费力地与低代码开发整合。这种打破低代码开发与专业开发人员之间壁垒的方式提高了彼此的生产效率，也提供了一种互相合作、快速解决业务问题的方法，而且利用的是各自擅长的工具、语言和方式。

与 Azure 的结合扩展了 Power Platform 的功能，如图 5-14 所示。

图 5-14　Power Platform 与 Azure 深度结合，加速应用开发

利用 Power Platform 和 Azure，可以使应用开发做到以下几点：

❑ 有效利用简单的开发前定制、可重用组件以及快速开发和部署工具迅速构建应用；

❑ 借助现有投资降低开发成本，重用已有组件，减轻开发压力；

❑ 内置的安全、合规与治理功能使用户能够无缝地管理他们的应用；

❑ 通过超过 350 个现成的数据连接器，在开发应用的过程中，Power Platform 与 Azure 的集成和扩展变得十分容易。

图 5-15 列举了一些 Power Platform 的应用场景。

图 5-15 Power Platform 的应用场景

5.1.3 Power Platform 的特性

低代码平台并不是一种新出现的开发工具，而是在当下数字化转型浪潮中，用于帮助企业快速实现业务需求的一种手段。利用低代码平台中提供的能力，企业能够更快、更好地解决业务痛点。作为微软的低代码平台，Power Platform 有其自身的特点。

1. 易用性

Power Platform 提供简便的开发界面，并强调"所见即所得"，确保商业应用与工作流在实际使用中的体验与在开发过程中是一致的。Power Platform 提供了丰富的数据连接器，确保开发的应用能够无缝对接 Microsoft 365 办公平台、Dynamics 365 商业应用平台、Azure 公有云平台以及第三方服务，无须进行复杂的开发。Power Platform 并不是单纯针对前端应用的开发平台，它提供了前后端应用开发、网站门户、自动化流程、智能客服等多种服务，且这些服务间可以相互嵌套和对接，既可以满足一个点上的业务需求，也可以覆盖由一个点发散出来的各类问题，如图 5-16 所示。

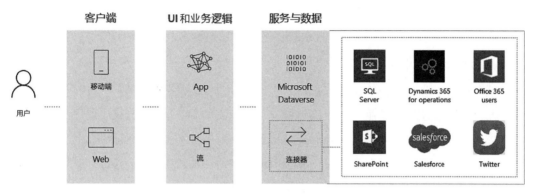

图 5-16　Power Platform 的易用性

另外，Power Platform 能够包容不同的角色，使全民开发者与专业开发者和谐共处，实现应用开发的利益最大化，如图 5-17 所示。

图 5-17　Power Platform 面向的 3 类常见角色

全民开发者最贴近业务，往往也是需求提出方，他们受限于缺乏专业的编程能力，无法快速上手开发应用。低代码开发工具学习成本低，利用它，全民开发者可以像制作 PPT 一样来制作业务需求原型，处理业务逻辑。这样既可以减轻 IT 侧业务需求堆积的压力，也能够提高企业自身的业务能力，甚至可以推动企业内部社区的建立，处理更为复杂的业务诉求。如果面临复杂的业务逻辑或专业的服务调用和专业的组件开发，他们可以寻求专业开发人员的帮助，与专业开发人员协作完成开发。

专业开发人员并不会被全民开发者所取代，而是会更加专注地将常见业务逻辑编写为通用服务组件，供全民开发者调用。对于专业开发人员而言，开发工具仍然是熟悉的 IDE（如 Visual Studio、Visual Studio Code），迭代流程仍然沿用 DevOps 的方式，多人相互配合完成开发，开发语言可以按需选择。最后利用 REST API 将服务组件通过自定义连接器提供给低代码开发者使用。

IT 管理员可以利用平台提供的工具实现 Power Platform 的安全与合规治理，根据公司安全政策管理人员的读取权限和数据安全，梳理治理流程框架，防范环境中影子 IT

（Shadow IT）的出现。

Power Platform 的易用性还体现在获取数据的便捷性上。利用数据连接器，Power Platform 能够连接多种数据源（如 SQL Server、SAP、Salesforce 等），实现企业数据孤岛的打通，借助 Microsoft Dataverse 汇总数据并设计业务模型，消除数据源的协同障碍。

2. 可管理性

低代码开发强调快速实现业务需求，但快速并不代表放任。在整个应用的开发过程中，涉及的数据往往都是业务层面的数据，什么职责的用户能够看到什么样的数据，能够对数据执行什么样的操作，都是需要根据公司规章制度与业务发展要求，缜密思考和严谨设计的。在全员参与应用开发、应用如雨后春笋般涌现的时候，应用的可管理性对于 IT 乃至企业管理者都是一个非常具有挑战性的话题。

Power Platform 提供了一系列管理手段来确保全民开发者在开发的过程中始终遵守公司的管理制度。Power Platform 提供了一系列工具及最佳实践，帮助用户管理通过低代码开发出的产品。例如，通过划分不同的环境，针对每一环境创建独立的 Microsoft Dataverse 数据库并分配相应的权限，可以实现针对不同组织、不同职责进行权限管理，如数据丢失保护策略（Data loss prevention policy）帮助约束业务数据与外部数据之间的通信，卓越中心（Center of Excellence）组件帮助监控、调整环境中的内容，确保合规。

整个低代码平台也需要一种合理的管理模式，确保应用的开发速度与数据的安全性、企业合规性能够达到平衡。低代码平台的管理主要分为以下几个层面。

（1）平台层面的管理

在低代码开发过程中，仍然需要管理开发所面临的各种阶段、开发周期、需求列表、上线时间，包括平台自身，而这需要有好的流程及高效集成的工具。Power Platform 针对平台管理提供了一套完整的方法论——卓越中心，帮助企业在适配低代码平台的过程中参考最佳实践，制订应用的开发路线图，了解应用的最佳实践，培养应用的制作人员，强化企业利用低代码开发助力数字化的文化，明确角色职责，管理云端服务，保护企业数据。微软提供了卓越中心工具套件（Center of Excellence Toolkit），但这只是一个开端，并不是一个解决方案，企业还需要根据自身情况，结合人员、流程和工具，以持续迭代的方式管理云端 Power Platform 环境。

（2）企业架构管理

Power Platform 能够帮助企业安全地管理平台内的应用及其使用的数据。首先，Power

Platform 基于 AAD（Azure 动态目录）实现平台中用户的身份验证及权限管理。Power Platform 系统管理员为每一位用户分配恰当的权限，确保当用户在访问或开发应用的同时，能够正确访问自己权限范围内的数据、应用以及 Power Platform 平台中可见的资源；其次，当用户访问应用时，Power Platform 利用 AAD 实现对用户的身份验证及权限管理，确保只有分配到了权限的用户才能够访问应用；再次，Power Platform 提供了应用部署管理的模型，帮助全民开发者将开发出来的应用或已有应用的更新自动化、有序地部署到生产环境中；最后，Power Platform 利用认证的数据连接器和数据网关，安全地连接组织内的数据源，无论这个数据源是存放在公有云上还是本地机房中。

（3）应用生命周期管理

一个应用，从需求分析、代码开发、测试、预生产环境部署、生产环境部署、持续监控到不断更新环境中的问题，并确保后续版本持续迭代，整个流程都算作应用的生命周期。Power Platform 提供了一种叫作 Solution（解决方案）的资源，为用户提供了应用管理的边界。利用 Solution 可以导出包，将包部署到新的生产环境中，进行版本控制、回滚等操作，并可利用 Azure DevOps 或 GitHub Action 将手动操作自动化。

（4）数据模型的安全

采用 Microsoft Dataverse 作为数据存储及数据模型构建的用户，可以利用 Microsoft Dataverse 内置的安全模型对不同的数据设置不同的访问权限。同时，平台级别的在线技术工单支持、监控平面的分析、应用的访问安全、Microsoft Dataverse 的访问安全以及外部第三方数据连接的访问安全，在 Power Platform 中都有完整的实现方案。

3. 安全创新

Power Platform 在帮助用户快速创建应用的同时，支持大规模部署，按照用户需求及业务需求进行全球化部署。此外，它利用 Azure 的公有云平台能力，能以扩展开发组件和系统集成的方式纳入更多的工具及服务，并在创新的同时确保业务数据的安全性。

Power Platform 为全民开发者提供了一个专注于业务实现及创新的平台方案。借助预先构建好的组件，全民开发者不再需要花费大量的时间、人力成本来实现可重复的代码片段，直接利用拖曳的方式实现需求的实现，加速了应用的开发过程；利用 Power Platform 平台中提供的数百种数据连接器及自定义连接器，全民开发者能够更快地访问和集成企业内的数据，使用数据连接器中提供的开箱即用的功能，将更多的时间用于关键业务需求的实现，关注开发创新的解决方案以及业务流程和业务逻辑。

利用 Power Platform，企业能够在不影响应用的实现及功能需求扩展的情况下，加快应用开发速度，引入大数据分析、人工智能等新技术能力，并降低开发成本，主要体现在以下几个方面。

- □ 将 Power Platform 中的低代码服务与传统代码开发能力相结合，构建丰富的功能，合理使用 Azure 中的服务来扩展复杂、自定义的服务，并通过 REST API 的方式供 Power Platform 平台使用。
- □ 将交互式地图功能与地理空间功能集成在一起，可轻松集成基于位置的功能，添加交互式地图，映射用户的当前位置，用户在键入时可获得动态地址建议。
- □ 使用拖放组件将物理实体与数字世界融合在一起，提供混合现实体验。
- □ 使用 Azure 来获取、处理、分析和存储物联网（IoT）数据，然后在 Power Platform 解决方案中对其进行可视化，以提供基于数据的即时见解和行动，从而能够帮助用户打造低代码的物联网解决方案。
- □ 利用 Power Automate，只需点击一下鼠标，即可简化业务流程自动化并自动执行基于规则的任务，并提供对数据的安全外部访问。
- □ 创建无代码的响应式门户网站，允许经授权的企业内部或外部的任何人安全登录、创建和查看数据或匿名浏览内容；使用 GitHub Actions for Azure 可以部署广泛的服务，从 Web 应用到无服务器功能和 Kubernetes，以及 Azure SQL 和 MySQL 数据库。
- □ 开发人员可以利用自己喜爱的开发工具和服务（Visual Studio、GitHub、Azure DevOps、Azure 服务）来构建业务逻辑和自定义模块，并使用内置的命令行界面（CLI）将这些模块添加到环境中；利用预构建和自定义的模块化组件（如安全数据模型、业务规则和逻辑、AI Builder）以及低代码、UI 驱动的快速开发功能来扩展 Dynamics 365 应用，以满足自定义业务需求。

本节介绍了 Power Platform 的基础知识、应用场景及特性，旨在帮助大家建立对 Power Platform 的大致了解，了解其服务组成及每个服务的功能。接下来将对它的每个组成部分进行详细介绍。

5.2　开发环境准备

本节将带领大家了解 Power Platform 平台的资源管理模式、账号体系以及各服务模块开发所用到的开发工具。正所谓"工欲善其事，必先利其器"，只有学会了使用低代码开发所需的资源及工具，我们才能更快、更好地利用 Power Platform 实现企业的需求。

5.2.1　Power Platform 的账号体系及测试账号种类

与其他微软云服务一样，Power Platform 也是基于 AAD（Azure 动态目录）实现用户账号的创建和管理的。在新用户开始使用 Power Platform 开发应用前，请确保此用户已经存在于 AAD 中。管理员可以通过 https://portal.azure.com 或 https://admin.microsoft.com/ 来创建用户或用户组。

对于每一个 Power Platform 的用户，无论是应用的开发者还是应用的使用者，都应该依据其用到的服务及数量为其分配相应的许可。管理员可以通过 Microsoft 365 管理员门户 https://admin.microsoft.com/ 来实现用户许可证的分配。

在了解 Power Platform 的账号及许可种类之前，先来了解一下 Power Platform 中的资源组织方式，如图 5-18 所示。

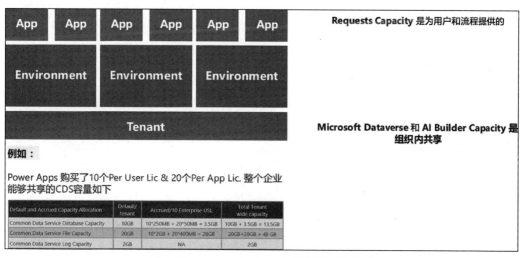

图 5-18　Power Platform 中的资源组织方式

租户（Tenant）是 AAD 中的概念，也是云服务用于隔离资源的边界。简单理解，一个公司在使用微软云服务时默认属于一个租户。

环境（Environment）是资源管理的边界，也是资源彼此之间隔离的边界。环境具有区域属性，在创建环境时需要选择环境所在的区域，以确保环境中存储或使用的数据及数据的存储位置符合业务应用的要求。每一个创建的 App、Flow、Bot、数据连接、数据网关、AI Builder、数据防丢失保护策略等都属于指定的环境。管理员可以依据不同的环境管理其中的资源、人员和数据，如图 5-19 所示。

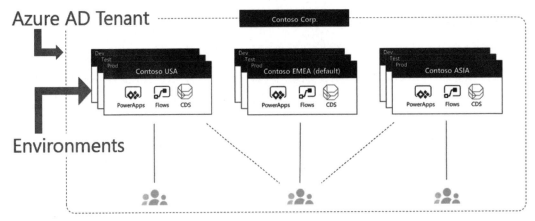

图 5-19 Power Platform 资源管理维度

环境可分为开发和测试环境、集成测试环境、预生产环境、生产环境，无论是传统的瀑布式开发还是现代的敏捷开发，都会基于不同的环境来测试新开发的应用，计划部署上线模式及上线时间。在低代码开发中也需要对环境进行合理划分，如图 5-20 所示。

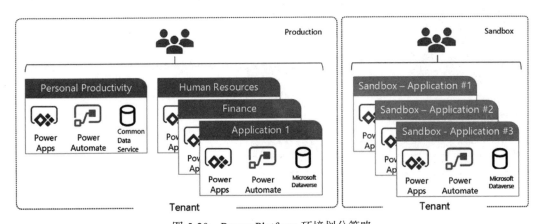

图 5-20 Power Platform 环境划分策略

合理的环境划分能够确保当参与应用开发的人越来越多时，企业的数据是安全的，流程是规范的，应用是长久可用的。

目前，在 Power Platform 中，环境的种类包括生产环境、沙盒环境、试用环境、默认环境及社区环境。

资源被包含在环境中。Microsoft Dataverse 以及其中存储的数据、解决方案、画布应

用、模型驱动应用、门户网站、Flow、RPA、Power Virtual Agents、数据连接器、数据网关
等都属于环境中的资源，是环境隔离的，无法跨环境共享。在环境中可以控制访问安全性。

　　在了解了 Power Platform 中资源是如何管理的之后，我们来看一下 Power Platform
的账号许可类型（见图 5-21），这对于用户能够使用何种功能有很大的影响。

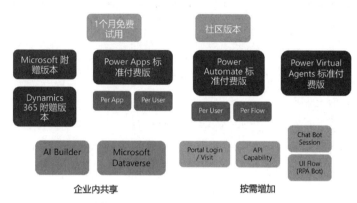

图 5-21　Power Platform 账号种类

　　从图 5-21 能够看到，依据使用的服务的不同，Power Platform 中的账号大体可以分
为 5 类。

　　（1）个人账号与试用账号

　　对于想要学习 Power Platform 知识、增长 Power Platform 技能的个人用户，Power
Platform 提供了社区版本的个人账号，此账号能够使用 Power Platform 中的所有服务功
能，但仅限于个人学习使用，开发出来的应用无法共享。对于想要试用 Power Platform 的
企业用户，可以通过官方网站申请可以免费使用 1 个月的试用账号，此账号中包含 Power
Platform 提供的全部服务，企业可以利用这 1 个月的时间评估是否购买。

　　（2）Microsoft 365 或 Dynamics 365 附带的账号

　　此版本是受限版本，凡是购买了 Microsoft 365 或 Dynamics 365 的用户，会默认获
得受限的 Power Platform 功能。但与付费版 Power Platform 相比，在功能使用上、数据
连接器支持数量上、Microsoft Dataverse 使用程度上会有差异，请仔细参阅不同版本授
权功能说明，选择适合的版本。关于 Power Platform 的版本授权说明可参阅 https://docs.
microsoft.com/zh-cn/power-platform/admin/pricing-billing-skus。

　　（3）Power Platform 标准付费版

　　针对用到的具体服务，例如通过 Power Apps 来构建应用，通过 Power Automate 来构

建自动化流程，或通过 Power Virtual Agents 来构建智能机器人，企业用户可以根据用户或工作流程的数量购买此版本中相应的许可。此类账号能够使用对应服务的全部功能。

（4）Power Platform 中，属于企业内共享的资源

企业内共享的资源主要包括 AI Builder 服务的调用次数以及 Microsoft Dataverse 的数据容量。AI Builder 的服务会按照不同的服务调用它的次数进行计费，Microsoft Dataverse 会按照数据存储容量进行计费。在购买这两项服务后，整个公司层面可以共用所购买的能力。例如，假设一家名为 Contoso 的公司购买了 500 万次 AI Builder 调用服务，那么 Contoso Tenant 下的所有环境可以共享这 500 万次调用，直到将其消耗完为止。

（5）可按需增加的资源

用户购买的每一项 Power Platform 服务都会默认自带一定的访问次数，比如，每个用户每天访问 2000 次应用。在一般情况下，这是可以满足用户需求的，但难免会出现访问增加或突发的情况，针对容量（Capacity）不足的情况，用户可以根据实际情况购买额外的容量。

5.2.2 申请 Power Platform 试用账号

在学习后续的内容之前，需要先确保你已经拥有了一个全功能的 Power Platform 用户账号，其中包含 Power Apps、Power Automate、Power Virtual Agents 和 Power BI。

目前，针对企业用户潜在的功能性验证需求，Power Platform 官方提供了有效期 1 个月的试用账号，供用户探索 Power Platform 平台的功能。试用账号的用途是帮助企业评估 Power Platform 平台是否满足当前业务开发需求，而无须预先购买许可。

试用账号主要用来满足如下需求：

❑ 用户希望采用全功能的 Power Apps 或 Power Automate 完成业务需求的开发，连接 Microsoft Dataverse 并通过高级连接器（如 Azure SQL）对接外部数据；

❑ 用户希望尝试模型驱动的应用及门户网站；

❑ 用户希望尝试 Microsoft Dataverse。

如果你已有企业账号，可以用它完成本书后面的实验。如果确定需要注册试用账号，请登录 Power Apps 官网 https://powerapps.microsoft.com/en-us/，并点击页面内的 Try Now（免费试用）按钮进行申请。

申请完成后，打开 Power Apps 的开发页面 https://make.powerapps.com/ 并用你的账号登录，登录成功即证明账号可用，如图 5-22 所示。

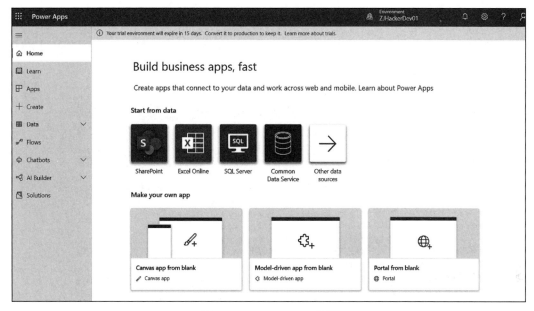

图 5-22　Power Apps 首页

用户可以通过点击 Power Apps 页面右上角的设置图标，查看自己的许可权限，如图 5-23 所示。

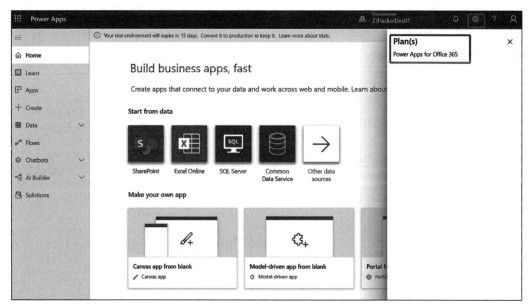

图 5-23　查询账号的许可资质

5.2.3 Power Platform 核心组件的开发管理 Studio

除 UI Flow（RPA 功能）和 Power BI 提供桌面客户端外，其他核心组件均须通过网页端创建，如图 5-24 所示。

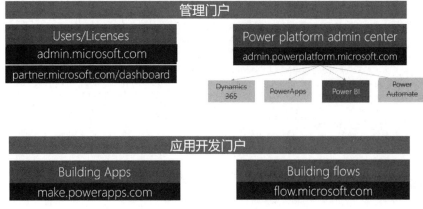

图 5-24 Power Platform 的主要访问页面链接

Power Apps 提供了 4 个主要的访问入口。

❑ Power Apps 首页：无论是创建应用还是管理应用，都从这里开始。

❑ Power Apps Studio：三种类型的应用，对应三种不同的 App Studio，用于定制开发业务需求。

❑ Power Apps Mobile：开发出的 Power Apps 应用是可以跨平台访问的，通过手机浏览器或移动端 Mobile App 都可以安全访问。

❑ Power Platform Admin Center：管理所有 App 的环境及相关的安全设置。

如果打算开始使用 Power Apps，则 Power Apps 的首页 https://make.powerapps.com 将是你的第一站（见图 5-25）。

登录 Power Apps 首页之后，就可以开始创建自己的应用、访问或编辑已经创建好的应用。从最简单的应用设计到复杂的数据建模、自定义连接器设置，都可以从此页面开始。

当用户打算创建应用时，点击相应的类型（以画布应用为例），就会跳转到对应的 App Studio，如图 5-26 所示。

画布应用 App Studio 提供了用户自定义屏幕的方式，用户可在屏幕中进行各类操作，比如添加业务逻辑，添加组件，利用函数处理数据、连接数据等。

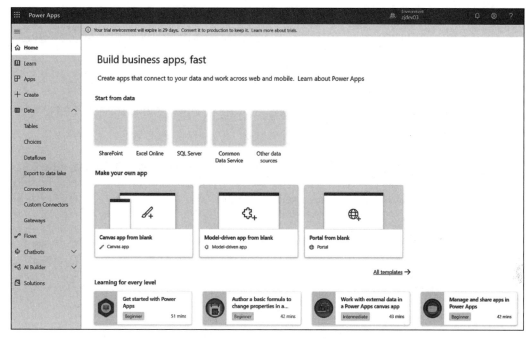

图 5-25　Power Apps 首页

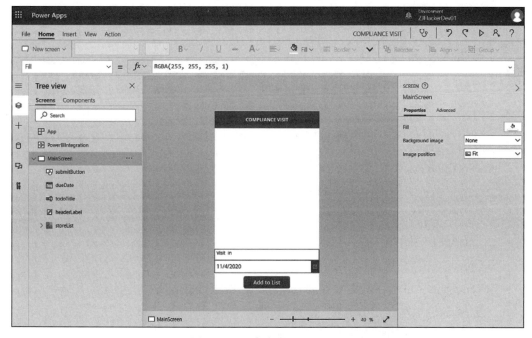

图 5-26　画布应用 App Studio

Power Apps Studio 有三个窗格，这些窗格使创建应用看起来像是在做 PPT。

❑ 左窗格：显示应用中每个屏幕上所有控件的层次结构视图或每个屏幕的缩略图。

❑ 中间窗格：显示正在使用的画布应用。

❑ 右窗格：在其中设置选项的选项，例如某些控件的布局、属性和数据源。

要创建 Power Automate，即自动化流程，需要登录 Power Automate 首页 https://flow.
microsoft.com，如图 5-27 所示。

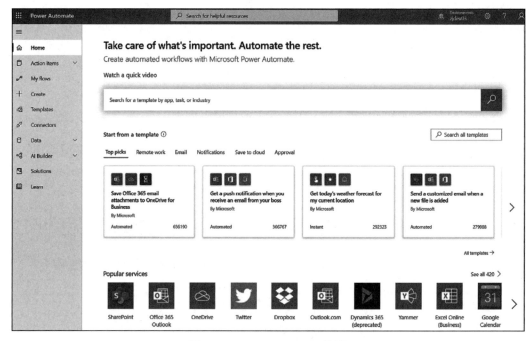

图 5-27　Power Automate 首页

Power Automate 首页包含用于流创建管理的全部功能。

❑ Action items：可以在其中管理和批准业务流程。

❑ My flows：所有创建的流所在的位置，点击可以查看流的具体信息、运行历史并
进行相应的编辑。

❑ Create：由空白或模板创建一个流。

❑ Templates：可以在其中查看最受欢迎的模板，可以利用模板创建流并进行修改，
无须从头构建。

❑ Connectors：创建用于流的数据连接。

- Data：创建用于流的表、连接、自定义连接器、本地网关等信息。
- AI Builder：用于在流程中增加 AI 相关功能的调用。
- Solutions：用于对环境中的资源进行打包管理。
- Learn：Power Automate 的学习资料，可以找到有助于你快速实现 Power Automate 的信息。

点击创建流或编辑流后，会跳转到流的编辑界面，如图 5-28 所示。

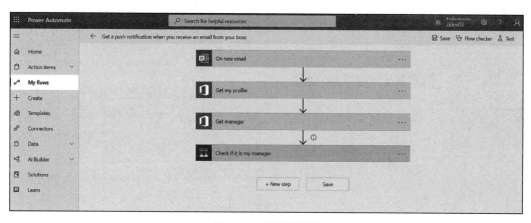

图 5-28　流编辑界面

流的管理与流的编辑位于同一页面，用户可以在此页面内添加流所涉及的步骤。

当我们打算创建一个智能机器人时，我们可以登录到 Power Virtual Agents 的首页 https://powerva.microsoft.com 来实现，如图 5-29 所示。

Power Virtual Agents 首页提供了对于智能机器人的创建及训练管理，包括 Power Virtual Agents 中涉及的组件，即 Topics、Entities、Actions 等智能机器人问答逻辑的训练管理。Power Virtual Agents 包括以下功能。

- Bots panel：用于在所有环境中创建和打开现有的机器人。
- Settings：提供对不同 Power Virtual Agents 设置的访问，例如出错后处理和转移到代理设置。
- Home：可以找到工具来帮助创建和发布机器人，并监视机器人的性能。也可以从此位置访问学习内容和培训视频。
- Topics：提供对机器人可用的所有用户和系统主题的访问。
- Entities：提供对所有可供机器人使用的预建和自定义表的访问。

❑ Analytics：提供与机器人性能和使用相关的详细分析信息。

❑ Publish：提供用于发布机器人并将其部署到不同渠道的工具。

❑ Manage：辅助管理项目的工具集，例如机器人所部署到的渠道、机器人身份验证
和技能管理。

❑ Test/Hide bot：打开"测试机器人"对话框，你可以在其中实时处理机器人主题。

❑ Test bot panel：可以让你测试机器人对话题的回答，以确保它们按预期执行。

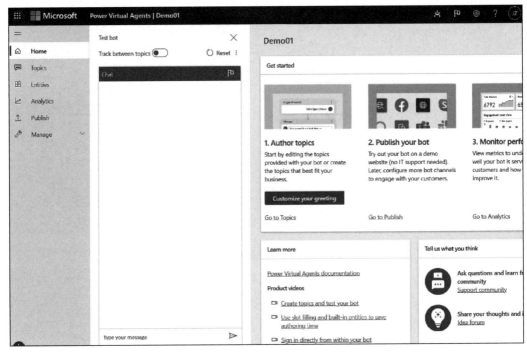

图 5-29　Power Virtual Agents 首页

点击 Power Virtual Agents 首页右上方的机器人图标，即可快速创建第一个机器人，
体验其中的功能。

除了 Power Platform 提供的低代码开发相关的服务之外，很多时候，在一个应用的
背后是大量的数据建模、业务逻辑创建、规则创建、数据连接和 AI 功能。如何创建这些
服务也是用户在用 Power Platform 时希望了解的。

三大平台化服务——Microsoft Dataverse、AI Builder 和 Data Connector 并没有独立的
创建管理页面，用户可以在 Power Apps 首页及 Power Automate 首页中管理这三类资源。

如果打算在应用开发时使用 Microsoft Dataverse 作为数据库存储信息，可以导航到 Power Apps 首页中的 Data 处，如图 5-30 所示。

这里需要说明一下，2020 年 11 月，微软将 Common Data Service 更名为 Microsoft Dataverse，同时将其附属组件一一更名：将 Entity 更名为 Table，将 Field 更名为 Column，将 Option Set 更名为 Choice。本书提到这些名词时都将使用新的名称。

在图 5-30 所示的位置点击 Tables 选项卡，进入 Microsoft Dataverse 数据模型创建页面，如图 5-31 所示。

图 5-30　Microsoft Dataverse 数据组件

图 5-31　Microsoft Dataverse 数据模型创建页面

在 Microsoft Dataverse 中，针对不同的业务应用，数据建模中涉及的 Table、Column、Relationship、Business Rules 等信息的创建皆可通过此页面完成。

要使用数据连接器，需要先创建数据连接。数据连接与 Microsoft Dataverse 一样，并没有独立的编辑界面。进入 Power Apps 首页，点击左侧的 Connections 选项卡即可开始添加数据连接，图 5-32 所示为添加一个标准的数据连接。

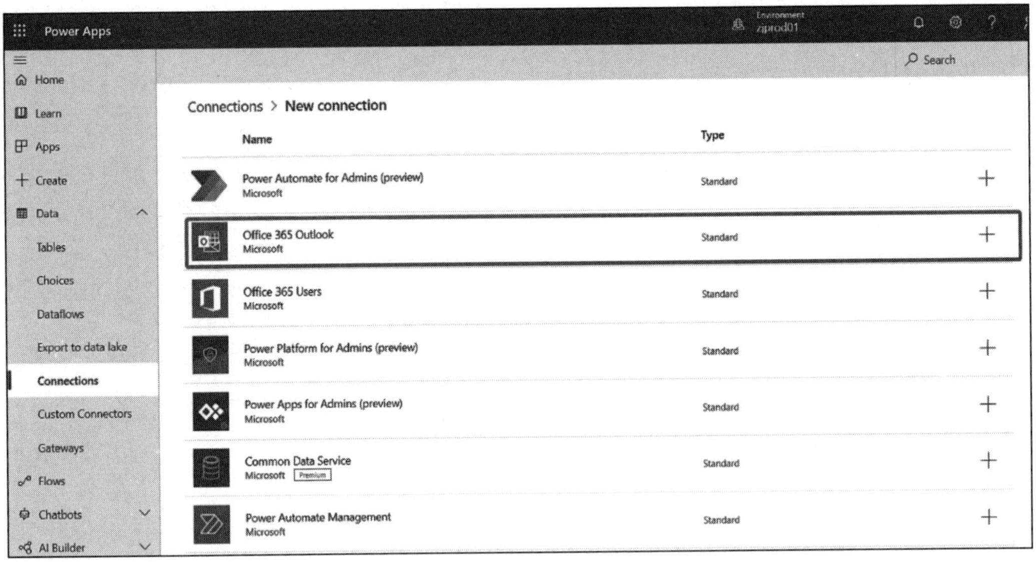

图 5-32 添加标准数据连接

可以看到，Data 中提供了三种创建数据连接的方式。

❑ Connections：利用标准或高级数据连接器，连接外部数据源。

❑ Custom Connectors：创建及管理用户自定义的 API 服务。

❑ Gateways：用于管理 Data Gateways 的创建，连接本地私有数据源。

最后，如果要使用 AI 功能，AI Builder 是个很好的选择。进入 Power Apps 首页后，点击 AI Builder 选项卡，即可查看目前 Power Apps 提供的 AI Builder 功能并管理你所训练的 AI 模型，如图 5-33 所示。

其中，有两个区域可供选择。

❑ Build：创建和训练 AI 模型。

❑ Models：已创建可使用的 AI 模型。

目前，在 AI Builder 中提供两种类型的 AI 功能，即预生成和自定义。

❑ 预生成模型：一种已经训练与调试完成的模型，功能已经完备，可以直接在应用或工作流中使用。模型的种类有类别分类、实体提取、关键语提取、语言检测、情绪分析、文本翻译、名片扫描、文本识别、收据处理等。

❑ 自定义模型：用户可以提供样本数据，训练属于自己的模型，而且用户无须了解 AI 相关知识，只需几步点击即可获取模型。模型的种类有类别分类、实体提取、预测、表格处理、对象检测等。

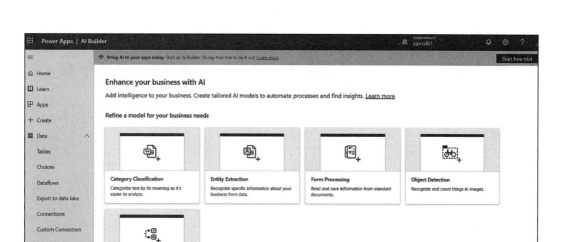

图 5-33　AI Builder 功能列表

以上介绍了 Power Platform 在进行低代码开发时主要涉及的编辑页面。5.2.4 节将带领大家了解 Power Platform admin center（Power Platform 管理员中心）是如何帮助 IT 管理员更好地维护和管理 Power Platform 环境的。

5.2.4　Power Platform 的管理体验

Power Platform 中的所有管理工作都是通过 Power Platform admin center 来完成的。登录到 https://admin.powerplatform.microsoft.com 即可完成大部分管理工作。Power Platform admin center 的页面如图 5-34 所示。

Power Platform admin center 主要包括以下功能。

❑ 环境：查看、创建和管理环境。选择一个环境以查看详细信息并管理其设置。

❑ 分析：详细了解 Power Platform 应用的关键指标。

❑ 资源：查看环境中现有的应用、流以及 Microsoft Dataverse 的容量。

❑ 帮助与支持：获取自助解决方案列表或申请技术支持票证。

❑ 数据集成与数据网关。

❑ 数据防丢失保护策略。

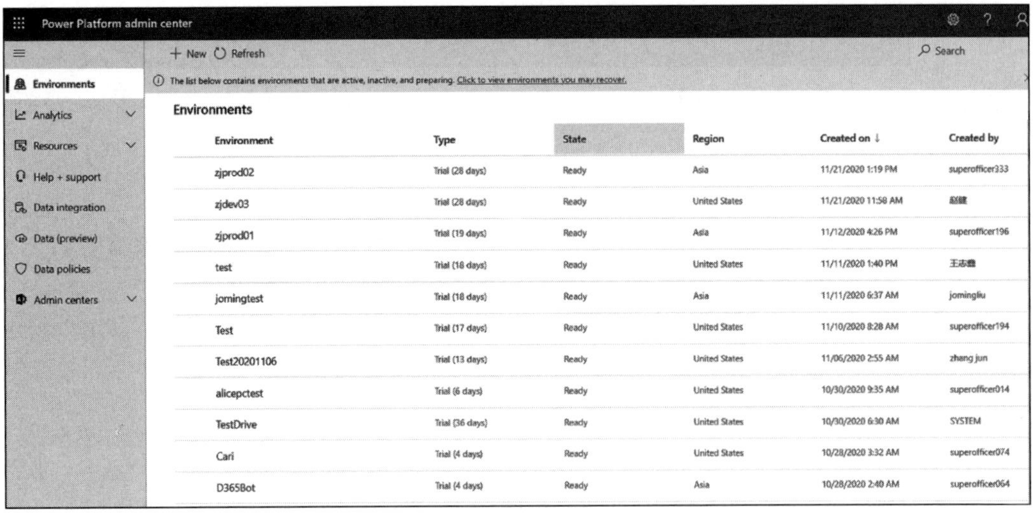

图 5-34　Power Platform admin center 页面

环境是 Power Platform 中资源管理的边界。管理员能够从管理中心查看每一个环境的详细信息和应用的数量，并能够根据实际需求将应用分享给企业内的其他人员，如图 5-35 所示。

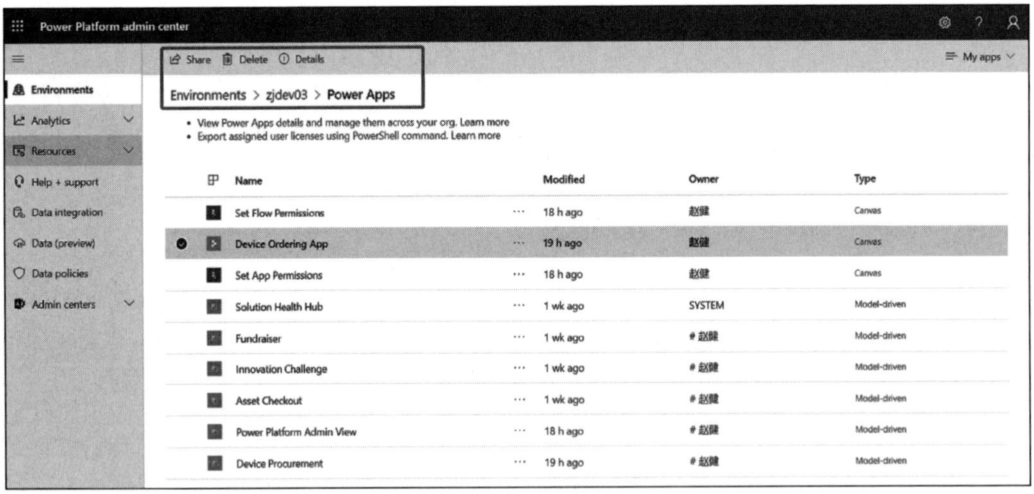

图 5-35　管理环境中的 App

企业环境中的资源越来越多，当积累到一定数量时，了解资源的使用及运行情况就成为每一个 IT 管理员的日常工作。点击 Analytics 选项卡进入分析页面，在这里能够查到有关应用、流以及 Microsoft Dataverse 数据库的使用情况及运行信息。在分析页面中，内置了多个由 Power BI 做好的监控屏幕，能够可视化显示环境中的运行情况。

以 Microsoft Dataverse 为例，其使用情况如图 5-36 所示。

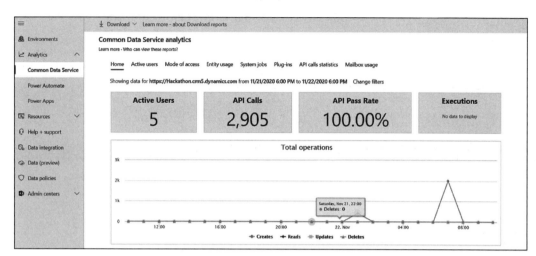

图 5-36　Microsoft Dataverse 的使用情况

Power Platform 中操作的是企业数据，企业数据的安全性是一个受到重点关注的问题。数据防丢失保护策略提供了一种简便的方式，允许用户将企业现有数据连接器进行分类，数据的交互是在企业规范下进行的。

创建数据防丢失保护策略的方法如图 5-37 所示。

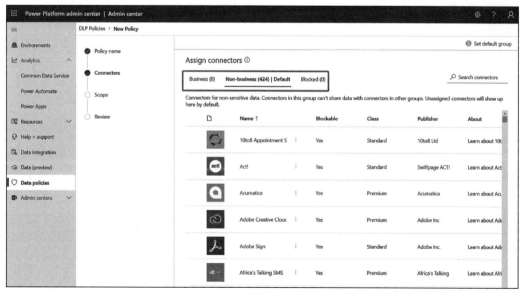

图 5-37　数据防丢失保护策略的创建

对于环境中正在使用的资源，管理员关心的另一个话题是许可证。Power Platform 包含三种许可证：产品许可证，例如 Power Apps Per User Plan、Power Automate Per Flow Plan；数据存储容量，即 Microsoft Dataverse 的容量；访问次数限制，即 API 的调用次数、AI Builder 的调用次数等。

产品许可证的使用情况可以通过 Microsoft 365 admin center 查询。登录到 Microsoft 365 admin center，依次选择 Billing → Licenses 即可查看许可证的分配情况，如图 5-38 所示。

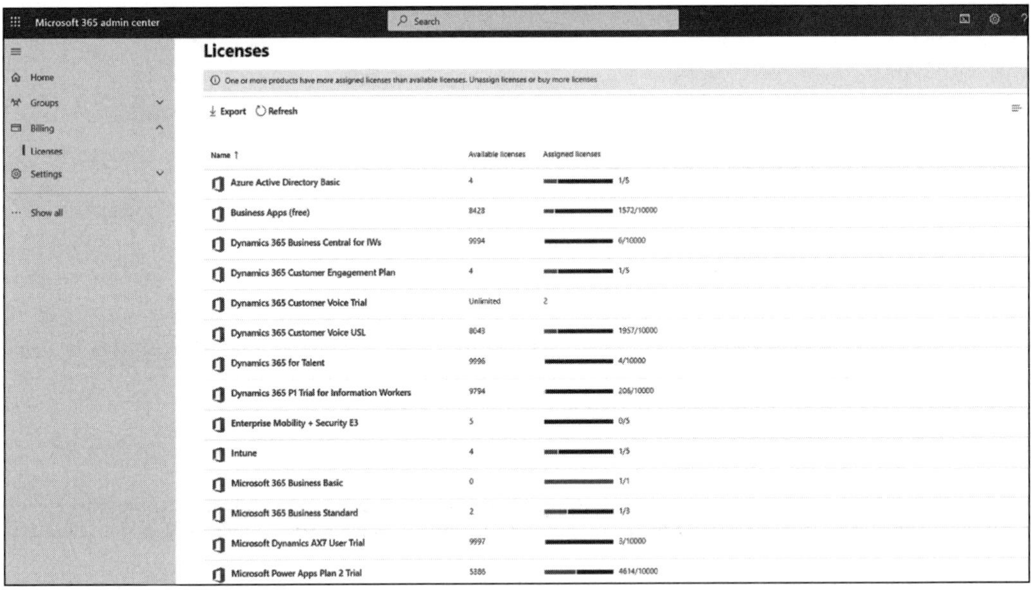

图 5-38　在 Microsoft 365 admin center 中查看许可证的分配情况

在 Power Platform admin center 的 Capacity（容量）中，可以查看 Microsoft Dataverse 的可用容量及分配情况，如图 5-39 所示。

在 Power Platform admin center 的 Capacity 下的 Add-ons 选项卡中，可以查看 Capacity Add-ons 的可用容量及分配情况，如图 5-40 所示。

最后，回到环境（Environments）的详细信息页面。环境是 Power Platform 中资源的管理边界，很多相关的信息设置是在环境中完成的。每个环境中最多只能有一个 Microsoft Dataverse 数据实例，Microsoft Dataverse 中的安全设置管理也是在环境中完成的。环境的详细信息包括环境的 ID、环境的访问连接、环境所处位置、环境类型以及环境功能的更新频率等，如图 5-41 所示。当我们需要利用其他工具来管理环境或向后台申请支持服务时，这些信息有助于后台快速定位资源，查找问题。在这之中，与功能更新相关的主要是 Refresh cadence（刷新频率）与 Updates。

图 5-39 Microsoft Dataverse 的可用容量

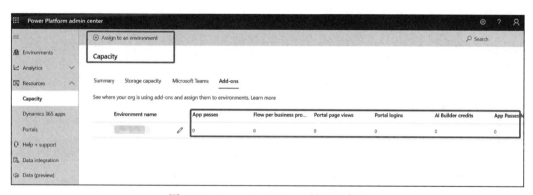

图 5-40 Capacity Add-ons 的可用容量

Power Platform 作为 SaaS 化的服务，其更新的策略如图 5-42 所示。

Power Platform 会每周持续部署更新，并每半年进行一次大的功能更新。每周的持续部署更新对用户是透明的，但为了确保生产环境的安全性，用户可以调整更新频率，比如每月更新一次。针对每半年一次的更新，用户需要提前做好规划，测试更新是否影响到现有生产环境。Updates 显示了目前环境中的更新版本，在每一次半年更新的前两个月，用户可以按照环境状况提前引入更新，测试新功能，以确保功能在生产环境中顺利过渡。

除基本信息之外，环境还包含了众多的设置选项，点击页面内的设置图标，进入如图 5-43 所示的界面。

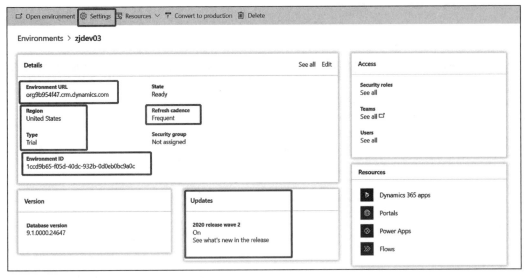

图 5-41 环境的详细信息

图 5-42 Power Platform 的功能更新策略

用户可以通过产品选项设置与环境相关的功能开关、语言调整、隐私设置等。例如，如果用户希望调整环境中的功能，允许 PCF，即自定义开发组件，可进入 Features（功能）中进行配置，如图 5-44 所示。

本章多次提到，Microsoft Dataverse 作为 Power Platform 平台提供的业务数据库，能够为企业提供安全性保障及用户的访问权限控制。那么在环境中，如何管理环境中的角色？如何分配用户或组织？如何设置相关的权限控制？这些问题都可以通过 Users + permissions 来解决。例如，针对安全角色的设置，系统中已经内置了一些安全角色，如图 5-45 所示。

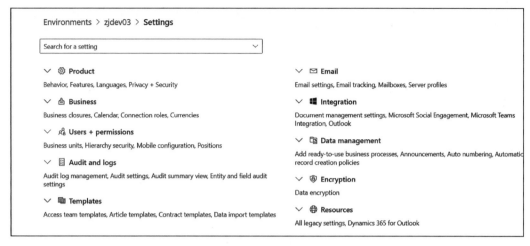

图 5-43　Environments 的设置选项

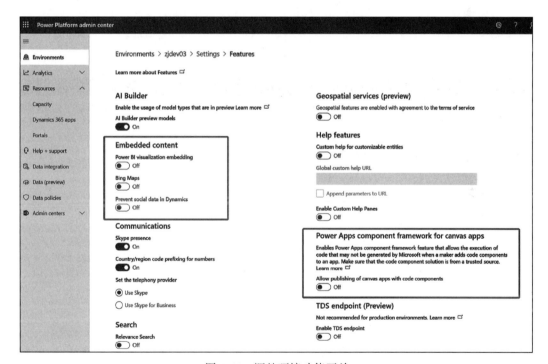

图 5-44　调整环境功能开关

其中，环境中两个比较重要的角色是环境管理员和 Environment Maker。Environment Maker 在此环境中拥有应用创建和修改等权限。如果系统安全角色无法满足当前需求，可以点击 New Role 按钮，添加自定义角色，如图 5-46 所示。

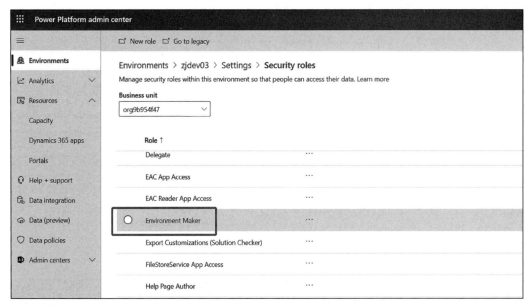

图 5-45　系统自带的安全角色

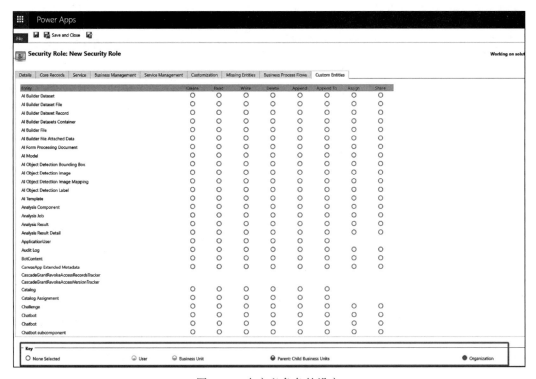

图 5-46　自定义角色的设定

可以针对任意表设置不同级别的访问权限。

有的企业需要对环境中的操作进行记录，以便于后续的审核。所有日志审核相关的操作都可以在 Audit and logs 中完成。启用审核时，会将有关交易的更改历史记录以审核日志的形式存储到数据库中。Power Platform 管理员可以通过每个环境的设置找到审核设置，开启审核功能，如图 5-47 所示。

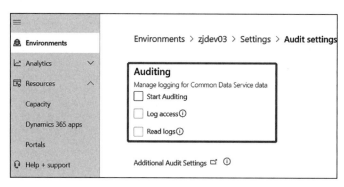

图 5-47　开启审核设置

企业对于数据存储在云上的安全性是极为重视的。数据以加密形式存储于 Microsoft Dataverse 中，默认会使用系统提供的加密密钥进行加密。企业也可以根据需求自行更改加密密钥，如图 5-48 所示。

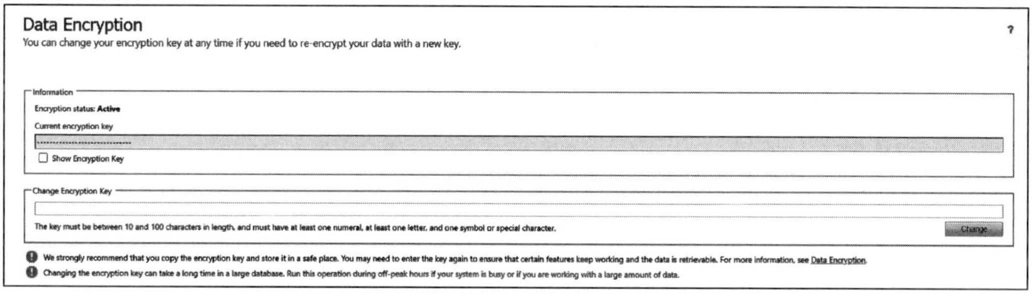

图 5-48　更改加密密钥为企业私有

以上就是 Power Platform admin center 的主要功能。

本章带领大家了解了 Power Platform 平台的资源组织结构、账号体系、各组件开发过程中涉及的工具界面，以及 Power Platform 平台的管理界面，为后续章节的进一步展开奠定了基础。

Chapter 6 第6章

数据服务

数据准备是低代码平台实现应用创新的重要环节。Power Platform 作为典型的低代码平台，提供了 Power Apps、Power Automate、Power Virtual Agents 和 Power BI 等工具，允许用户以组件化的方式快速构建应用，减少代码的编写。然而"巧妇难为无米之炊"，工具再好，如果没有操作对象，一切业务应用依然无从谈起。低代码平台针对的操作对象就是企业内各种各样的数据。本章将介绍 Power Platform 中核心的业务数据库 Microsoft Dataverse 以及打通数据孤岛的利器——数据连接器。

6.1 通用数据服务

本节的内容将围绕 Microsoft Dataverse 展开，带大家了解作为业务数据库或 SaaS 化的数据库，Microsoft Dataverse 有哪些优势，能够实现哪些功能，以及如何将它更好地用于日常的业务应用开发。

6.1.1 什么是 Microsoft Dataverse

数据既是企业今天要做的一切的中心，也是企业未来发展的支柱。企业为了不断发展壮大，需要捕获、分析、预测、呈现和报告数据，而且要通过工具平台快速完成这些工作。

为了进行数据分析与挖掘，从头搭建数据平台是一件耗时长、花费多且预期回报不可靠的事情。数据源自各种设备、应用、系统、服务，数据量庞大且会不断增长，因此数据通常需要由多种数据技术支撑，这些数据技术存储着不同类型的数据，对外发布不同的 API 并混合使用多个安全模型。开发人员通常需要对部署、配置、管理和集成等数据技术有深入了解。聘用这样的开发人员一般成本很高，而且很难招到。无论是我们经常接触的 SQL Server、MongoDB、PostgreSQL 还是其云上的 PaaS 版本，仍然都需要专业的数据库技术人员进行维护和管理。

Microsoft Dataverse（原名 Common Data Service）定位于业务数据库或 SaaS 化的数据库，目的是帮助用户安全地存储和管理业务应用中的数据。Microsoft Dataverse 内的数据存储在一组表中。在 Microsoft Dataverse 中，表是用来建立业务模型并管理业务数据的，就如我们在使用关系型数据库时创建的数据表一样。Microsoft Dataverse 包括一组覆盖典型情形的标准表，且允许用户根据实际业务需求创建自定义表，并使用 Power Query 向其中填充数据。全民开发者可以利用 Microsoft Dataverse 构建适合公司业务的数据模型，并在此之上实现数据的可视化、自动化和智能化，借助于 Power Platform 提供的低代码服务，快速实现各类业务诉求，如图 6-1 所示。

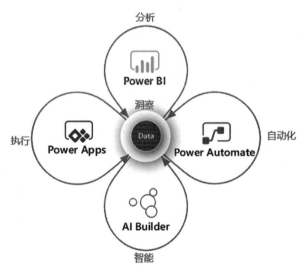

图 6-1　依托于 Microsoft Dataverse 中的数据完成数字化变革

Microsoft Dataverse 内的标准表和自定义表为数据提供基于云的安全存储选项，如图 6-2 所示。

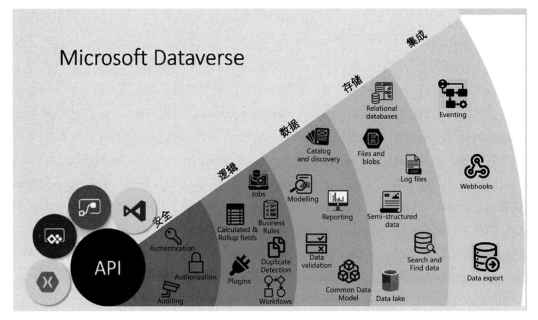

图 6-2 Microsoft Dataverse 安全存储业务数据

Microsoft Dataverse 的特点如下。

1）易于管理：Microsoft Dataverse 作为 SaaS 化的业务数据库，提供了一系列开箱即用的功能，帮助企业用户配置并管理存储于其中的业务数据。

首先，无论是业务数据还是业务数据相关的元数据都存储在云端，用户无须关心数据的存储方式，也无须实现复杂的数据备份架构及基础设施，只需配置相应的备份策略及设置，即可确保数据的安全可靠存储；

其次，Microsoft Dataverse 能够根据用户的访问及数据量的大小进行动态调整，用户将更多的精力放在业务逻辑的实现上，平台借助于 Microsoft Dataverse 背后云平台的能力，提供良好的伸缩性，确保数据的访问性能；

最后，Microsoft Dataverse 提供了一系列开箱即用的配置功能，如审计功能、日志功能、自定义加密等，帮助企业客户方便地管理业务数据环境。

2）易于保护：数据被安全存储，用户只能在被授予访问权限时查看。基于角色的安全性使你可以控制用户对组织内其他用户的表的访问。

3）访问 Dynamics 365 数据：来自 Dynamics 365 应用的数据也存储在 Microsoft Dataverse 内，让你可以快速生成利用 Dynamics 365 数据的应用并使用 Power Apps 扩展应用。

4）丰富的元数据：Microsoft Dataverse 能够存储多种类型的数据，无论是关系型数据、非关系型数据、图片还是文件，都可直接存储在 Microsoft Dataverse 中，并借助于数据内的描述信息，即元数据，记录存储数据的种类及对数据执行的操作逻辑。

5）生产工具：生成应用通常涉及来自多个源的数据，虽然这有时可以在应用级别进行，但也存在其他一些情况。将此类数据一起集成到通用存储，可以使应用的生成变得更简单，还可以集成一组逻辑以维护数据并对数据进行操作。Microsoft Dataverse 允许将数据从多个源集成到随后可以在 Power Apps、Power Automate、Power BI 和 Power Virtual Agents 中使用的单个存储，一同集成的还有 Dynamics 365 应用已经提供的数据。

6）与其他系统的集成：能够将外部应用数据与 Microsoft Dataverse 进行定期同步，从而使 Power Apps 开发的应用可以同时利用内外部数据。

7）使用 Power Query 转换和导入数据：在导入 Microsoft Dataverse 时，数据可以通过 Power Query 从很多联机数据源进行转换。Power Query 是在 Excel 及 Power BI 中经常用到，用于在导入数据时对其进行加工处理的工具。

Microsoft Dataverse 内的表利用丰富的服务器端逻辑和验证来确保数据质量，并减少创建和使用数据的每个应用中的重复代码。在 Microsoft Dataverse 中，主要通过如下方式在数据之上添加业务流程。

- **业务规则**：无论用于创建数据的应用是什么，都可以用它来验证多个列和表中的数据并提供告警和错误消息。
- **业务流程**：指导用户，确保一致地输入数据并且每次都遵循相同的步骤。
- **工作流**：让用户可以实现不需要用户干预的业务流程自动化。
- **使用代码的业务逻辑**：支持由专业开发人员直接通过代码扩展应用。

作为业务数据库，Microsoft Dataverse 具有如下三大特点。

1. 能够使用任意数据

Microsoft Dataverse 提供了一种抽象方式，让你可以处理任何类型的数据，包括关系、非关系、图像、文件、相对搜索或数据湖。你无须了解数据的类型，因为 Microsoft Dataverse 公开了一组允许你构建模型的数据类型。存储类型已针对所选数据类型进行了优化。数据可以使用数据流、Power Query、Azure 数据工厂轻松导入和导出。Dynamics 用户还可以使用数据导出服务。

Microsoft Dataverse 还具有用于 Power Automate 和 Azure Logic App 的连接器，可与这些服务中的数百个其他连接器一起用于本地、IaaS（基础设施即服务）、PaaS（平台即服务）或 SaaS（软件即服务）服务，其中包括 Azure、Microsoft 365、Dynamics 365、SAP ERP、Salesforce、Amazon Redshift、Access、Excel、文本 /CSV、SharePoint 列表、SQL Server、Oracle、MySQL、PostgreSQL、区块链和 Azure SQL 数据仓库中的源。

Microsoft Dataverse 利用 Common Data Model 提供了参考架构，目的是通过提供供业务和分析应用使用的共享数据语言来简化从多个系统和应用中进行数据整合、数据共享的过程。Common Data Model 元数据系统使跨应用和业务流程（如 Power Apps、Power BI、Dynamics 365 和 Azure）共享数据成为可能。

Common Data Model 是由 Microsoft 及其合作伙伴发布的一组标准化的可扩展数据架构。此预定义架构集合包括表、属性、语义元数据和关系。这些架构通过预先定义好的通用概念和活动（如客户和市场活动）来简化数据的创建、聚合和分析。

Common Data Model 架构可用于创建 Microsoft Dataverse 中的表。生成的表将会与针对此 Common Data Model 定义的应用和分析兼容，如图 6-3 所示。

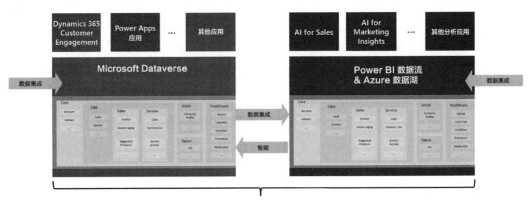

Microsoft Dataverse、Power BI 数据流和架构化 Azure 数据湖（ADLS）都能够存储符合公共数据模型定义的数据

图 6-3 Common Data Model 表元素

Microsoft Dataverse 利用表、列、关系来组织业务数据。在 Microsoft Dataverse 中，表用于建立业务数据模型和管理业务数据。为了提高工作效率，Microsoft Dataverse 包含了一组称为标准表的表。这些表根据最佳实践进行设计，以适应组织内最常见的概念和场景。标准表符合 Common Data Model 的要求。列可能具有不同类型的数据，如字符串、数字数据、图像和文件。如果关系和非关系数据属于同一业务流程或流的一部分，则无

须人为地将其分离。Microsoft Dataverse 将数据存储在所创建模型的最佳存储类型中。Microsoft Dataverse 提供易于使用的可视化设计器来定义一个表到另一表（或表与自身之间）的不同类型的关系。每个表可以有包含多个表的关系，且每个表可以与其他表之间有多个关系。

Microsoft Dataverse 支持将表数据连续复制到 Azure Data Lake Storage，然后将其用于运行分析，如 Power BI 报告、机器学习、数据仓库和其他下游集成流程，如图 6-4 所示。

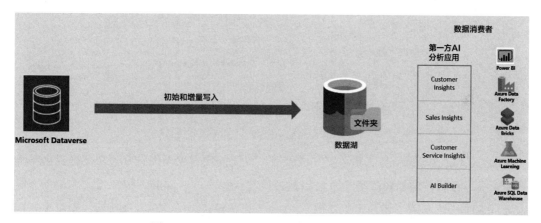

图 6-4　Microsoft Dataverse 集成 Azure 数据湖

数据以 Common Data Model 格式存储，因此可以确保应用和部署之间的语义一致性。Common Data Model 中的标准化元数据和自述性数据可实现元数据发现，以及数据生成者和使用者之间的互操作性，如 Power BI、Azure Data Factory、Azure Databricks 和 Azure 机器学习。

2. 能够随意导入与导出数据

Microsoft Dataverse 支持多种方法和工具来实现数据的导入与导出。

（1）利用数据流和 Power Query

数据流使用户可以连接来自各个源的业务数据，清理数据，对其进行转换，然后将其加载到 Microsoft Dataverse 中。数据流支持数十种热门的本地、云和 SaaS 数据源。Power Query 是一种数据连接技术，可用于发现、连接、合并和优化数据源，以满足用户的分析需求。Excel 和 Power BI Desktop 提供了 Power Query 中的功能，如图 6-5 所示。

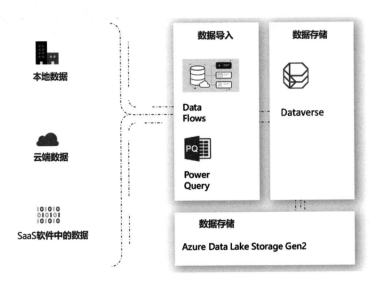

图 6-5　利用数据流导入 Microsoft Dataverse 数据

（2）利用 Azure Data Factory 导入和导出数据

Azure Data Factory 是一项数据集成服务，提供低代码或无代码方法来在可视化环境中构造提取、转换和加载流程，也可以通过编写代码来构造提取、转换和加载流程。使用 Azure Data Factory，用户可以使用 90 多个本机构建且无须维护的连接器，以可视化方式集成 Microsoft Dataverse 和其他数据源，如图 6-6 所示。

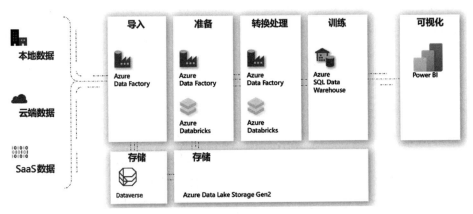

图 6-6　利用 Azure Data Factory 导入和导出数据

（3）从 Microsoft Dataverse 中导出数据

将数据导出到另一种数据技术或另一个 Microsoft Dataverse 环境中，可以使用前面提到的任何技术，如 Data Flows、Azure Data Factory、Power Query 和 Power Automate 等，如图 6-7 所示。

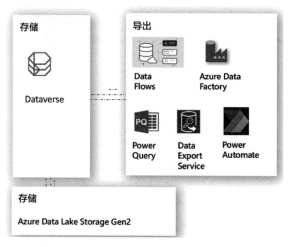

图 6-7 从 Microsoft Dataverse 中导出数据

以 SQL Server 或 Azure SQL 数据库为目标的 Dynamics 客户可以使用数据导出服务。这是一项以 Microsoft Dataverse 解决方案形式提供的附加服务，用于增加将 Microsoft Dataverse 数据复制到客户拥有的 Azure 订阅包含的 SQL 数据库存储的功能。支持的目标为 Azure 虚拟机上的 SQL 数据库和 SQL Server。数据导出服务最初智能地同步整个 Microsoft Dataverse 架构和数据，然后随着 Microsoft Dataverse 发生更改（增量更改）持续同步。

3. 能够对接任何类型的应用

Microsoft Dataverse 提供了多种在任何类型的应用中集成的方法。对于计划实现的业务应用，无论是移动端应用、网页端应用还是桌面端应用，无论解决方案部署在云上还是本地，无论是利用 IaaS（虚拟机的方式）还是 PaaS（平台托管服务的方式）实现的部署，都有方法将应用与 Microsoft Dataverse 数据服务进行集成。在某些情况下，可以使用 Microsoft Dataverse 中包含的业务逻辑来实现与应用的集成。在其他情况下，需要通过事件、Microsoft Dataverse OData API 或插件集成。

一种常见的应用集成方法是使用事件。例如：在 Microsoft Dataverse 中发生添加新记录之类的事件，则应将此事件传达给关联的系统以执行操作；发出了新的支持请求，可能触发 SMS 被发送给分配的支持人员。这种交互性也可能以相反的方向发生，即外部系统中的更新可能会导致在 Microsoft Dataverse 环境中添加、更新或删除数据。Microsoft Dataverse 中最常用的事件集成方法会通过 Webhook、Azure 消息传递（服务总线、事件中心）、Azure 逻辑应用或 Power Automate 进行，如图 6-8 所示。

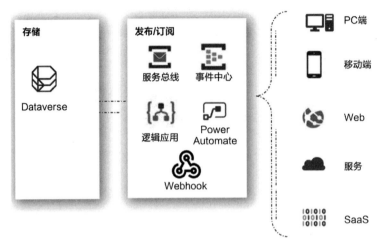

图 6-8　利用事件与应用集成

服务总线是 Azure 云端提供的一种消息服务，能够在 Microsoft Dataverse 与其他外部系统、云上运行的业务系统之间建立起安全可靠的通信渠道，及时同步 Microsoft Dataverse 与业务系统间发生的业务数据变更操作。一个典型的处理过程如下：

1）用户在服务总线中注册了一个监听程序，用于实时监听 Microsoft Dataverse 中发生的业务数据变化；

2）当业务人员在 Microsoft Dataverse 中操作了一些数据，例如添加了一条记录或者修改了某条记录时，会触发注册在服务总线中的相应插件，并且会有相应的服务被调用来对其进行相应的处理；

3）相应的处理程序会异步处理相关触发事件的请求，具体处理逻辑可以根据实际业务场景进行定制，可以运行在 Azure Functions 或应用服务中，处理好请求后，服务总线将会收到相应的处理完成通知，并将处理结果同步给相应的监控程序，这样整个处理过程就完成了。

服务总线还提供了数据安全性，确保仅授权应用可以访问发布的 Microsoft Dataverse 数据。有关 Microsoft Dataverse 将数据上下文发布至服务总线及供监控服务读取的授权由 Azure 共享访问签名进行管理。

利用 OData API 将 Microsoft Dataverse 与应用集成，Microsoft Dataverse Web API 可提供跨编程语言、平台和设备的开发体验，如图 6-9 所示。

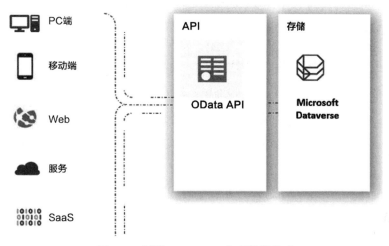

图 6-9 利用 OData API 实现数据集成

Microsoft Dataverse 采用"API 优先"的方法。这意味着该服务不仅提供查询数据的机制，还提供服务中有关业务规则、约束等的元数据，用户可以使用它们来构建智能的响应式应用和服务。

此外，还可以利用 Azure Functions 实现应用集成。Azure Functions 为业务和集成逻辑提供无服务器代码执行选项，如图 6-10 所示。

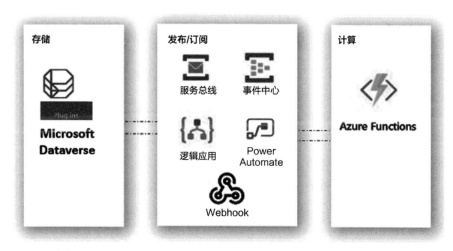

图 6-10 Azure Functions & iPaaS 服务与 Microsoft Dataverse 集成

Azure Functions 由来自外部系统、服务或代码的调用触发。对于 Microsoft Dataverse，该触发器可能直接来自使用服务总线的 Microsoft Dataverse、Webhook 或来自插件的调用。此外，还可以通过包含 Microsoft Dataverse 连接器的逻辑应用或 Power Automate 中的流来启动 Azure Functions 调用。

6.1.2 Microsoft Dataverse 的组件

Microsoft Dataverse 的设计目标是帮助用户快速且简便地创建数据模型，并应用于 App 开发。Microsoft Dataverse 的一大特点是除了能够存储数据之外，还在数据之上包含了大量元数据。在 Microsoft Dataverse 中，元数据体现在方便地创建核心组件以及相关的业务规则上。

1. 表（原名实体）

元数据指的是有关数据的数据。Microsoft Dataverse 为用户提供了一个灵活的平台，因为元数据在编辑环境要使用的数据定义上相对容易。在 Microsoft Dataverse 中，元数据是一个表的集合。表描述存储在数据库中的数据种类。每个表对应于一个数据库表，表中的每个列（也称为属性）代表该表中的一列。表中的元数据可以控制用户能创建的记录种类以及可以对记录执行的操作种类。用户在使用自定义工具创建或编辑表、列和表关系的同时，也在编辑此元数据。

Microsoft Dataverse 附带了一些支持核心业务应用功能的标准表。例如，有关用户或潜在用户的数据可使用用户或联系人表存储。每个表包含若干列，这些列代表系统可能需要为相应表存储的通用数据。用户无法删除标准表、列或表关系，它们被视为系统解决方案的一部分，并且每个组织都应该有。如果要隐藏标准表，可以更改你的组织的安全角色权限以删除对该表的读取权限。这将从应用的大部分地方移除表。如果存在你不需要的系统列，可将其从使用它的窗体或任何视图中移除。更改列和表关系定义中的可搜索值，使其不会出现在高级查找中。

表大体上可以分为系统自带的表与自定义表两类。在创建自定义表时，可以选择是标准表还是活动表。标准表是常用的自定义表，根据实际需要，可以在创建表时选择所有权为组织或团队。活动被视为可在日历上进行输入的任何操作。活动具有时间维度（开始时间、停止时间、截止日期和持续时间），可帮助确定操作发生或将要发生的时间。活动也包含一些数据，可帮助确定活动所代表的操作（例如主题和说明）。活动可以处于已打开、已取消或已完成状态。活动的已完成状态具有几个与之关联的子状态值，用于阐明活动的完成方式。打开一个环境中现有的表，如图 6-11 所示。

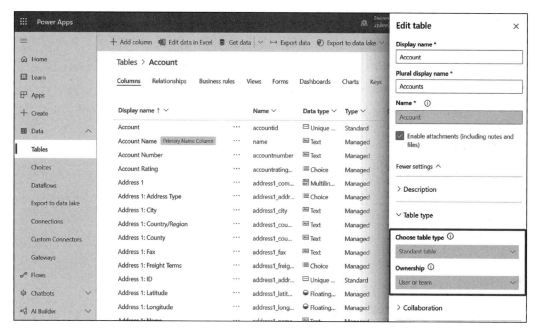

图 6-11　Account 表

2. 列（原名字段）

列定义了存储于表中的信息格式，如图 6-12 所示。

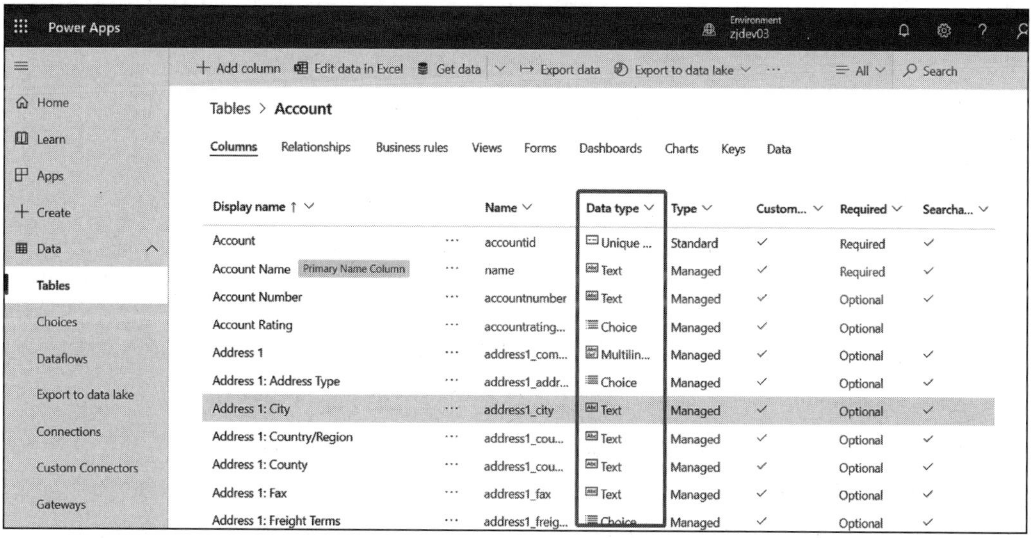

图 6-12　Tables Account 中的部分列

列是在表的记录中存储离散信息的一种方法。列具有类型，这意味着可以在列中存储与其数据类型相同的数据。例如，如果你有一个需要日期的解决方案，那么应该将日期存储在类型为 date 的列中。类似地，应该将数字存储在类型为数字的列中。一个表中的列数量从几个到几百个不等。如果一个表有几百列，可能需要重新考虑如何为解决方案构造数据存储，因为很可能有更好的方法。

3. 表关系

表关系定义了表中存储的一行数据与其他表中的数据或本表中其他行数据之间的关系。表关系有两种类型。

- □ 一对多关系：在一对多的表关系中，多个引用（相关的）表记录都与单个被引用（相关的）表记录相关。被引用的表有时指的是"父"，而引用表记录指的是"子"。多对一关系只是反过来看一对多关系，例如存在两个表，即示例表 1 与示例表 2，示例表 1 添加了一个针对示例表 2 的一对多的表关系，即一个示例表 1 中的记录可以对应多个示例表 2 中的记录，那么从示例表 2 的角度，会添加一个针对示例表 1 的多对一的表关系。

- □ 多对多关系：在一个多对多表关系中，许多表记录与其他表记录相关。可以将使用多对多关系关联的记录视为对等的，并且关系是相互的。

表关系定义表记录如何在数据库中相互关联。最简单的情况是，向表中添加查找列，在两个表之间形成一个新的一对多关系，这样就能够将该查找列放在窗体中。利用查找列，用户可以将该表的多个子表记录与单个父表记录关联。

除了简单地定义表记录如何相互关联以外，一对多的表关系还提供了可解决以下问题的数据：

1）在删除某个记录时，是否还应删除与该记录相关的所有记录；

2）分派记录时，是否还需将与该记录相关的所有记录分派给新负责人；

3）在某个现有记录的上下文中创建新的相关记录时，如何简化数据录入流程；

4）查看某个记录的用户如何才能查看关联的记录。

表还可以有多对多关系，其中两个表的任意数量的记录都可以彼此关联。

在数据模型的设计上，表关系至关重要，主要有以下几个原因。

1）保持数据完整性。某些表的用途是为其他表提供支持，这些表对自身无用。它们通常有一个链接到所支持主表的必需的查找列。当删除主记录时，会发生什么情况？可根据业务的规则使用关系行为对此进行定义。两个选项如下。

❏ 阻止删除主表，以便协调相关表记录，方法可以是将其与其他主表关联。

❏ 允许在删除主表记录时自动删除相关表。如果相关表不支持主表，可允许删除主表，这样将清除查找值。

2）自动化业务流程。假定你有一位新销售员，希望向其分派一些当前分派给另一位销售员的现有客户。每个客户记录可能有一些与其关联的任务活动。你可以轻松地找到要重新分派的可用客户，并将其分派给新销售员。但是，对于与这些客户关联的任何任务活动，会发生什么情况？是否需要打开每项任务，并将其分派给新销售员？答案是不需要。可以让关系自动应用一些标准规则。这些规则只适用于与要重新分派的客户关联的任务记录。有以下几个选择。

❏ 重新分派所有可用任务。

❏ 重新分派所有任务。

❏ 不重新分派任务。

❏ 重新分派当前分派给前一位销售员的所有任务。

关系可以控制对主要表记录的记录执行的操作如何向下级联到所有相关表记录。

4. 视图

视图定义特定表的记录列表如何在应用中显示，包括待显示的列、每列宽度、默认情况下应如何对记录列表进行排序，以及应该应用何种默认筛选项限制何种记录显示在列表中。视图如图 6-13 所示。

5. 窗体

窗体提供了用户与其工作所需的数据交互的用户界面。用户所用的窗体要设计成允许高效地查找或输入所需的信息。窗体包含以下 4 种类型。

1）Main：在模型驱动应用、适用于平板电脑的 Dynamics 365 和 Dynamics 365 for Outlook 中使用。这种窗体为与表数据的交互提供主要的用户界面。

2）Quick Create：在模型驱动应用、适用于平板电脑的 Dynamics 365 和 Dynamics 365 for Outlook 中使用。对于更新的表，这种窗体提供了一个针对创建新记录优化的基本窗体。

3）Quick View：在模型驱动应用、适用于平板电脑的 Dynamics 365 和 Dynamics 365 for Outlook 中使用。对于更新的表，这种窗体出现在主窗体中，用于显示窗体中某个查找列引用的某个记录的其他数据。

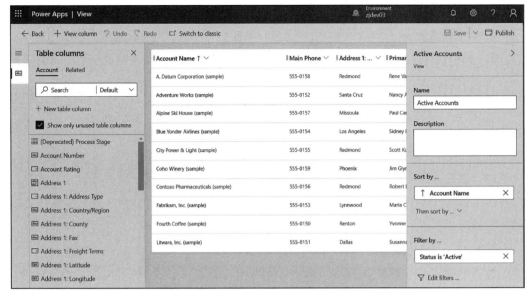

图 6-13　Account 中 Active Accounts 视图

4）Card：用于 Power Apps 应用的视图。这种窗体用于以适用于移动设备的紧凑格式呈现信息。

Account Main 窗体如图 6-14 所示。

图 6-14　Account Main 窗体

6.1.3　Microsoft Dataverse 的安全性

Microsoft Dataverse 中存储的是企业的业务数据，安全性是企业用好 Power Platform 的前提。Microsoft Dataverse 的安全性存在的目的是确保用户执行操作时干扰最少，同时继续保护数据和服务。Microsoft Dataverse 的安全性可以作为具有丰富访问权限的简单安全模型到用户拥有具体记录级和列级访问权限的高度复杂安全模型实施。Microsoft Dataverse 在安全性设置上，首先需要明确其安全概念，然后针对某些特定的概念进行体验。

1. 基于角色的访问控制（RBAC）

RBAC 的设计由来已久，是多租户模式下用户设置权限管理比较通用的方式。Microsoft Dataverse 基于 Azure 动态目录，也是利用 RBAC 进行 Microsoft Dataverse 中数据访问的细粒度控制。Microsoft Dataverse 使用基于角色的访问控制将一组权限组合在一起。这些安全角色可能直接与用户关联，也可以与 Microsoft Dataverse 团队和业务部门关联。然后，用户可以与团队关联，这样与该团队关联的所有用户都可以利用此角色。

需要了解的一个关键的 Microsoft Dataverse 安全概念是，所有权限授予都是累积的，并且接受最大量的访问。简单地说，如果你提供所有联系人记录广泛的组织级读取访问权限，则不能回头隐藏任何一个记录，如图 6-15 所示。

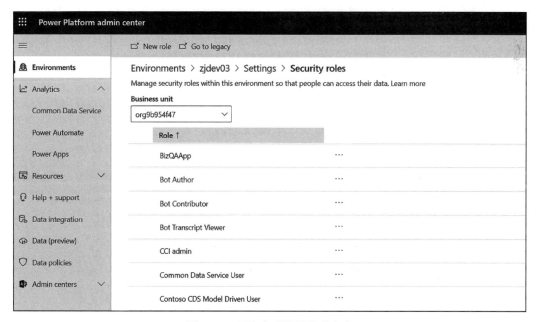

图 6-15　环境中系统默认的角色

2. 组织架构模型设计（业务部门、团队和用户）

业务部门使用安全角色确定用户拥有的有效权限，可以帮助管理用户和用户可访问数据的安全建模构建基块，以及定义安全边界。每个 Microsoft Dataverse 数据库都有一个根业务部门。

可以创建下级业务部门，以便帮助进一步细分用户和数据。分配给同一个 Microsoft Dataverse 环境的每个用户都属于同一个业务部门。因为业务部门可用于为真实的组织层次结构进行 1∶1 的建模，所以通常更倾向于仅定义安全边界来帮助满足安全模型需要。

为了加深理解，我们来看一个示例。假设有三个业务部门。Woodgrove 是根业务部门，始终在最上层，不可更改。我们又创建了两个子业务部门，分别为 A 和 B。这些业务部门中的用户具有不同的访问权限需求。当我们将用户与此 Microsoft Dataverse 环境关联时，可将此用户设置为三个业务部门之一的成员。用户属于哪个业务部门，决定了哪个业务部门对用户的权限及数据访问范围负责。通过建立此关联，我们可以调整安全角色，以便允许用户查看该业务部门中的所有记录，如图 6-16 所示。

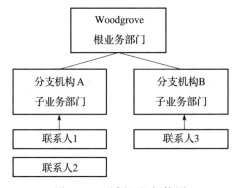

图 6-16 示例组织架构图

3. 表访问权限

Microsoft Dataverse 支持两种类型的记录所有权：负责的组织，以及负责的用户或团队。这是创建表时的选项，不能更改。为安全起见，对于组织负责的记录，唯一访问级别选项是用户是否可执行操作。对于用户和团队负责的记录，大多数权限的访问级别选项是分层组织、业务部门、业务部门和子业务部门，或仅用户自己的记录。这意味着对于联系人的读取权限，可以设置用户负责的记录，而用户只能查看自己的记录。

再如，假设用户 A 与部门 A 关联，并且我们为其提供联系人的业务部门级读取访问权限。那么，他们可以查看联系人 1 和 2，但是不能查看联系人 3。

可以针对用户的权限或用户组的权限进行角色分配。分配结束之前，请确保用户具有 DevOps 的访问权限。配置或编辑安全角色权限时，将为每个选项设置访问权限级别，如图 6-17 所示。

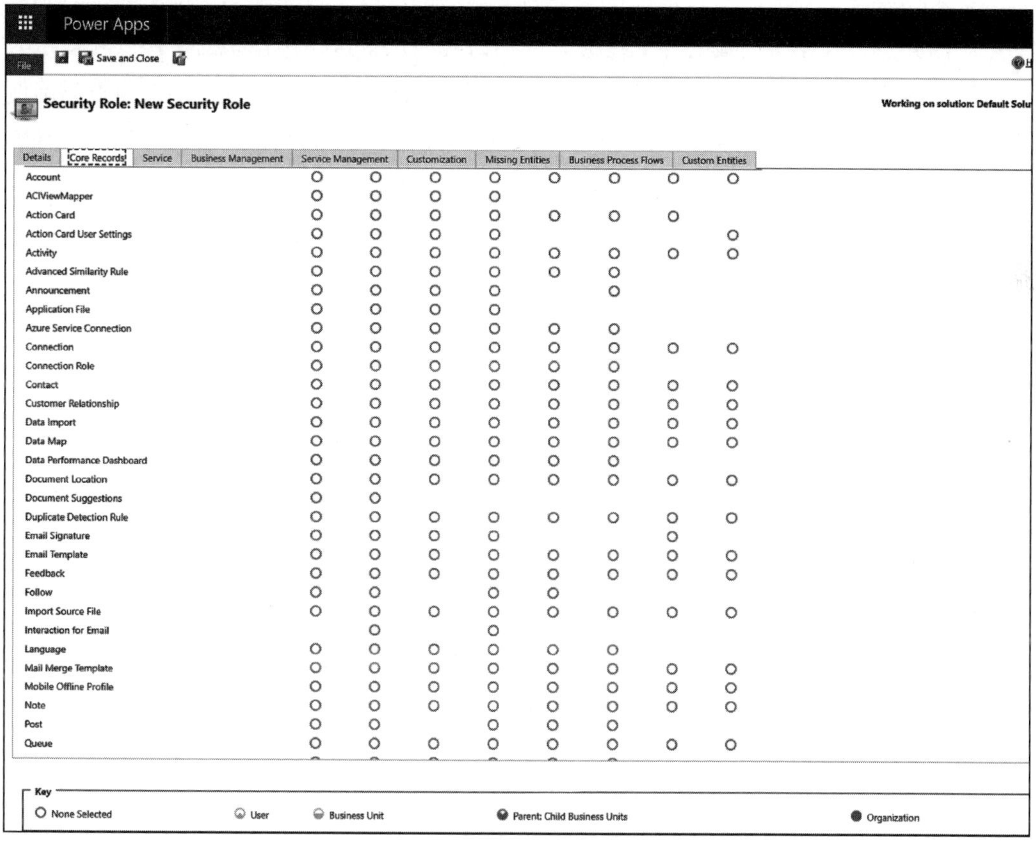

图 6-17　Microsoft Dataverse Table 的读写权限介绍

在图 6-17 所示的页面中，可以查看每个表的标准权限类型：创建、读取、写入、删除、追加、追加到、分配和共享。可以编辑这些类型中的每一项。各类型的视觉显示与下面有关已授予哪种访问级别的密钥匹配。另外，在上面的示例中提供了联系人的组织级访问权限，这意味着部门 A 中的用户可以查看和更新任何人负责的联系人。实际上，最常见的一个管理错误是遇到了权限问题和权限授予过度。

4. 记录分享

记录作为 Microsoft Dataverse 中数据的载体，存储着公司的业务数据。记录访问权限的分配至关重要。错误地分配记录访问的权限不仅会因为用户能够看到组织内超出其权限的数据而影响应用性能，更重要的是会给企业的数据安全带来极大的风险。因此，安全的访问权限控制对于 Microsoft Dataverse 非常重要。

记录的共享主要分为两种情况：组织内共享及部门或团队间共享。团队间共享是效率更高的共享方式。更高级的共享概念是使用访问团队，这样将自动创建团队并基于应用的访问团队模板（权限的模板）与团队共享记录访问权限。使用访问团队时也可以不使用模板，仅手动添加或删除其成员。访问团队的性能更高，因为其不允许团队负责记录，也不允许为团队分配安全角色。用户将获取访问权限，因为记录将与团队共享，而用户则会是成员。

5. Microsoft Dataverse 的记录级别的安全性

你可能会好奇：记录访问权限的决定因素是什么？这听起来是一个简单问题，但是对于任何给定用户，这是其所有安全角色、其关联的业务部门、其所属团队及与其共享的记录的组合。请务必注意，所有访问权限在 Microsoft Dataverse 数据库环境作用范围内是所有这些概念的累积。这些权利仅在单一数据库内授予，在每个 Microsoft Dataverse 数据库内单独跟踪。这当然要求其具有 Microsoft Dataverse 的相应访问许可证。

6. Microsoft Dataverse 的列安全性

记录级的访问控制对某些业务方案来说存在局限性。Microsoft Dataverse 有列级安全功能，因此可以实现更精细的列级安全控制。可以为所有自定义列和大多数系统列启用列级安全。可以分别保护大多数包含个人身份信息的系统列。每个列的元数据定义这是不是系统列的可用选项。

列级安全逐一启用，然后通过创建列安全配置文件管理访问权限。配置文件中包含已启用列级安全的所有列和这个具体配置文件授予的访问权限。可以在配置文件内控制每个列的创建、更新和读取访问权限。然后将列安全配置文件与用户或团队关联，以便为用户授予他们可访问的记录的权限。请务必注意，列级安全与记录级安全无关，只有用户已经有记录的访问权限，列安全配置文件才能为他们授予列的任何访问权限。列级安全应该根据需要使用，不应过度使用，因为过度使用可能会带来不利开销。

接下来，模拟一个比较简单的场景。Contoso 公司包含两个环境 zjdev03 和 zjprod01，

以及相应的管理员——环境 zjprod01 的所有者，即独立开发者。目前，在独立开发者的
账号中无法看到 zjdev03 这个环境，如图 6-18 所示。

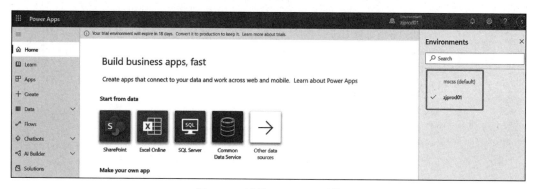

图 6-18　当前 zjprod01 环境

在系统管理员为环境 zjdev03 添加相应的角色（如 Environment Maker）后，回到独
立开发者页面即可看到两个环境都显示了。添加角色，如图 6-19 所示。

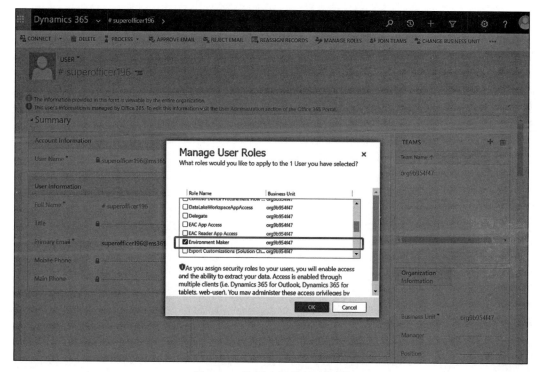

图 6-19　为用户添加相应权限

再次查看即可看到相关的环境信息，如图 6-20 所示。

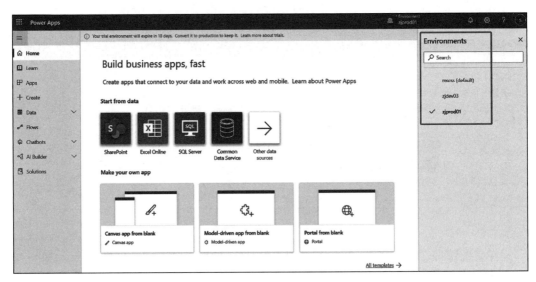

图 6-20　添加成功后的环境列表

针对某一特定的表，也可以根据具体的用户或团队进行权限设置。

在环境 zjdev03 中，以表 Idea 为例，表 Idea 是在创建环境时导入的示例数据。查看 Data，我们可以看到在当前的 Microsoft Dataverse 中存在一些样本数据，如图 6-21 所示。

Name	Originating chall…	Number of Votes	Idea Score	Created On
Connected quality control	Connected Operations	10	8	11/14/2020 7:39 PM
Fleet automation	Connected Operations	8	9	11/14/2020 7:39 PM
Cloud computing	Servitization	7	9	11/14/2020 7:39 PM
Tiny Homes	3D Printing	7	6	11/14/2020 7:39 PM
Integrated service management	Connected Operations	6		11/14/2020 7:39 PM
Rapid prototyping	Smarter manufacturing	6		11/14/2020 7:39 PM
Solar panels	Enterprise sustainability	5	6	11/14/2020 7:39 PM
CO2-absorbing artificial trees	Enterprise sustainability	3	8	11/14/2020 7:39 PM
Business intelligence	Big data	2		11/14/2020 7:39 PM
Data analytics	Big data	2		11/14/2020 7:39 PM
Engine as a service (flying hours)	Smarter manufacturing	2		11/14/2020 7:39 PM
Smart vending machines	Connected products	2		11/14/2020 7:39 PM

图 6-21　Tables Idea 的样本数据

但应用开发者并没有这些数据的访问权限，如图 6-22 所示。

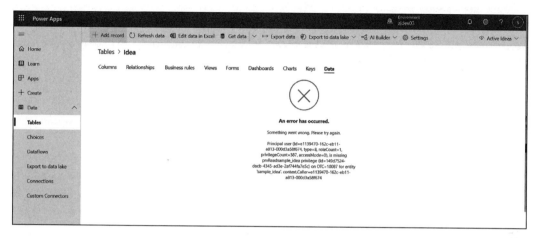

图 6-22　无权访问 Tables Idea 的样本数据

接下来，管理员进入 Admin Center，选择 Security Roles 选项卡，创建一个新的安全角色 Idea Access，并为其分配全局访问的权限，如图 6-23 所示。

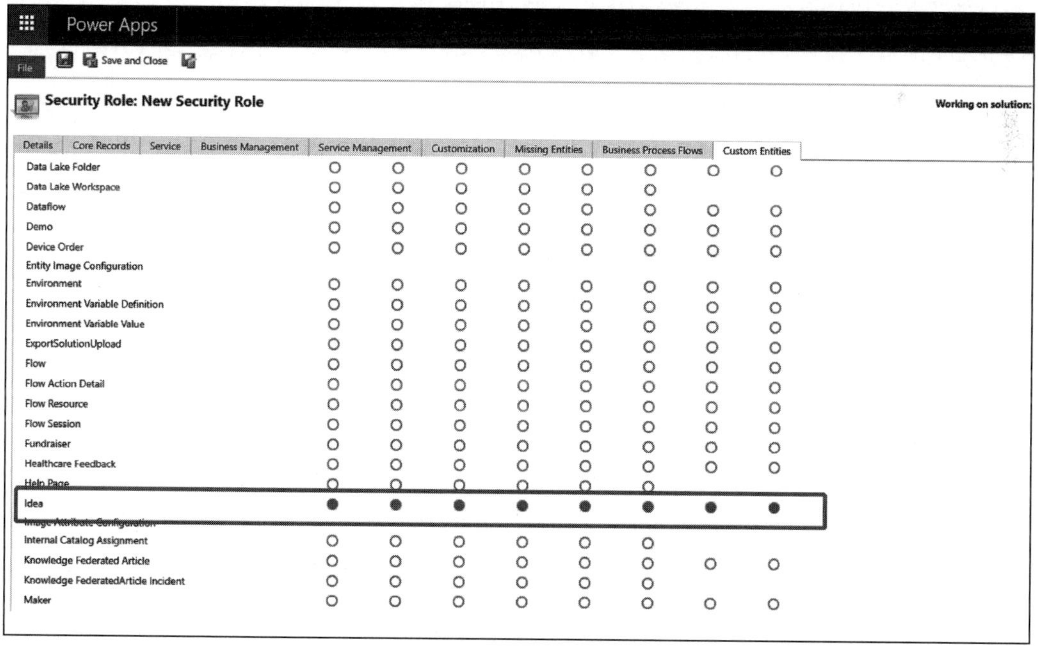

图 6-23　添加访问 Idea 的安全角色

将角色 Idea Access 分配给应用开发者后，再次刷新页面，浏览表 Idea 下的信息，如图 6-24 所示。

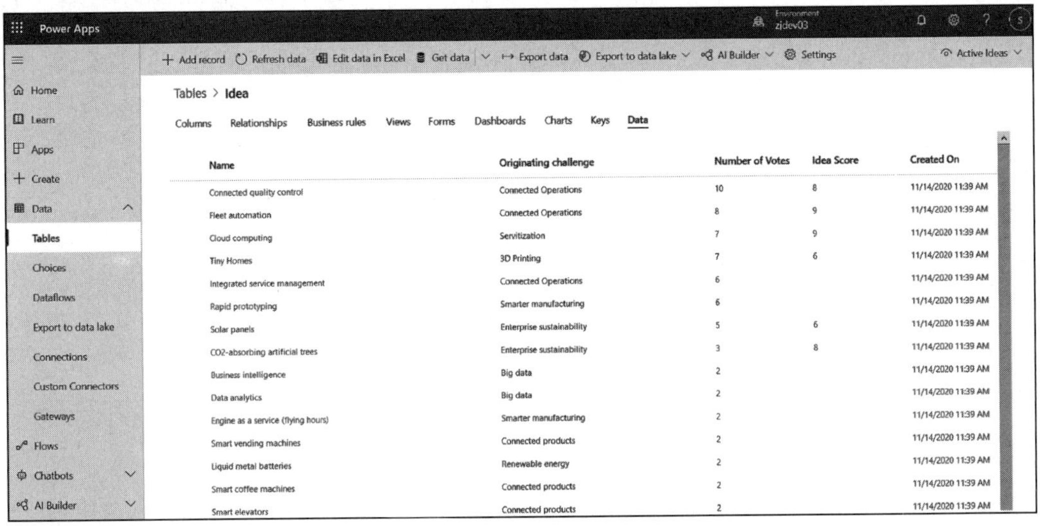

图 6-24　分配 Idea Access 权限后访问信息

关于表的访问权限，在角色的设定上包含两个维度。横向表示对于表的访问操作，即创建、读取、写入、删除、追加、追加到、分派和共享。每一个横向上的操作包含 5 种不同层级的纵向访问权限。

1）Organization：意味着这条记录的相应操作，组织内的所有人都可以使用。

2）Parent: Child Business Units（BU）：意味着这条记录的相应操作，创建此记录的人员所在的 BU 及其下属 BU 可以使用。

3）Business Units：意味着这条记录的相应操作，创建此记录的人员所在的 BU 可以使用。

4）User：意味着这条记录的相应操作，创建此记录的人员可以使用。

5）None Selected：意味着没有分配权限。

在关系型数据库中会讨论行级别安全、列级别安全，以确保数据的访问能够被细粒度控制。在 Microsoft Dataverse 中，上述操作模拟了行级别安全。针对不同的角色，可以按照表进行权限控制。除此之外，针对表中包含的列，同样可以根据角色设置其访问权限。

列级别安全的范围是组织范围的，并且应用于所有数据访问请求，包括以下内容：

1）从客户端应用程序内请求数据访问，例如 Web 浏览器、移动客户端或 Microsoft Dynamics 365 for Outlook；

2）使用 Dynamics 365 Customer Engagement Web 服务的 Web 服务调用（用于插件、自定义工作流活动和自定义代码）；

3）报表（使用筛选视图）。

以表 Idea 中的列 Number of Votes 为例。首先编辑此列，设置其安全性，如图 6-25 所示。

接下来，在 Admin Center 中选中应用开发者用户。点击 Edit 按钮并导航进入 Field Security Profiles 设定页面，添加一条新设置，如图 6-26 所示。

设置完成，在应用开发者页面刷新后，示例数据中就不会显示 Number of Votes 列了，如图 6-27 所示。

对比上述截图会发现，Number of Votes 列已经被隐藏。

本节介绍了 Power Platform 中的业务数据库 Microsoft Dataverse，介绍了其基本概念、组织结构及安全性，为后续的应用开发做好了铺垫。

图 6-25　开启列级别安全设置

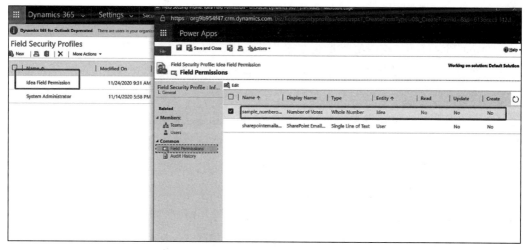

图 6-26　列级别安全设置

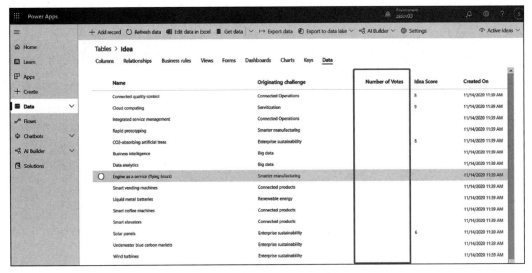

图 6-27 列级别安全设置效果

6.2 数据连接器

　　数据连接器，从名字上就能够推断其大致的作用，它作为一座桥梁，是打通低代码平台与数据源头的道路。本节通过介绍数据连接器的作用、种类、示例操作，带大家在实际项目中用上并用好数据连接器。

6.2.1 什么是数据连接器

　　Power Platform 开发的主要是企业的业务应用，用于完成业务端的需求，其中所处理的数据也是企业日常使用的业务数据。在从信息化向数字化转变的过程中，企业其实在系统构建上投入了大量的人力和财力。有的系统被称为 Legacy 系统，虽然是数年前创建的，既不符合现在的审美要求，也不符合现在的访问需求，但由于其承担着重要的业务数据（比如 OA 系统、ERP 系统等），所以不可能立刻推倒重建。还有些系统是按照当前技术发展的最佳实践，基于云计算、云原生、中台化的概念来构建的，承载着部分的业务。将分散在企业中的各个系统及与其对应的数据打通，让数据流转开来，是数字化的第一步。数据连接器（Connector）的作用就是利用各种包装好的接口，通过一种无代码化的方式来对接各种系统，比如 SAP、Salesforce、Microsoft 365、Dynamics 365、API资源、AI 资源等，如图 6-28 所示。

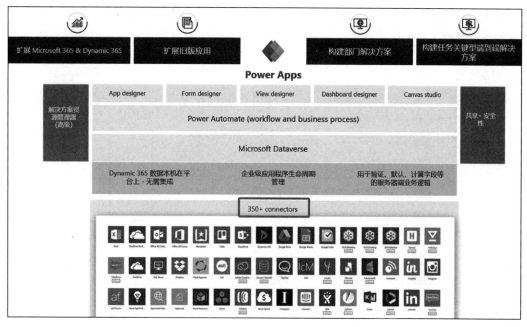

图 6-28 数据连接器是 Power Platform 数据流通的桥梁

数据连接器就是针对 API 的调用包装好一系列功能，方便用户对接 Power Apps、Power Automate 及 Logic Apps，无须编写代码，并提供一些针对数据的方法调用。数据连接器利用预先写好的功能，结合用户输入的身份信息，就能够完成对数据的调用和处理。目前，Power Platform 的数据连接器已经超过 350 种，比较流行的有 Salesforce、Microsoft 365、Teams、Slack 等。

在使用数据连接器之前，首先需要明确数据连接器两侧连接的服务、数据连接器的种类及数据连接器能够提供的操作。

数据连接器的一侧连接的是数据源。不同的连接器连接的数据源类型会有差别，例如表格数据源是以结构化表格的形式返回数据，Power Apps 可以通过库、窗体以及其他控件来展现访问。当前比较常用的、存储于 SharePoint 或 Microsoft Dataverse 里的数据都属于表格类数据。在 Power Apps 中，可以针对读取的数据进行增删改查。还有一种数据源是基于函数的，可以利用函数的调用完成数据源的交互。这些函数调用可返回数据表，并提供多种逻辑操作，如发送邮件、更改权限、创建日历等。

数据连接器的另一侧连接的主要是 Power Apps、Power Automate 和 Azure Logic Apps。

数据连接器的种类有标准版数据连接器、高级版数据连接器和自定义数据连接器。

无论是标准版还是高级版的数据连接器，其对于数据的调用及函数的使用都是内置的，用户只需要输入基本的身份信息即可访问。针对自定义数据连接器，用户需要从头或根据 OpenAPI 格式对接已有的 API 服务，所有内容均为自定义，如图 6-29 所示。

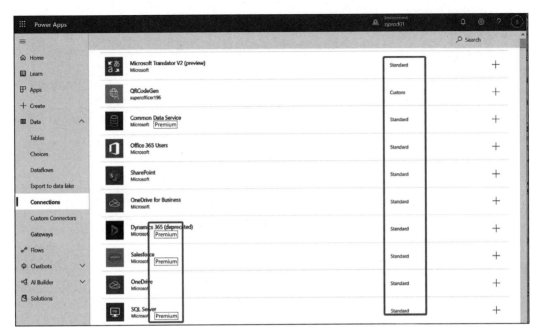

图 6-29　标准版 & 高级版数据连接器区分

数据连接器增加了数据访问的可能，但同时也增添了数据泄露的风险。为了制订更加完善的数据策略，保护企业数据的安全，在使用数据连接器时，可以结合数据防丢失保护策略来限制将多个数据连接器组合在一起的功能；同时，可以利用卓越中心工具集中数据连接器的数据，评估是否需要对环境中目前用得最多的数据连接器进行额外管理。

在数据连接器中主要有两类操作。

❑ Action：直接被用户调用来处理数据源。例如，如果你查询 Azure SQL Database 中的数据，调用的函数就属于 Action。

❑ Trigger：主要用于 Power Automate 及 Azure Logic Apps，在针对特定事件触发自动化流程时会用到。例如，当 FTP 服务器上传了新的文件时就会触发一个工作流，针对此文件进行修改或备份。触发器有两种：一种为 Poll，即定时轮询，查看环境中是否有新数据产生，并执行相应操作；另一种为 Push，即基于事件触发，当环境中出现资源变更时即可执行相应操作。

虽然有很多常用的标准版和高级版数据连接器，但自定义连接器仍然是不可或缺的。处理复杂逻辑、自定义函数、对接外部 API 服务等操作都可以通过自定义连接器完成，如图 6-30 所示。

自定义连接器的创建过程非常标准且简单，如图 6-31 所示。

1）构建 API。自定义连接器是围绕 REST API（逻辑应用还支持 SOAP API）的包装器，它允许逻辑应用、Power Automate 或 Power Apps 与 该 REST 或 SOAP API 通信。这些 API 可以是公共的，也可以是专有的，例如借助于 Azure Functions、Azure Web App 或 Azure API Service 来构建。

2）保护 API。针对 API 提供相应的身份验证方式，包括匿名、OAuth 2.0、API 密钥等。

3）自定义 API 功能。利用现有的 OpenAPI 文件或连接，或者通过 Swagger 编辑器进行编辑添加，或者从头构建来添加自定义 API 功能。

4）测试并应用到现有环境中。

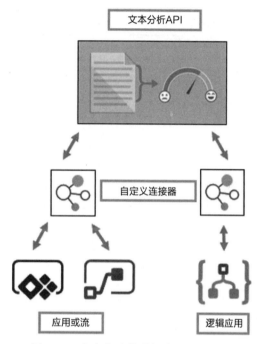

文本分析API
自定义连接器
应用或流
逻辑应用
图 6-30 自定义连接器解决问题的流程

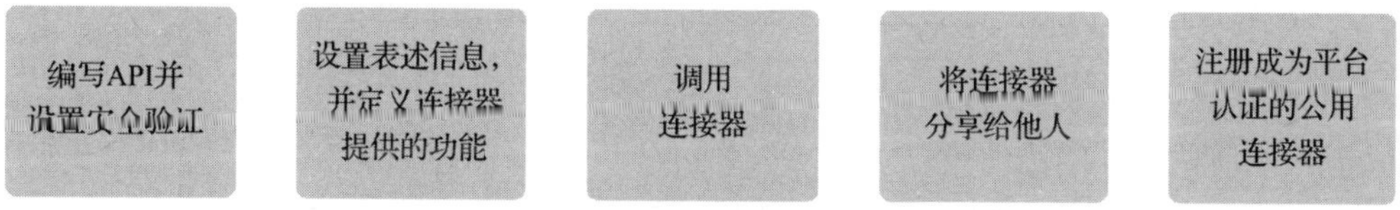

编写API并设置安全验证
设置表述信息，并定义连接器提供的功能
调用连接器
将连接器分享给他人
注册成为平台认证的公用连接器
图 6-31 自定义连接器的生命周期

完整的数据连接器列表参见 https://docs.microsoft.com/zh-cn/connectors/connector-reference/。对于每一个数据连接器，其类型、支持的服务、提供的方法都在数据连接器的详细描述中。图 6-32 所示为 Azure Cosmos DB 数据连接器的详细描述。

Azure Cosmos DB

Azure Cosmos DB is a globally distributed multi-model database service designed to enable you to elastically and independently scale throughput and storage across any number of geographical regions with a comprehensive SLA.

This connector is available in the following products and regions:

Service	Class	Regions
Logic Apps	Standard	All Logic Apps regions and Integration Service Environments (ISEs)
Power Automate	Premium	All Power Automate regions
Power Apps	-	Not available

Connector Metadata	
Publisher	Microsoft

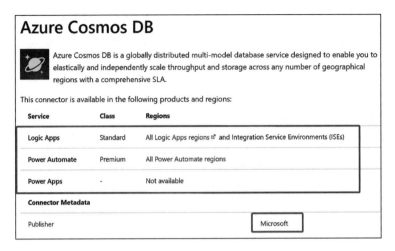

图 6-32 Azure Cosmos DB 数据连接器的详细描述

说明一下，对于 Logic Apps，其类型为标准；对于 Power Automate，其类型为高级；它由微软第一方提供。此外，在详细描述中还可以看到创建它需要的连接字符串信息、API 调用的限制信息（见图 6-33）以及每一个函数的参数及返回值（见图 6-34）。

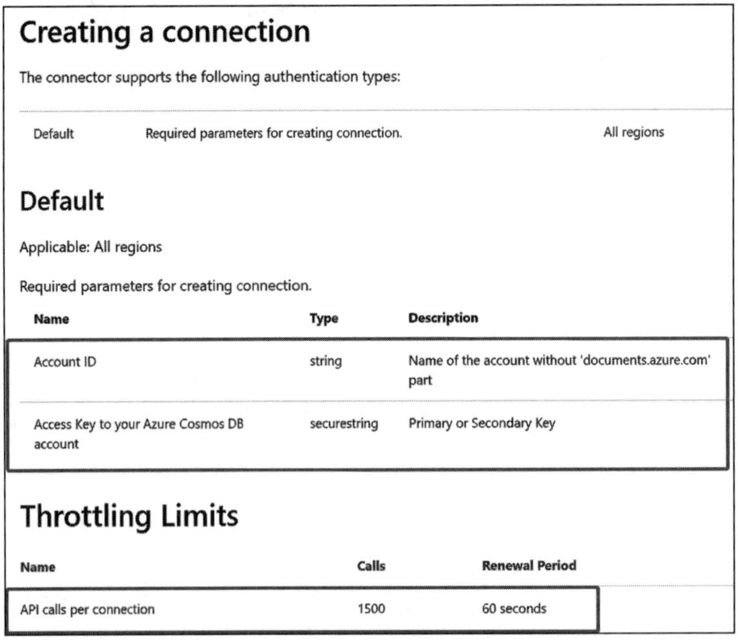

Creating a connection

The connector supports the following authentication types:

Default	Required parameters for creating connection.	All regions

Default

Applicable: All regions

Required parameters for creating connection.

Name	Type	Description
Account ID	string	Name of the account without 'documents.azure.com' part
Access Key to your Azure Cosmos DB account	securestring	Primary or Secondary Key

Throttling Limits

Name	Calls	Renewal Period
API calls per connection	1500	60 seconds

图 6-33 API 调用限制信息及身份验证信息

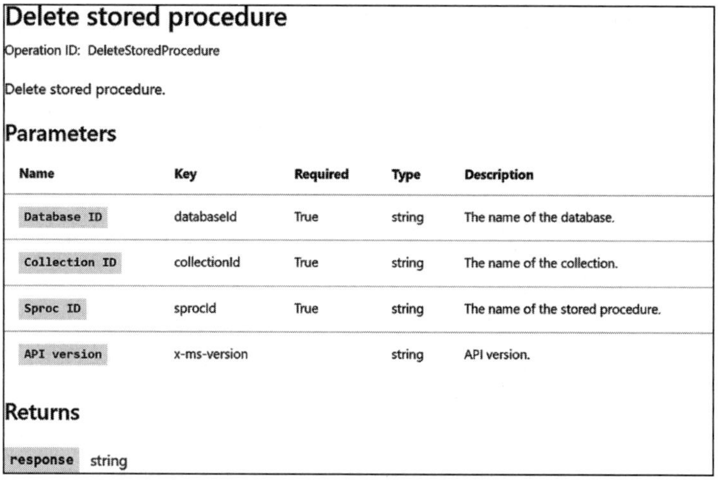

Delete stored procedure

Operation ID: DeleteStoredProcedure

Delete stored procedure.

Parameters

Name	Key	Required	Type	Description
Database ID	databaseId	True	string	The name of the database.
Collection ID	collectionId	True	string	The name of the collection.
Sproc ID	sprocId	True	string	The name of the stored procedure.
API version	x-ms-version		string	API version.

Returns

response	string

图 6-34　查找给定函数的定义及返回值

接下来，通过几个示例来实际感受一下数据连接器连接数据源的方式。

6.2.2　Office 365 数据连接器示例

本节将通过演示 Office 365 连接器的示例，帮助用户直观了解数据连接器的使用方式。本次示例利用 Office 365 Users 数据连接器连接到示例 App，查询登录用户的直线经理。

在应用开发中使用数据连接器特别容易，主要分三步。

第一步，针对 Office 365 Users 数据连接器，添加一个 Connection，如图 6-35 所示。

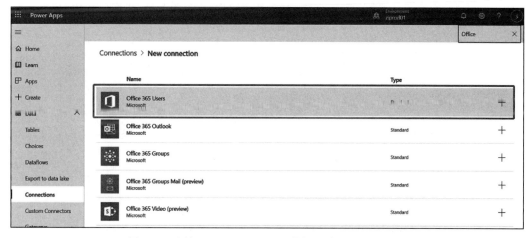

图 6-35　添加 Office 365 Users 数据连接器 Connection

第二步，将创建好的 Connection 添加到 Demo App 的数据源中，如图 6-36 所示。

图 6-36　将 Office 365 Users Connection 添加到应用的数据源中

第三步，在应用中使用此数据连接器提供的函数功能，可以先通过文档了解其提供的功能，如图 6-37 所示。

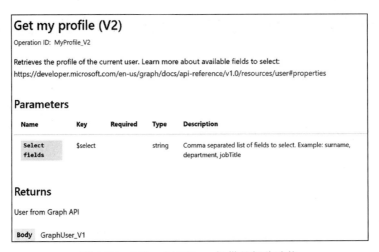

图 6-37　Office 365 Users 提供的部分功能

在页面中添加此功能，如图 6-38 所示。

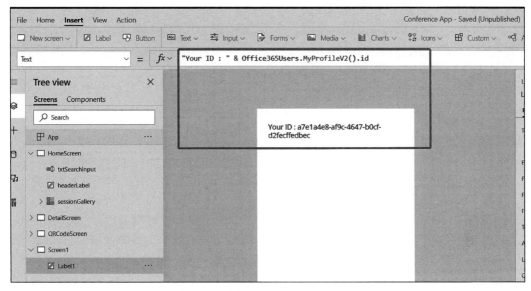

图 6-38　添加 Get my profile 功能

6.2.3　利用自定义连接器连接 Azure API Service

在实际项目中，很多时候我们需要通过调用第三方的 API 来获取相关信息，并针对此类信息进行操作。本节会通过自定义连接器连接部署于 Azure 的 API Service，获取数据，模拟一家生产企业 Contoso 通过 API 调用的方式，从企业核心系统中获取产品数据，如图 6-39 所示。

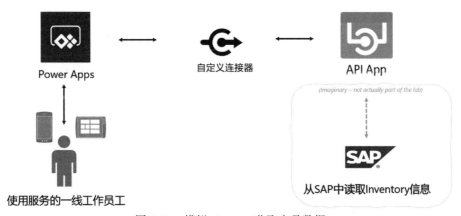

图 6-39　模拟 Contoso 获取产品数据

针对 API Service，默认用户已经在 Azure 上部署完成，其 URL 访问结果如图 6-40 所示。

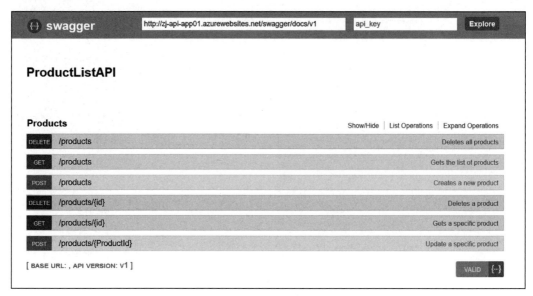

图 6-40 通过 API 调用获取到的数据

API 服务就绪后，以 JSON 文件的方式导出所有 API 的描述，并存储于本地，如图 6-41 所示。

{"swagger":"2.0","info":{"version":"v1","title":"ProductListAPI"},"host":"zj-api-app01.azurewebsites.net","schemes":["http"],"paths":{"/products":{"get":{"tags":["Products"],"summary":"Gets the list of products","description":"This operation returns the list of products along with their current stock","operationId":"GetAllProducts","consumes":[],"produces":["application/json","text/json","application/xml","text/xml"],"responses":{"200":{"description":"OK","schema":{"type":"array","items":{"$ref":"#/definitions/Product"}}}}},"post":{"tags":["Products"],"summary":"Creates a new product","description":"This operation creates a new product along with it's current stock","operationId":"CreateProduct","consumes":["application/json","text/json","application/xml","text/xml","application/x-www-form-urlencoded"],"produces":["application/json","text/json","application/xml","text/xml"],"parameters":[{"name":"product","in":"body","description":"The new product","required":true,"schema":{"$ref":"#/definitions/Product"}}],"responses":{"200":{"description":"OK","schema":{"$ref":"#/definitions/Product"}},"201":{"description":"Created","schema":{"$ref":"#/definitions/Product"}}}},"delete":{"tags":["Products"],"summary":"Deletes all products","description":"This operation deletes all the products from the inventory","operationId":"DeleteAllProducts","consumes":[],"produces":["application/json","text/json","application/xml","text/xml"],"responses":{"200":{"description":"OK","schema":{"type":"boolean"}}}}},"/products/{id}":{"get":{"tags":["Products"],"summary":"Gets a specific product","description":"This operation returns the specific product based on the ID along with it's current stock","operationId":"GetProductById","consumes":[],"produces":["application/json","text/json","application/xml","text/xml"],"parameters":[{"name":"id","in":"path","description":"Identifier for the product","required":true,"type":"integer","format":"int32"}],"responses":{"200":{"description":"OK","schema":{"$ref":"#/definitions/Product"}},"404":{"description":"Product not found","schema":{"$ref":"#/definitions/Product"}}}},"delete":{"tags":["Products"],"summary":"Deletes a product","description":"This operation deletes the product from the inventory","operationId":"DeleteProductById","consumes":[],"produces":["application/json","text/json","application/xml","text/xml"],"parameters":[{"name":"id","in":"path","description":"Identifier of the product to be deleted","required":true,"type":"integer","format":"int32"}],"responses":{"200":{"description":"OK","schema":{"type":"boolean"}},"404":{"description":"Product not found","schema":{"type":"boolean"}}}}},"/products/{ProductId}":{"post":{"tags":["Products"],"summary":"Update a specific product","description":"This operation updates the specific product based on the ID along with it's current stock","operationId":"UpdateProduct","consumes":["application/json","text/json","application/xml","text/xml","application/x-www-form-urlencoded"],"produces":["application/json","text/json","application/xml","text/xml"],"parameters":[{"name":"ProductId","in":"path","description":"Product Id to update","required":true,"type":"integer","format":"int32"},{"name":"product","in":"body","description":"Product to update inluding ID","required":true,"schema":{"$ref":"#/definitions/Product"}}],"responses":{"200":{"description":"OK","schema":{"type":"boolean"}},"404":{"description":"Product not found","schema":{"type":"boolean"}}}}}},"definitions":{"Product":{"description":"Product","type":"object","properties":{"Id":{"format":"int32","description":"The ID of the product.","type":"integer"},"Name":{"description":"Product name.","type":"string"},"CurrentInventory":{"format":"int32","description":"Current Inventory","type":"integer"},"Unit":{"description":"The Product's unit.","type":"string"}}}}}

图 6-41 OpenAPI 的 JSON 描述

当 API 服务就绪后，利用自定义连接器来调用此服务获取信息相对简单。回到 Power Apps 首页，创建一个自定义连接器，创建可以通过 OpenAPI 文件完成，如图 6-42 所示。

导入完成后，进行各项测试，如图 6-43 所示。

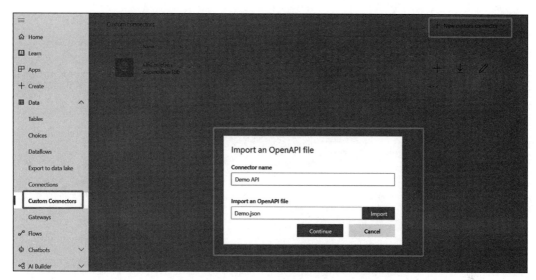

图 6-42　通过 OpenAPI 文件导入自定义连接器

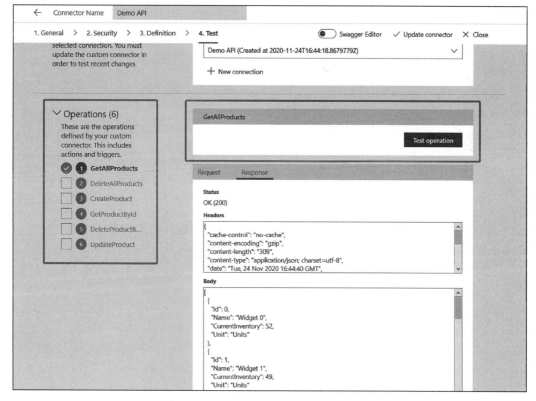

图 6-43　测试自定义连接器能否正常工作

跳转回应用的开发页面，将自定义连接器的 Connection 添加到数据源中并调用 GetAllProducts 服务，如图 6-44 所示。

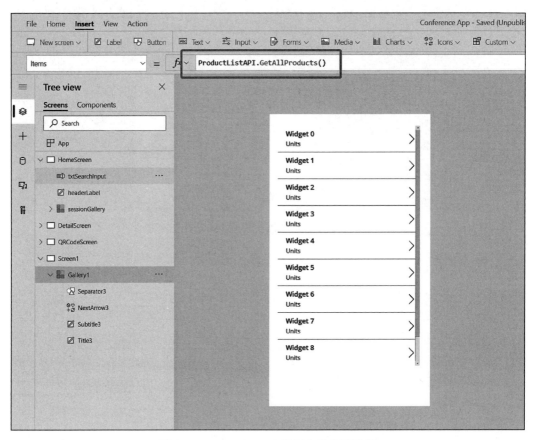

图 6-44　Power Apps 中使用自定义连接器

本节介绍了 Power Platform 中数据连接的手段，以及如何利用数据连接器打通数据间的壁垒、营造更好的业务操作环境，并通过示例带大家体验使用和创建数据连接器。

第 7 章 | *Chapter 7*

低代码应用开发

虽然低代码平台包含 4 种类型的低代码开发服务，但是很多用户在初次接触低代码开发技术时首先想到的就是应用的快速开发。因此，基于业务痛点快速开发出跨平台的应用、实现业务价值是每一个全民开发者的诉求。Power Platform 中的 Power Apps 主要用于完成应用快速开发的使命。

低代码平台最大的特点在于，它不是一个开发工具，而是一个快速实现业务需求的工具，因此才有了全民开发者的概念。全民开发者不一定熟悉编程语言，却是业务方面的专家，同时抱有积极解决问题的态度。在低代码平台的帮助下，加上开发人员的协助，全民开发者能够在短时间内完成以前开发人员需要数周甚至数月才能开发完成的应用，从门店巡检、现场勘察、信息登记等简单的日常工作，到与销售、财务、供应链相关的复杂系统应用，从而快速解决现实中存在的问题。

与前两章带大家实现的案例一样，这也是一个现实中很多公司会遇到的场景：内部会议。案例中的 Contoso 公司每年都会举办两三场全球性的技术峰会，其中涉及以下需求：使与会者能够快速通过手机查看会议日程，制订自己的日程安排，并跟随会场指引顺利签到；使管理人员能够快速完成安排会议内容及场地、邀请外部演讲嘉宾分享等一系列会务相关事项。本章就来讨论如何利用 Power Apps 实现上述需求。选择这个场景作为示例，出于两方面的考量：

❑ 足够通用，很多公司都会遇到类似情况；

❑ 业务场景并不复杂，但能够直观地显示成果。（这也是在初期规划及开展 Power Apps 项目时可以考虑采用的方式。）

一家公司在推广 Power Platform 时往往会经历三个阶段。

1）初期上手：选取简单但曝光度足够高的业务需求，并在短时间内利用 Power Apps 实现，以展示低代码平台的价值及 ROI。

2）逐步适配：在团队能力及平台价值得到认可后，开始规划实施关键业务系统，来助力企业解决在数字化转型过程中遇到的问题。

3）全面扩大：当低代码开发的应用全面铺开、需求不断涌现时，开始打造端到端的业务应用开发平台，完成企业在数字化转型过程中的应用现代化。

在每一个阶段，公司都需要处理好以下四方面的事情（以初期上手阶段为例）。

❑ **人员需要准备好**：组建一个能够相互配合、全情投入的团队。团队不需要特别庞大，团队背景要尽可能多样化。例如：如果组建一个两人团队，那么这两个人最好一个来自业务部门，熟悉公司的业务流程；另一个来自技术部门，拥有良好的技术背景。团队组建好之后，需要开展一系列相关的培训来帮助团队快速上手 Power Apps 平台。

❑ **适合的业务需求**：团队中的成员需要展开一场头脑风暴，选取一些日常工作中常见的重要问题或手动流程，如果能够开发一个应用或自动化流程来解决它们，则可以大大提高工作效率，节省时间。这类例子往往不会涉及特别复杂的业务逻辑，但与日常工作息息相关，非常容易展现低代码平台的价值。

❑ **平台工具**：该选择哪种工具进行开发。建议从简单开始，例如通过画布应用并借助数据连接器连接到 SharePoint 或 Excel 等非高级数据连接器上，来实现业务需求。

❑ **流程及规范**：快并不代表乱，合理的开发规范、发布流程以及后续的管理方法都是必要的。初期做得好，形成了规范，后续的大范围使用就会变得容易。

回到本章的示例，在明确了业务需求之后不能立即上手开发，我们还需要先对应用的实现做好设计规划。针对会务系统示例，需要回答几个问题来辅助规划。

问题一：需求用例是什么？

答：需要为参会人员提供跨平台的应用，使他们能够从手机端、电脑端浏览会务介绍与相关演讲安排，查看演讲嘉宾，添加感兴趣的演讲话题，制订行程，现场签到，现场及线上互动答疑，查看其他会务相关信息等（包括但不限于场地位置、现场人数上限、现场设备安排）；需要为会务组织者提供后台管理应用，对参会人数、演讲话题、演讲嘉宾、场地等进行管理；需要为外部演讲嘉宾提供会务注册、演讲话题注册等功能。

问题二：App 的使用场景及潜在的用户群体有哪些？

答：有 4 类人群，各自的使用场景如下。

❏ 参会人员，主要通过手机访问，全部为内部员工。

❏ 会务管理人员，主要通过电脑端访问，部分为内部员工，部分为会务伙伴。

❏ 内部讲师，主要通过电脑端访问并提交演讲话题。

❏ 外部讲师，主要通过电脑端访问并提交演讲话题。

问题三：数据有哪些，从哪里来？

答：本示例涉及以下几类数据。

❏ 演讲话题相关的数据和场地相关的数据。这两类数据是会议应用中经常会用到的，且不同角色看到的内容不同，可以考虑存储在 Microsoft Dataverse 中。

❏ 人员数据，这类数据来源于内部的组织结构，如 Azure 活动目录。

❏ 图片、视频、文档等文件数据，这类数据可以存储于云端（如 Azure Blob 中）。

明确了应用需要实现的功能、数据模型，并设计好了页面的样子后，就可以按照如下实验动手实践，从 0 到 1 构建会议相关的 App。本章将通过介绍应用创建、应用扩展和应用维护三部分内容及动手实验，帮助大家了解如何通过 Power Apps 完成业务需求的快速开发。整个动手实验涉及以下内容。

❏ 画布应用：供参会人员使用的应用。

❏ 模型驱动应用：会议后台管理系统。

❏ 门户网站：外部讲师提交会议话题的报名通道。

❏ 业务流程：用于帮助用户进行会议话题管理。

7.1　应用创建

在 Power Platform 平台中，Power Apps 主要用于应用的快速开发，尤其是跨平台应用的开发。开发的应用类型包括前端业务应用（画布应用）、后端管理应用（模型驱动应用）和内外沟通的门户网站（门户网站）。

开始本节实验以及后续其他实验的前提如下：

1）可用的 Power Apps 账号，须是标准全功能版本，非 Microsoft 365 或 Dynamics

365 中附带的账号（Seeded Plan）；

2）准备好针对示例应用开发运行的环境。

7.1.1 Power Apps 的 3 种应用类型

Power Apps 是快速开发业务需求的应用开发工具，属于 Power Platform 四大核心业务之一。Power Apps 能够整合应用和数据，从 Microsoft Dataverse 或其他数据源（如 SQL Server、SAP ERP、Dynamics 365、Microsoft 365 等）中获取业务数据，并根据需求，以组件化拖曳的方式快速完成应用的开发。

利用 Power Apps 开发的应用能够提供丰富的业务逻辑处理及工作流程自动化相关的能力，支持跨平台（浏览器、手机、平板电脑、PC 等）运行。

Power Apps 提供了一种可扩展的方式，即 Power Apps Component Framework，允许专业开发人员利用代码工具进行组件开发及 UX 设计，从而提升 Power Apps 的组件化能力，实现页面定制化的需求。图 7-1 展示了 Power Apps 的 3 种应用类型。

3种应用形式，满足不同应用场景

画布应用
连接到350多种数据源
UI界面完全自定义
低代码易操作，所见即所得
前端操作

模型驱动应用
完全切合业务逻辑
清晰展示流程进度
无代码操作
后台业务流

门户网站
外部用户（客户、合作伙伴）访问门户
简单易用的门户体验
自助注册或匿名访问
对外接口

图 7-1　Power Apps 的 3 种应用类型

1. 画布应用

画布应用允许用户按照自身需求，灵活设计页面布局及所需功能。用户可以轻松地从头开始创建画布应用，也可以从多种数据源（如 Microsoft Dataverse、SharePoint、

Excel、SQL Server 等）创建应用，还可以从提供的模板示例创建应用，并根据实际的需求进行相应的定制化设计及功能开发。

开发画布应用无须编写专业的代码，只需通过拖曳的方式将模块化组件或定制化组件添加到画布中，完成应用的设计；通过数据连接器集成业务数据；通过内置的函数、数据连接器中提供的函数调用或者自开发的运行于 Azure Functions、Azure App Service 中的 API 功能，实现业务数据的处理。在使用 Power Platform 进行低代码开发时，如果需要进行定制化设计（包括页面布局、组件 UI、主题等），那么画布应用是一个不错的选择。基于画布应用开发的应用可以通过手机、平板电脑、网页浏览器等访问。

2. 模型驱动应用

模型驱动应用具有较强的业务属性。基于 Microsoft Dataverse，设计并构建数据模型，创建业务数据类型及数据处理流程，并设计业务数据涉及的窗体、视图等组件，最终通过模块化组件完成业务流程的开发。

模型驱动应用以组件为中心，应用开发不需要编写代码，更多的是对业务流程的规划处理和组件的选择。模型驱动应用的页面整体布局类似，具体页面功能由用户添加到应用中的组件来构建，应用内置了丰富的组件来帮助用户实现业务功能，同时允许用户添加或自开发新的组件来满足特殊的需求。因此，如果不需要自定义设计，希望利用存储在 Microsoft Dataverse 中的数据进行业务开发，且更为关注业务数据处理及业务模型的创建，那么模型驱动应用更为合适。模型驱动应用中的所有组件皆可自适应手机、平板电脑及网页浏览器等。

3. 门户网站

门户网站主要帮助用户创建对外的网站。无论是画布应用还是模型驱动应用，更多的是企业内部的业务系统，虽然可以通过邀请的方式将外部用户设为来宾，允许其添加并分享应用，但这些应用仍然处于企业内部的域控管辖下。门户网站提供了一个内外交互的手段，允许用户开发网站，并支持组织内部、外部的用户通过多种账号方式进行登录、身份验证及权限管控，甚至部分常规信息可以允许匿名用户访问。

门户网站基于 Microsoft Dataverse 构建，所有的数据存储及访问控制都依赖于 Microsoft Dataverse 所提供的基于 RBAC 的安全管控方式来实现不同页面、不同数据的细粒度访问管理。门户网站的创建可以从空白站点开始，也可利用 Dynamics 365 中的多个模块服务，如 Dynamics 365 Sales、Dynamics 365 Customer Service、Dynamics 365

Field Service、Dynamics 365 Marketing 和 Dynamics 365 Project Service Automation 等进行创建。

Power Apps 首页是进行应用创建管理的统一入口，其具体功能如图 7-2 所示。

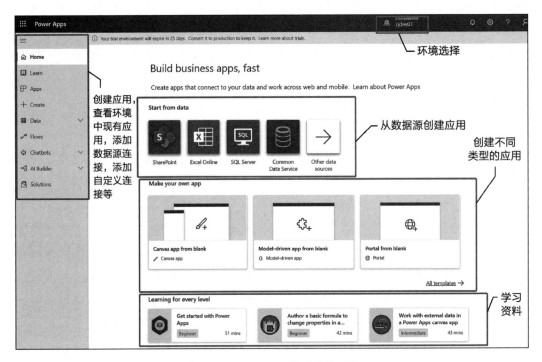

图 7-2　Power Apps 首页功能区域

图 7-2 展示了 Power Apps 首页提供的功能，具体如下。

1）不同应用类型的创建。

2）不同环境中现有应用的管理。

3）相关服务，即数据源连接、自定义连接、AI Builder、解决方案等资源的创建与管理。

这 3 种类型应用的开发工具皆是网页端开发工具，暂无客户端开发工具。Power Apps 为 3 种类型的应用分别提供了对应的开发工具支持。

Power Apps Studio 是用于开发画布应用的开发工具。在 Power Apps Studio 内，能够对页面进行 UI 设计及功能设计。Power Apps Studio 的具体功能与 PowerPoint 类似，如图 7-3 所示。

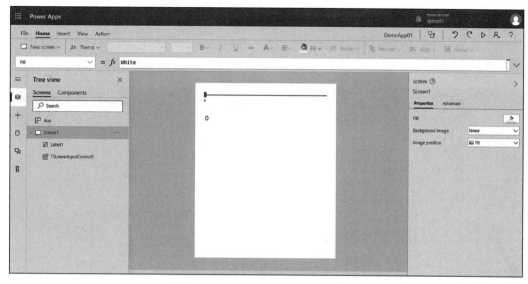

图 7-3　Power Apps Studio 页面功能

模型驱动应用的应用设计器用于模型驱动应用的页面布局、组件选择等设计，其具体功能如图 7-4 所示。

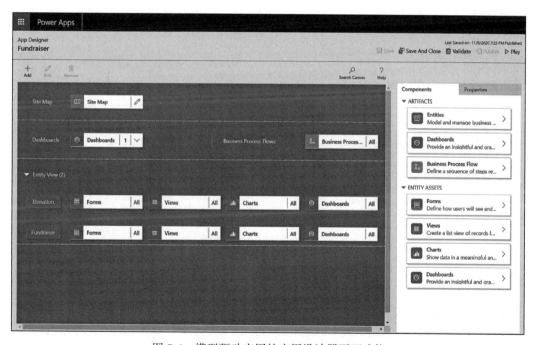

图 7-4　模型驱动应用的应用设计器页面功能

模型驱动应用除应用设计器之外，其数据模型、数据实体、数据关系及业务逻辑的设置皆通过 Power Apps 首页中 Microsoft Dataverse 的部分来完成。Microsoft Dataverse 的页面功能如图 7-5 所示。

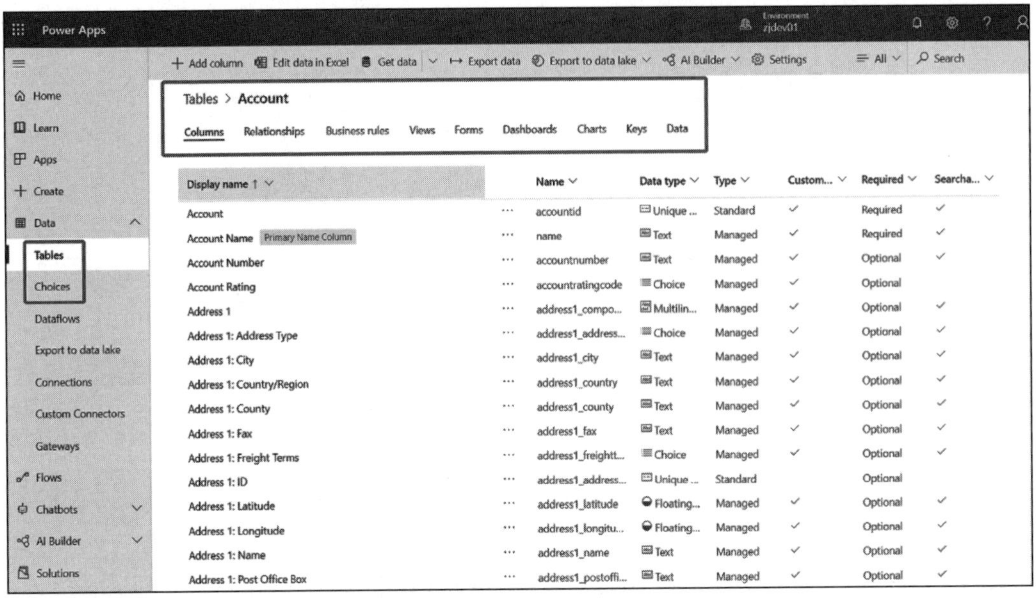

图 7-5　Microsoft Dataverse 的页面功能

Power Apps Portal Studio 用于门户网站的页面设置、组件添加、窗体及列表等数据的添加。Power Apps Portal Studio 是一种所见即所得的工具，开发时候设计成的样子就是终端用户看到的样子。Power Apps Portal Studio 的页面功能如图 7-6 所示。

图 7-6　Power Apps Portal Studio 页面功能

Power Apps Portal Studio 主要用于门户网站前端页面开发。在创建门户网站时，系统会同时创建一个模型驱动应用 Portal Management，用于网站后台的管理。Portal Management 所提供的功能如图 7-7 所示。

图 7-7　Portal Management 页面功能

7.1.2　Power Platform 环境的创建及相关资源的准备

整个实验将按照环境准备、数据准备、应用开发、附加功能实现等环节进行。为了帮助大家了解整个实验过程，请参照图 7-8 所示，了解应用开发实验将会涉及的环节。

图 7-8　实验应用开发整体流程

开始应用创建之前，首先需要为此次实验创建独立的环境。登录 Power Platform admin center（https://admin.powerapps.com），点击 New 按钮，创建一个类型为 Trial（试用）、名为 lowcodeDev 的环境。创建环境输入的具体信息如图 7-9 所示。

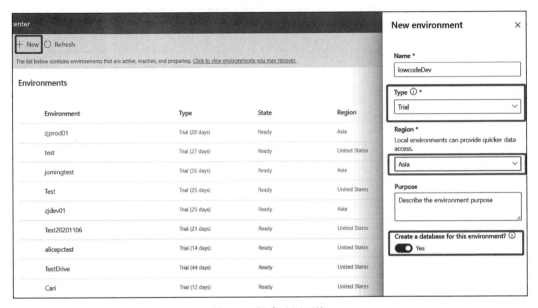

图 7-9　创建试用环境

需要注意的是，创建环境的同时，需要开启创建数据库的按钮并部署示例数据，系统会自动创建一个 Microsoft Dataverse 示例并添加示例数据。此部分为后续实验所必需。

创建完成后，新的试用环境将会显示在环境列表中，如图 7-10 所示。

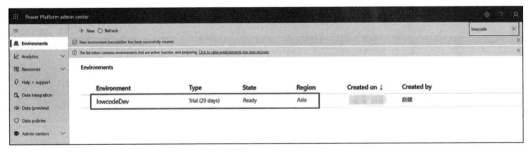

图 7-10　已创建环境列表显示

创建完环境后，针对本章实验内容，导入实验所需的基础资源包。本次实验为会议管理系统，涉及前后台的管理及对外的网站。

接下来，请下载资料包，资料包中包含一个名为 ContosoConference_1_0_0_1.zip 的压缩文件。下载地址为 https://github.com/ericzhao0821/lcadbook/blob/main/ContosoConference_1_0_0_1.zip。

登录到 Power Apps 首页，请先确保目前页面所处环境为上面创建的实验环境 lowcodeDev，如果不是，请点击图 7-11 右上角的环境列表，选取正确的环境以进行后续的开发。

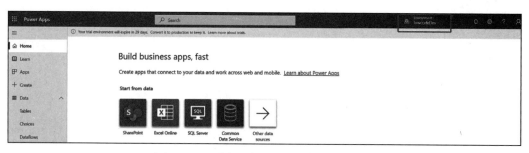

图 7-11　目前所处的 Power Apps 开发环境

点击页面左侧的 Solutions 选项卡，导航到解决方案的主页面，点击功能栏中的 Import 选项卡，选择并导入下载好的 ContosoConference_1_0_0_1.zip，解决方案页面操作如图 7-12 所示。

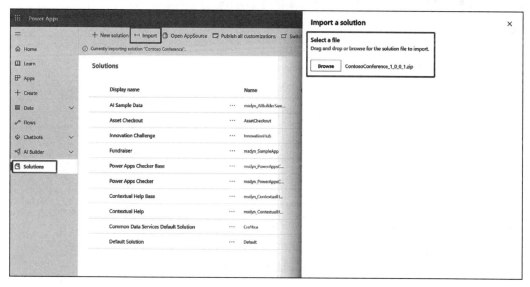

图 7-12　解决方案页面

导入成功后，在解决方案列表中将会找到名为 Contoso Conference 的解决方案。点击进入解决方案，能够看到解决方案中所包含的信息，如图 7-13 所示。

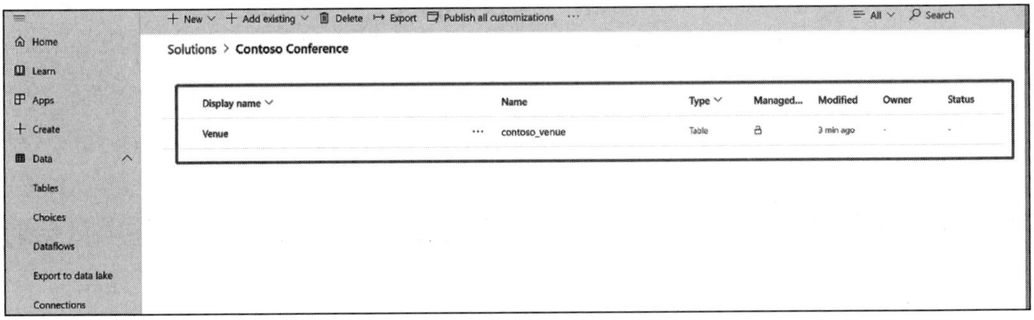

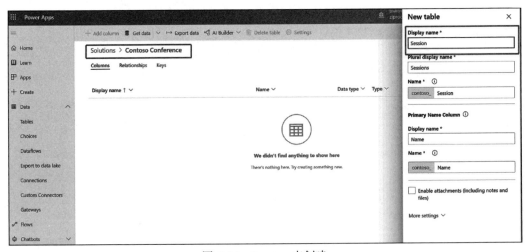

图 7-13 解决方案所包含的组件信息

此解决方案中包含了一个已创建的表 Venue。

最后，创建实验所需的数据模型。此会议管理系统实验中包含的主要表为 Session（会议演讲主题）、Users（会议参与人员）及 Venue（会议地点）。

点击进入解决方案 Contoso Conference，点击 New 按钮，选择 Table 选项卡，添加名为 Session 的表。需要注意的是，Power Apps 首页对实体的名称进行了更新，将实体更新为表，将字段更新为列，将选项集更新为可选项。表信息如图 7-14 所示。

图 7-14 Session 表创建

创建 Session 表后，点击进入，开始创建列。点击 Add column 按钮，添加名为 Track 的列，即会议中常常涉及的会议主题或分会场。列基础信息如图 7-15 所示。

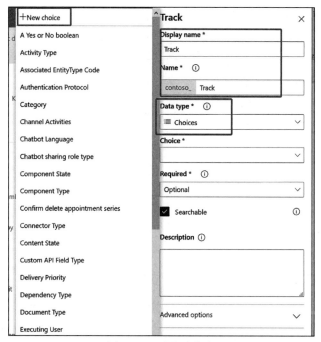

图 7-15　列基础信息

　　此列的数据类型为 Choices，这是一个包含多个选项的数据类型，可以用此数据类型代表会议的几大主题。点击 New choice 按钮，创建一个新的可选项，如图 7-16 所示。

　　选择所创建的可选项，并将此列标记为必填项，完成列 Track 的创建。必填项的选择如图 7-17 所示。

图 7-16　可选项的基本信息　　　　图 7-17　必填项的选择设定

按照上述方式，依次创建表 7-1 中给出的列。

表 7-1 实验中需要创建的列

名称	数据类型	是否为必填	额外信息
Description	Text	否	最大长度：1000
Venue	Lookup	否	关联 Venue 表
Speaker	Lookup	否	关联 User 表
Start Time	Data and Time	否	
End Time	Data and Time	否	
External Speaker	Text	否	
Capacity	Whole Number	否	
A/V Requirements	Text	否	最大长度：1000
Room Setup	Text	否	最大长度：1000
Session Status	Choice	否	选项：Waiting Approval、Approved、Rejected、Published

在创建列的过程中，我们能够看到，列的类型比传统数据库丰富很多，既包含了字符串、数字等格式，又包含了图片、文件、多选等格式，这有助于在后续应用开发时更快地针对不同格式实现业务逻辑。创建完成后，点击 Save Table 按钮。保存表后，我们在列的显示中就可以看到已经添加的自定义列信息，如图 7-18 所示。

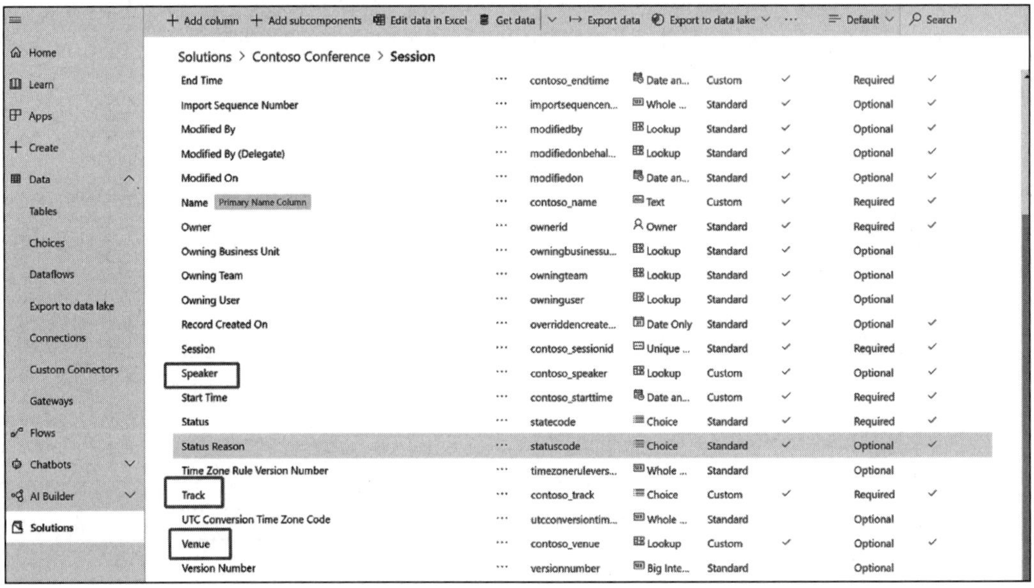

图 7-18　自定义列信息

接下来，我们创建一个新视图。视图的作用在于定制显示的内容，在页面中显示哪些内容，显示哪些列，都是通过视图来设定的。在 Session 表中，点击 Views 选项卡，跳转到视图页面后，点击 Add view 按钮，添加一个新视图，命名为 Published Sessions，里面展示所有 Session Status 为 Published 的 Session 表记录，并且显示 Session 名称、Speaker、External Speaker 及 Track 等列信息。添加 Filter 的操作如图 7-19 所示。

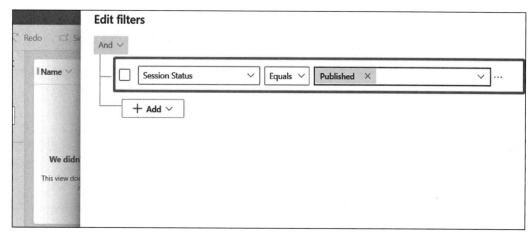

图 7-19　添加 Session Status 作为筛选依据

创建完成后，此视图显示的信息如图 7-20 所示。

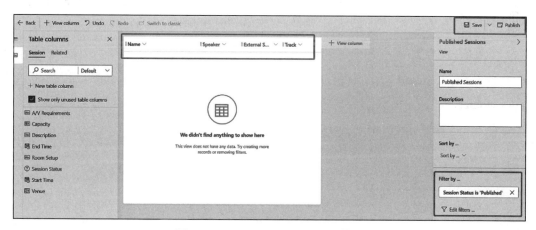

图 7-20　Published Session 视图信息

最后，依次点击 Save 和 Publish 按钮，完成视图的创建。

最后一个步骤，为新创建的表 Session 创建一个主窗体。窗体主要用于在表的增删改查过程中显示表信息。例如，创建 Session 时，可以通过编辑窗体设置在页面中显示哪些需要用户填写的列。窗体包括 4 种类型：快速浏览窗体、快速创建窗体、卡片和主窗体。在一个页面中，对于记录的创建、编辑、展示等将主要用到主窗体。

　　点击 Session 表下的窗体，选择 Information-Main 选项，进入窗体的编辑页面，添加 Description、Session Status、Track、Start Time、End Time、Speaker、External Speaker、Venue、Capacity、Room Setup 等列信息。编辑好的新窗体如图 7-21 所示。

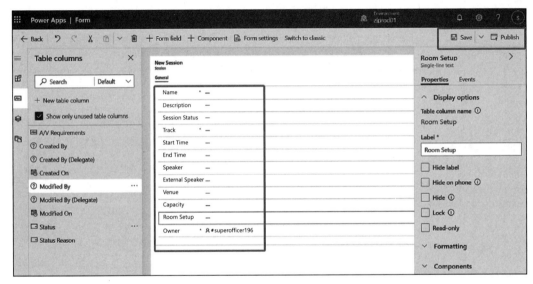

图 7-21　编辑完成的 Session 主窗体

　　完成编辑后，依次点击 Save 和 Publish 按钮，结束窗体的编辑。到目前为止，所有实验前期的准备工作已经结束，最后，发布所有创建的新资源。回到表 Session，点击 Publish all customizations 按钮，现在解决方案 Contoso Conference 中包含的资源如图 7-22 所示。

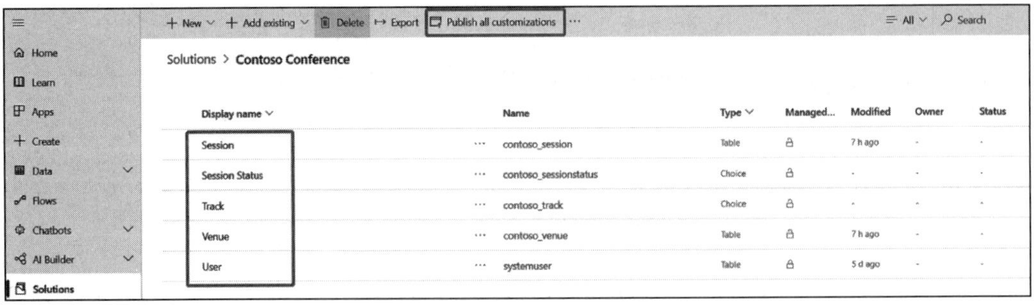

图 7-22　解决方案 Contoso Conference 中包含的资源

7.1.3　创建你的第一个模型驱动应用

本节将带大家创建第一个模型驱动应用。实验中将要创建的模型驱动应用作为会议管理应用，对会议的演讲话题、参与人员、会场信息进行管理。

仔细观察会发现，上一节的资源创建、本节的资源创建以及后续的资源创建都是在解决方案中完成的，这是因为，解决方案是针对应用进行生命周期管理的资源，将所有开发好的资源添加到解决方案中，可以将解决方案导出并部署到其他环境中，以实现应用的部署管理。

登录到 Power Apps 首页 https://make.powerapps.com，点击进入解决方案 Contoso Conference，点击 New 按钮，依次选择 App → Model-driven App，创建名为 Conference Admin App 的模型驱动应用。创建完成后，将在模型驱动应用的应用设计器中完成后续的应用创建。

模型驱动应用的创建包含两大部分。

1）数据模型的设计：在 Microsoft Dataverse 中，完成业务应用所需的表、列、表关系、视图、窗体、业务规则等资源的创建。

2）应用的设计：在应用设计器中，完成站点地图、仪表盘、表视图、业务流程等相关组件的创建和添加。

编辑站点地图，确定模型驱动应用显示的页面内容。添加一个区域，代表后续页面所属的功能范畴，区域信息如图 7-23 所示。

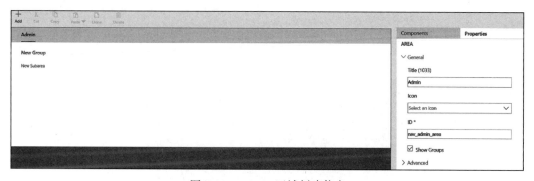

图 7-23　Admin 区域创建信息

添加一个组，组信息如图 7-24 所示。

添加一个子区域，子区域将关联需要展示的表。选择 Session 表，如图 7-25 所示。

完成后，依次点击 Save 和 Publish 按钮，结束站点地图部分的编辑。这样，一个基本的模型驱动应用就设计完成了。模型驱动应用所包含的资源如图 7-26 所示。

图 7-24　Conference 组创建信息

图 7-25　Session Subarea 创建信息

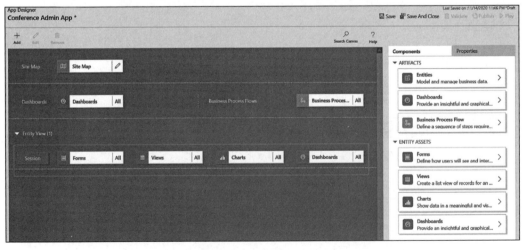

图 7-26　模型驱动应用 Conference Admin App 包含的组件

回到解决方案页面，点击运行新创建的模型驱动应用 Conference Admin App，如图 7-27 所示。

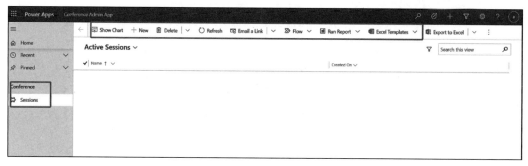

图 7-27　Conference Admin App 基本功能

接下来，点击 New 按钮，添加 3 ～ 5 条测试记录。记录信息可任意选择，Venue（地点）可参照微软各地办公地点（网址 https://www.microsoft.com/en-us/about/officelocator/all-offices）。输入完成后，得到的会议 Sessions 清单如图 7-28 所示。

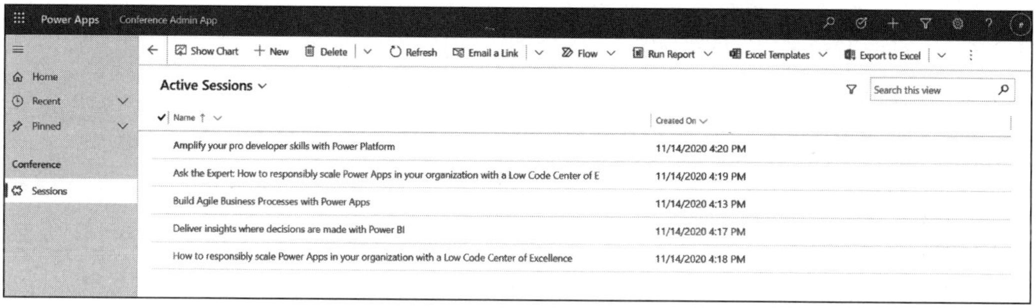

图 7-28　会议 Sessions 清单

至此，一个快速的模型驱动应用就制作完成了。

7.1.4　创建你的第一个画布应用

登录 Power Apps 首页，进入解决方案 Contoso Conference，点击 New 按钮，依次选择 App → Canvas app 选项，选择 Phone 选项进行创建。创建页面会跳转到 Power Apps Studio，点击 File 选项卡，对此应用的基本信息进行编辑和保存。此应用名为 Conference App，主要作用是帮助参会人员了解会议安排及会场信息。画布应用设置管理如图 7-29 所示。

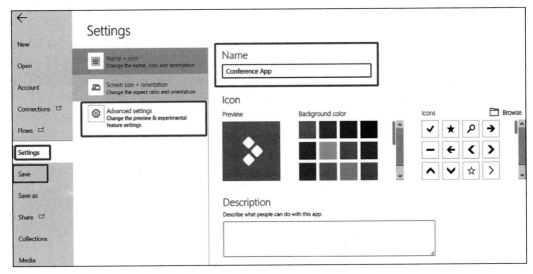

图 7-29　画布应用设置管理

保存后，回到 Power Apps Studio，开启画布应用的开发。

画布应用的开发大体上包含三个部分：

1）屏幕的设计及组件的添加；

2）数据源的连接；

3）函数的调用。

首先，我们需要下载预先做好的地图组件，并将其导入开发环境中。组件下载地址为 https://github.com/ericzhao0821/lcadbook/blob/main/Conference%20App.msapp。点击 Components 选项卡，点击"…"按钮，选择 Import components 选项，选择名为 Conference App.msapp 的文件并上传，如图 7-30 所示。

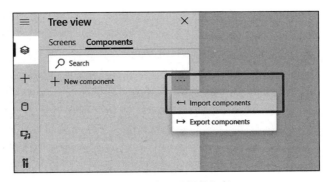

图 7-30　导入预制的组件

接下来，开发主屏幕页面，将系统默认的屏幕 1 更改为 HomeScreen。养成一个良好的命名习惯是非常重要的，如果命名不清晰，在画布应用中达到数十个页面、上百个组件后，应用开发将会寸步难行。

点击 Insert 选项卡，添加一个 Label 组件作为屏幕的标题栏，将组件名称更改为 headerLabel，并将标题栏文字设置为 Sessions，调整其位置及背景颜色，如图 7-31 所示。

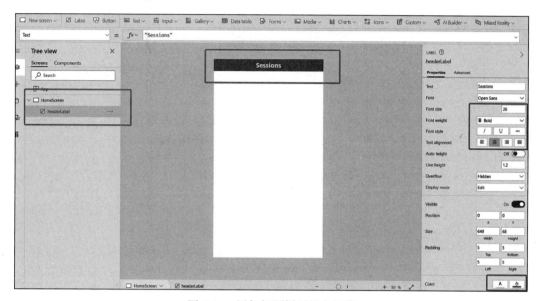

图 7-31　添加标题栏后的主屏幕

点击 Insert 选项卡，插入 Text Input，命名为 txtSearchInput，作为搜索框，调整其页面布局，如图 7-32 所示。

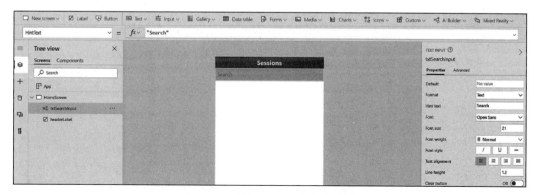

图 7-32　添加搜索框后的主屏幕

其中，屏幕中搜索框中显示的 Search 文字是通过将搜索框属性 HintText 设置为 Search 来完成的。

点击数据源，将表 Session 加入此画布应用，如图 7-33 所示。

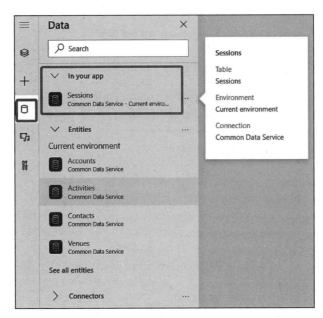

图 7-33　为画布应用添加 Microsoft Dataverse 表

点击 Insert 选项卡，添加 Gallery，并将其命名为 sessionGallery，将此 Gallery 所使用的数据设置为 Session 表，调整 Gallery 中显示数据的信息，调整 Gallery 的布局，如图 7-34 所示。

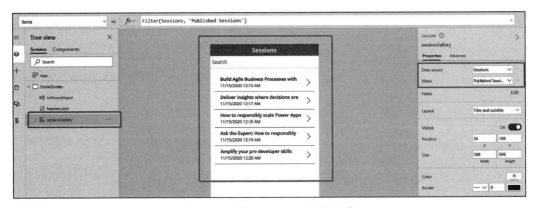

图 7-34　添加 Gallery 后的主屏幕

调用函数 Search() 和 Filter()，根据搜索框中输入的关键字来匹配对应的结果，并将结果列表赋值给 sessionGallery，显示在 HomeScreen 中，具体函数如下。

```
Search(Filter(Sessions, 'Sessions (Views)'.'Published Sessions'),
    txtSearchInput.Text,"contoso_description","contoso_name")
```

调用函数并修改属性，如图 7-35 所示。

图 7-35　将 sessionGallery Items 属性替换成函数调用

修改 Subtitle 中所显示的信息，查看当前页面，展开左侧 sessionGallery 组件列表。Subtitle 中显示的信息为此 Session 记录的创建时间，现希望修改为 Session 的开始时间和结束时间，并标记 Session 所在的会议室。可通过如下函数完成此修改。

```
Text(ThisItem.'Start Time', ShortTime) & "-" & Text(ThisItem.'End Time',
    ShortTime) & " @ " & ThisItem.Venue.Room
```

修改后，效果如图 7-36 所示。

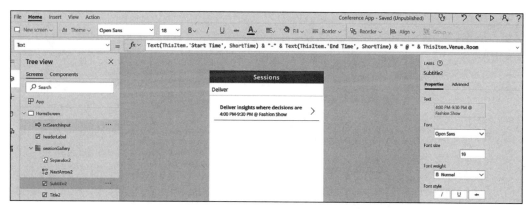

图 7-36　Session 信息中 Subtitle 修改后显示的内容

在导航栏的右上角有一个播放按钮（见图 7-37），用户可以在开发过程中随时点击此按钮运行应用以查看效果。

图 7-37 播放按钮可帮助用户快速查看应用效果

最后一个步骤，针对不同的 Track 添加色彩区域并进行显示，使整个页面的设计更加美观。选择 sessionGallery 选项卡，点击页面中的编辑图标，向其中插入 Icon-Rectangle，并调整 Icon 的大小和位置，将 Icon 的名字改为 colorRectangle，如图 7-38 所示。

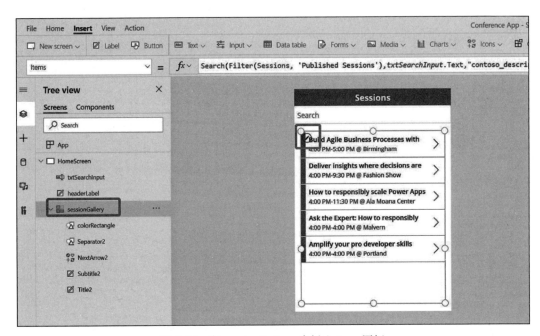

图 7-38 向 sessionGallery 中插入 Icon 图标

修改 Icon 的 Fill 属性，根据不同的 Track 显示不同的 RGB 颜色，具体函数如下。

```
Switch(Text(First(ThisItem.Track).Value),"Power Apps",RGBA(109, 49, 162, 1),
    "Power Automate",RGBA(0,112,224,1),"Microsoft Dataverse",
    RGBA(116,39,116,1),"Power BI",RGBA(242,200,17,1))
```

修改完的效果如图 7-39 所示。

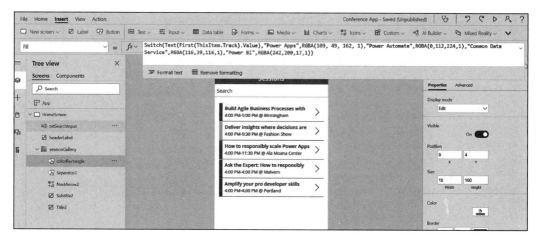

图 7-39　修改 Icon 色彩后的页面效果

　　点击 File 选项卡，保存目前为止所做的修改。

　　接下来，添加 Session 详细信息页面。在首页中，我们其实看到每一个 Session 的右边有一个跳转箭头，这将带我们进入每一个 Session 的详细信息页面，也是我们接下来要添加的页面。

　　跳转回到 Power Apps Studio，点击 New screen 选项，添加一个新的空白屏幕，并将名字改为 DetailScreen，然后按前面提到的方法添加标题栏，标题栏显示内容为 Session Detail。

　　回到 HomeScreen 页面，选中 Session 列表中的右箭头，更改此图标的 OnSelect 属性，调用函数 Navigate（DetailScreen），如图 7-40 所示。

　　回到 DetailScreen，点击 Insert 选项卡，选择 Icon 中的左箭头作为返回键，添加到标题栏，调整位置大小，并将此 Icon 命名为 backIcon。创建好的页面如图 7-41 所示。

　　修改 backIcon 的 OnSelect 属性，调用函数 Back()。在画布应用中，应用页面的跳转是通过函数 Navigate($ScreenName) 来实现的。跳转过来的页面包含了上下文信息，如果需要返回，直接调用函数 Back() 即可。

　　点击 Insert 选项卡，插入两个 Label 组件，分别作为 Session 名称与 Session 描述，命名为 sessionLabel 和 descriptionLabel，且将 sessionLabel 的 Text 属性改为 sessionGallery.Selected.Name，将 descriptionLabel 的 Text 属性改为 sessionGallery.Selected.Description，并调整相应的布局。

　　点击 Insert 选项卡，插入两个 Label 组件，分别作为 Session 的演讲者及其姓名，命名为 txtSpeakerLabel 和 speakerNameLabel，将 txtSpeakerLabel 的 Text 属性改为 Speaker，将 speakerNameLabel 的 Text 属性改为 sessionGallery.Selected.Speaker.'Full Name'。

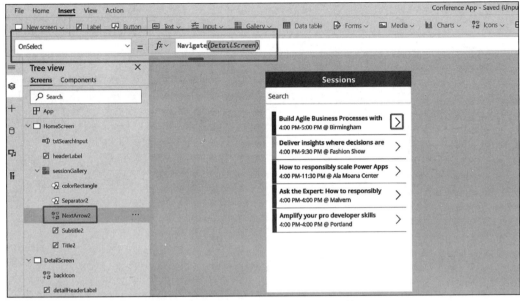

图 7-40 设置跳转页面至 Session 详细信息页

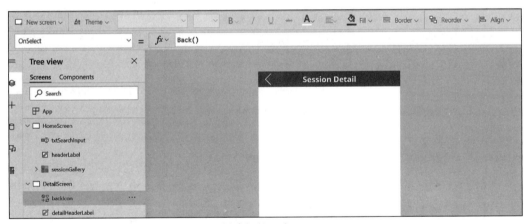

图 7-41 创建好的空白 DetailScreen

点击 Insert 选项卡，添加地图组件，地图组件已经预先导入，点击添加即可。添加完成后，将地图组件的属性 Address 改为 sessionGallery.Selected.Venue.Address，调整后的页面如图 7-42 所示。

最后，点击 File 选项卡，对开发好的应用进行保存并发布。这样，第一个版本的画布应用——会议应用就做好了。做好之后，目前只有当前一个用户可以使用，为了让更多的用户来使用，可以点击 Share 按钮分享给组织内的其他用户，如图 7-43 所示。

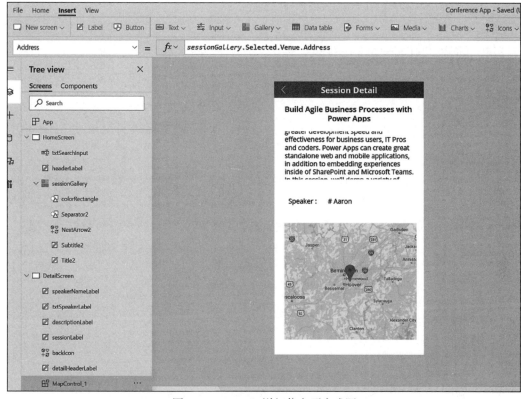

图 7-42   Session 详细信息页完成图

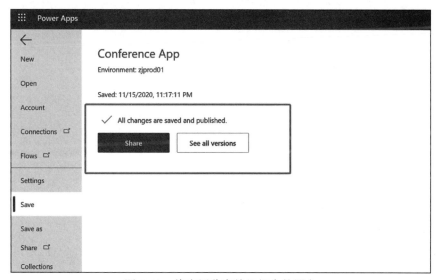

图 7-43   将应用分享给组织内的用户

至此，第一个画布应用已经制作完成。

7.1.5　创建你的第一个门户网站

本节实验主要带大家了解门户网站的创建。在设计数据模型的时候，我们看到会议日程中既有内部演讲者，也有外部演讲者，为了更好地收集外部用户的信息，更好地与外部用户互动，门户网站是必不可少的。在很多日常场景中会有与外部用户、外部供应商，甚至匿名用户进行交流的需求。

登录 Power Apps 首页 https://make.powerapps.com，点击 Create 选项卡，选择 Portal from blank，创建名为 External Speaker Portal 的门户网站。不同于其他两种类型的应用，由于一个环境下最多只能有一个门户网站，所以门户网站没有办法添加到解决方案中，需要单独创建。创建门户网站需要一些时间，创建好后能够看到系统中创建了两个 App，如图 7-44 所示。

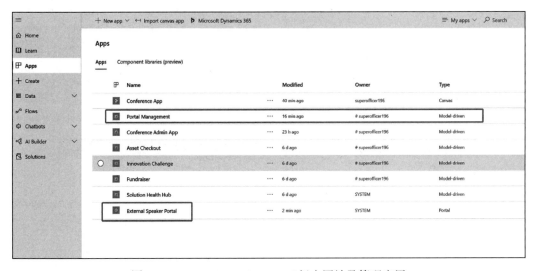

图 7-44　External Speaker Portal 门户网站及管理应用

创建完成后，会出现两个应用，一个为门户网站，一个为其对应的后台管理应用。页面的布局、模板、权限管理等皆通过管理应用完成。

点击进入 Power Apps Portal Editor，这是一个所见即所得的页面编辑工具，左侧主要用于添加组件，中间是页面的布局及内容的设计，右侧用于显示相应的属性并可进行调整。

点击 New page 按钮，选择 Page with title，添加一个新页面，用于展示当前的 Session，如图 7-45 所示。

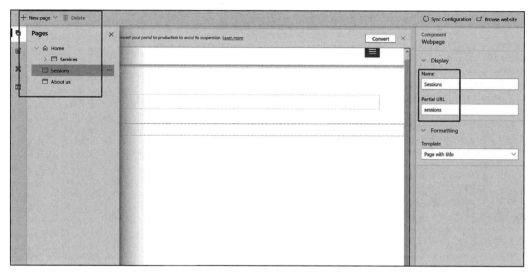

图 7-45　添加 Session 列表页

添加一个 One column section，在其中添加 List，并在右侧属性信息中关联表 Session，如图 7-46 所示。

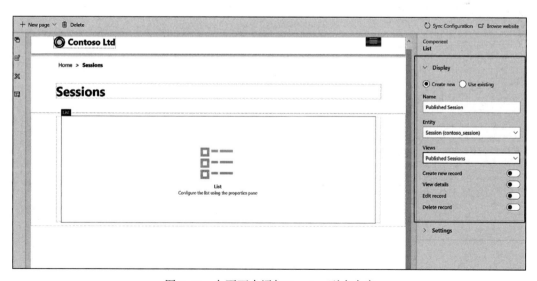

图 7-46　向页面中添加 Session 列表内容

接下来，添加一个子页面，用于提交新的 Session 信息，如图 7-47 所示。

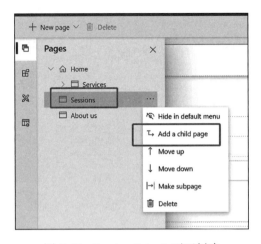

图 7-47 Session Submit 页面创建

由于没有合适的窗体可用于外部讲师创建 Session，因此回到 Contoso Conference 解决方案，创建一个针对外部讲师（External Speaker）提交 Session 的主窗体，如图 7-48 所示。

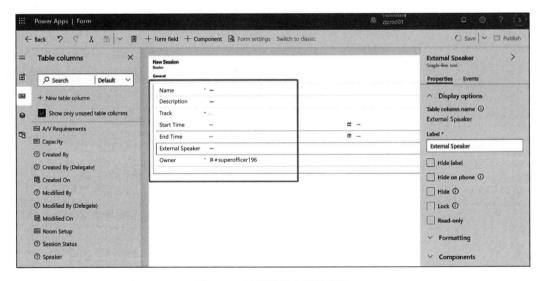

图 7-48 外部讲师主窗体信息

点击 Save 按钮后，回到 Portal Editor 页面。进入 New Session Submission 页面，添加 One column section 并添加窗体组件，如图 7-49 所示。

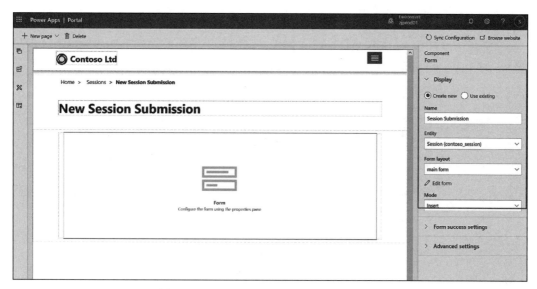

图 7-49   New Session Submission 页面创建

回到 Session 页面，点击 List，将 Create new record 选项设为 Enable，这样，在 Session List 的右上角将会出现 Create 按钮，允许用户创建 Session，如图 7-50 所示。

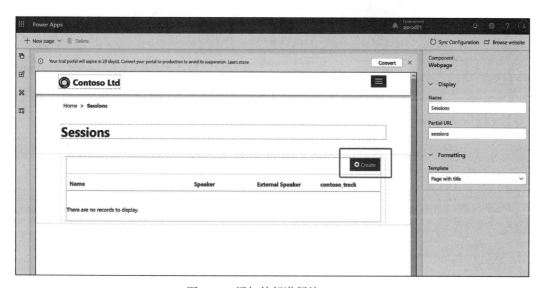

图 7-50   添加外部讲师的 Session

现在，我们可以运行门户网站，添加一些外部 Session，进行一些测试。在测试过程中，其实我们会看到一个问题，无论用户是否登录都可以查看 Session、添加 Session。但现实中，只有登录的用户，即受邀请的讲师才能够登录门户网站、查看 Session、添加 Session。

在门户管理中，存在两种数据访问方式，它们基于不同的角色，一种是控制对于网页的访问，另一种是控制对于网页中显示的 Microsoft Dataverse 表的访问。

对于网页访问的控制如图 7-51 所示。

图 7-51　网页访问控制逻辑

对于 Microsoft Dataverse 表的控制如图 7-52 所示。

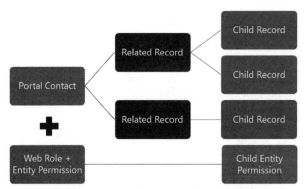

图 7-52　Microsoft Dataverse 表访问控制逻辑

接下来，我们来实践一下如何实现只有登录用户才可以看到 Session 的信息。登录 Power Apps 首页，打开门户网站管理程序模型驱动应用，点击 Web Roles 选项卡，添加一个新的 Web Role，名为 Logined User，如图 7-53 所示。

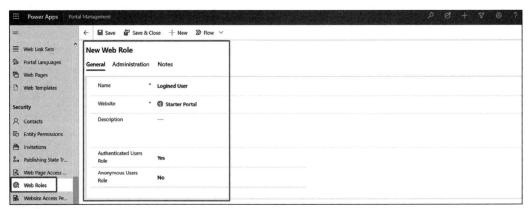

图 7-53　创建 Logined User Web Role

其中，有一个需要注意的地方是 Authenticated Users Role，将其标记为 Yes，即所有登录的用户都将默认自动获得这个 Role。

添加一个新的 Web Page Access Control Rule，并命名为 Session Access with Logined User，如图 7-54 所示。

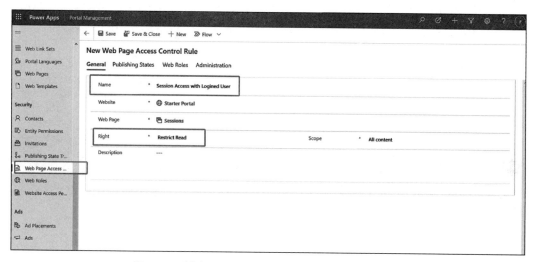

图 7-54　创建 Session Access with Logined User Rule

Web Page Access Control Rule 创建的作用在于将 Web Role 相对应的页面与访问权限进行绑定。其中，在 Right 一栏有两个选项，即 Grant Change 和 Restrict Read。尽量选择 Restrict Read，如果选择 Grant Change，在访问页面时会出现一些可编辑的按钮。

创建完成后，将 Logined User 的 Role 添加进这条规则，如图 7-55 所示。

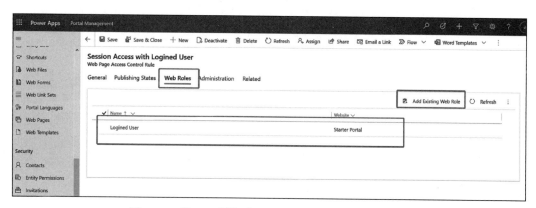

图 7-55　将 Role 添加进 Web Page Access Control Rule

当一切设置完成之后，再次访问页面时会发现，当匿名用户访问时，并不会显示 Session 页面，如图 7-56 所示。

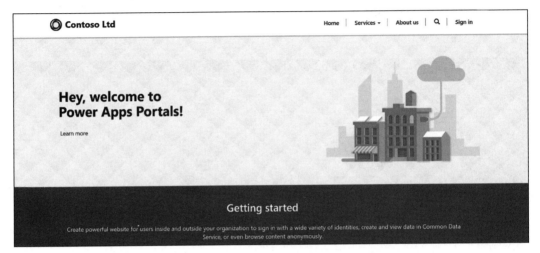

图 7-56　匿名用户访问门户

点击 Sign in 选项卡并登录后，Session 页面的信息才会被访问到，如图 7-57 所示。

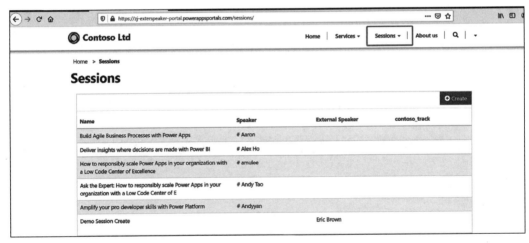

图 7-57　登录用户访问门户

本节带大家一步步完成了最基础的 3 个类型的应用创建，即画布应用、模型驱动应用及门户网站。在创建应用的过程中，我们体验了不同应用所使用的不同开发工具，这也是上手 Power Apps 开发的第一步。

7.2　应用扩展

利用 Power Apps 来上手应用的开发很容易，但真正应用到实际业务需求中，场景的处理就会变得复杂。虽然 Power Apps 提供了多种组件化模块，能帮助用户快速实现业务需求，但其功能毕竟有限。Power Apps 的另一个特点在于，它能与多方服务、Azure 服务、Power Automate、AI 能力等整合，这些扩展了它的能力。本节将通过介绍一些扩展功能，带大家了解 Power Apps 能力扩展的方式。

7.2.1　为画布应用添加翻译功能

了解 Azure 公有云的人都知道，在 Azure 上有一类服务叫认知服务（Cognitive Service）。Azure 认知服务提供了一组已训练好的通用 AI 模型，包括人脸识别、机器视觉、语音语义翻译等，用户只需调用 API 或 SDK，就可以使用这些服务来实现 AI 功能。大部分模型的训练及精准度的提升由 Azure 平台提供，部分服务提供简单的页面，帮助用户定制模型。以下面要介绍的 Azure Translator 认知服务为例，官网介绍如图 7-58 所示。

图 7-58　Azure Translator 介绍

在 Power Apps 中，可以通过数据连接器来连接并使用 Azure 认知服务，如图 7-59 所示。接下来，我们将为上一节创建的画布应用 Conference App 添加 Azure Translator 功能，在 Session 详细信息页，针对描述添加翻译按钮，将英文描述转换成中文。

图 7-59 常用的 Azure 认知服务

首先，登录 Azure Portal（https://portal.azure.com），创建一个 Azure Translator 服务，如图 7-60 所示。后续添加 Power Apps Translator 数据连接器时，将用到 Azure Translator 服务的 API Key 连接信息。

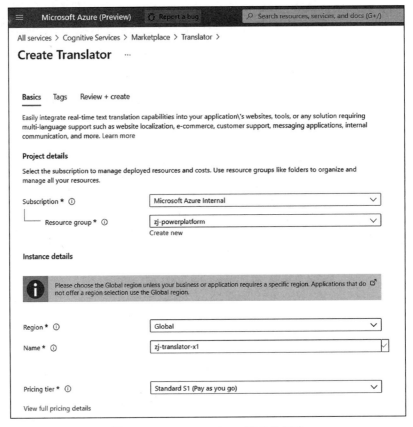

图 7-60 Azure Translator 服务的创建

创建成功后，跳转到创建好的 Azure Translator 服务，找到其对应 API Key 的信息备用，如图 7-61 所示。

回到 Power Apps 首页，展开 Data 选项卡，点击 Connections 子选项卡，点击 New connection 按钮，搜索 Translator，找到并添加一个名为 Microsoft Translator V2（preview）

的 Connection，如图 7-62 所示。

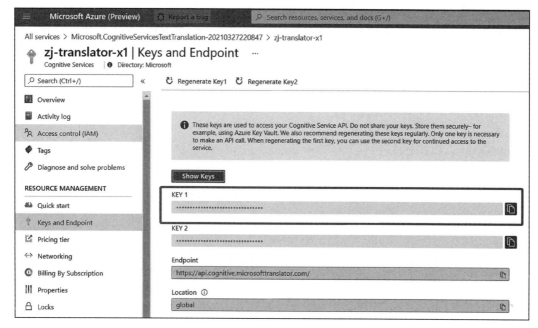

图 7-61　获取 API Key 信息

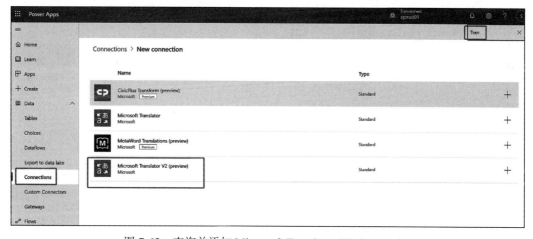

图 7-62　查询并添加 Microsoft Translator V2 Connection

　　添加过程中需要输入 Azure Translator 的 API Key 信息。针对 Power Apps 中的 Azure 认知服务的连接器，主要实现的功能是对 Azure 认知服务 API 的封装，方便全民开发者调用，实际的服务由 Azure 上的认知服务提供。

添加完成后，选中 Conference App，点击编辑按钮，页面会跳转到 Power Apps Studio，进入 DetailScreen。

选择左侧的 Data 子选项卡，将创建好的 Translator Connection 添加到应用中，如图 7-63 所示。

点击 DetailScreen，将其属性 OnVisible 设置为 Set(descriptionTxt, sessionGallery.Selected.Description)。

点击 Insert 选项卡，向页面中添加一个 Button，命名为 translateButton，并调整合适的布局。将按钮 OnSelect 的属性设置为 Set(descriptionTxt, MicrosoftTranslatorV2.Translate("zh-Hans", descriptionLabel))。

然后测试更改，点击 Translator 按钮，Description 所显示的 Text 将会变成中文，如图 7-64 所示。

图 7-63　添加已创建好的 Translator Connection

图 7-64　展示翻译后的效果

通过这种方式，就可以快速将 AI 功能添加到 Power Apps 中。当然，Power Platform 自身提供的 AI Builder 里包含多种 AI 功能，如物体识别、表单识别、名片识别、预测等，这些会在后续章节中涉及。

7.2.2　更好地利用 Power Apps 中的公式

在 Power Apps 中，公式的使用是一个非常常见的话题。前面开发应用的过程中涉及了很多属性的更改，其中大部分是通过调用公式来完成所需要的数据处理或功能。公式一方面可以对数据进行处理，另一方面可以满足用户的输入需求。当我们选中 Power Apps 屏幕中的控件时，主要会涉及以下 6 个位置，如图 7-65 所示。

图 7-65　屏幕空间的主要操作区域

位置 1：树状视图，针对各个屏幕上的控件进行树状组织的层级列表，选中的控件在树状列表中有阴影背景，在屏幕上则是有圈点线围绕。

位置 2：控件层级及名称，这里显示的是当前控件的层级路径，聚焦于控件自身的层级位置。

位置 3：控件属性下拉列表，Power Apps 的每一个控件都包含很多属性。

位置 4：属性的公式表达，可以是常量，也可以是调用公式获取的数据，用于动态化更改组件的相关属性，例如颜色、背景文字、当前显示信息、跳转链接等。

位置 5：控件的属性面板，可调整控件的基本属性，例如显示数据、字体大小、控件位置等信息。

位置 6：控件的高级属性面板，可调整控件的高级属性，调整控件通过属性支持的动态变化及函数调用。以按钮组件为例，可以设置按钮点击调用的函数、按钮的 UI 更改等。

每个控件都包含自己的属性，常用的属性如下。

❑ 核心属性：Default、Value、Text、Items、Reset。

❑ 行为属性：OnSelect、OnChange。

❑ 颜色边框：Color、Fill、BorderColor、BorderStyle、BorderThickness。

❑ 显示方式：DisplayMode 是否显示（Visible）。

❑ 大小位置：X、Y、Hight、Width。

在 Power Apps 中，每个组件都有其自己的定位，合理利用组件至关重要。常用组件的用途如下。

1）标签控件（Label）：用于显示文本、数字、日期、货币等，关键属性有 AutoHeight、Color、Font、Text、DelayOutput。

2）文本输入控件（TextInput）：主要用于输入数据和列，关键属性有 Default 和 Text。

3）屏幕控件：Gallery，包含一组标签控件等。

4）窗体：主要用于显示 Microsoft Dataverse 中的数据记录。

Power Apps 提供了丰富的函数，当我们发现一个需求有函数可以满足时，可以查看该函数的详细描述、支持的函数、尝试示例方法，从而更好地使用它。关于 Power Apps 中支持的函数列表可参见 https://docs.microsoft.com/zh-cn/powerapps/maker/canvas-apps/formula-reference。

7.2.3 为画布应用添加自定义函数

系统提供的函数并不总能满足用户的需求，在处理一些复杂的数据逻辑时，用户希望添加一些自定义函数，这个时候就可以通过 Power Apps 的自定义连接器（Custom Connector）来实现。

自定义连接器能够调用外部 API，包装成自定义函数供全民开发者使用。自定义连接器支持从头开始手动创建并添加 Rest API 方法调用，也可通过 OpenAPI 的方式导入；既可以通过 UI 的方式创建 API 的方法，也可以通过 Swagger 编辑器，利用 YML 格式的代码来完成。示例自定义连接器的创建方式如图 7-66 所示。

| 利用Python，编写 函数，处理二维码 | 在Power Apps中创建 Connector，并定义 相应功能 | 创建对应的 Connection，并添加 到Power Apps中 | 在Apps开发中， 以函数的形式引用 |

图 7-66　示例自定义连接器的创建方式

1）编写函数，处理二维码。在本示例中，创建了一个用于根据输入文字生成二维码的 API 方法。API 本身是利用 Python 实现的，以函数的形式部署在 Azure Functions 中。自定义连接器会对开发出的 API 进行包装，供全民开发者使用。通过自定义连接器包装的 API 既可以用于 Power Apps，也可以用于 Power Automate 及逻辑应用。API 服务既可以是 SaaS 化的服务，也可以是部署在 Azure App Service、Azure Kubernetes Service 或 Azure Functions 中的服务。可以对 API 进行调用，并通过 Azure API Management 进行 API 管理，如图 7-67 所示。

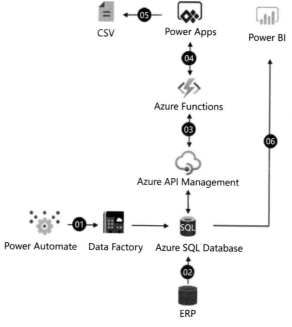

图 7-67　调用 Azure Functions 的示例架构图

2）在 Power Apps 中，创建 Custom Connector。在本示例中，创建二维码的 Custom Connector，输入 Connector 基本信息；选定 API 身份验证方法（本示例并未要求身份验证，在实际的项目中，可以利用 API Key 或者用户登录信息的方式确保用户访问的安全）；定义

Connector 提供的函数方法，以及调用的输入与输出格式。

3）创建一个 Customer Connector 的实例，即 Connection。无论是测试还是后期调用，都是利用此实例来完成的。

4）在 Power Apps 中，添加创建好的 Connection，全民开发者即可利用此 Connection 来进行相关的函数调用，使用对应的二维码功能。

接下来，在实际环境中实现上述环境。首先，为上一节开发的画布应用 Conference App 添加一个页面，利用 Azure Functions 发布一个二维码的功能函数，二维码上显示用户的邮箱信息。

登录 Azure Portal，在所有服务中新建一个 Function App，添加基本信息，如图 7-68 所示。

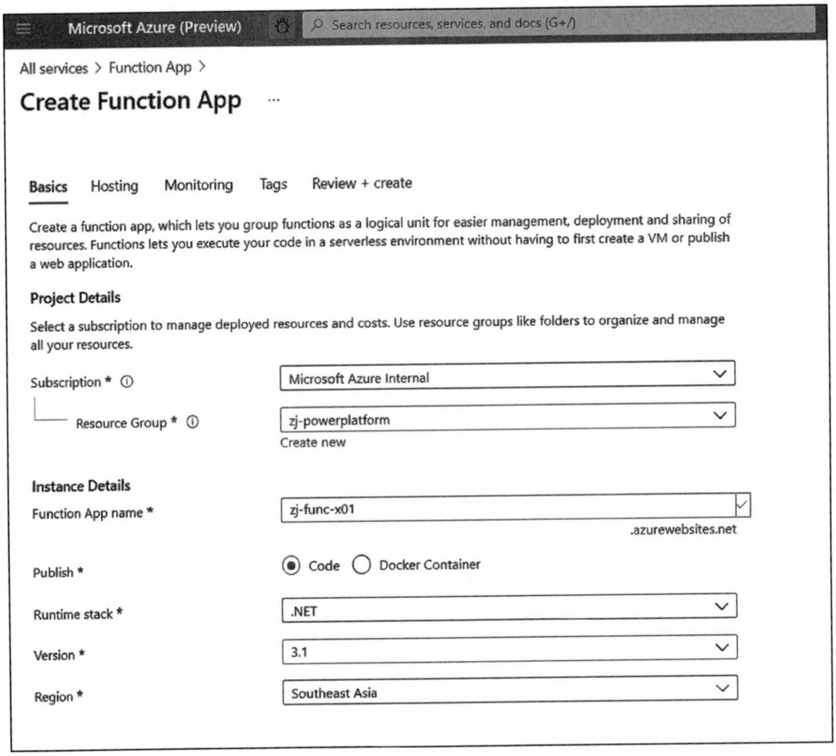

图 7-68 添加 Function App 的基本信息

选择 Function App 的 Hosting，如图 7-69 所示。

创建完成后，进入 Azure Functions 中，点击 Functions 选项卡，新建一个函数，并命名为 QRCodeGen，验证选择 Anonymous，如图 7-70 所示。

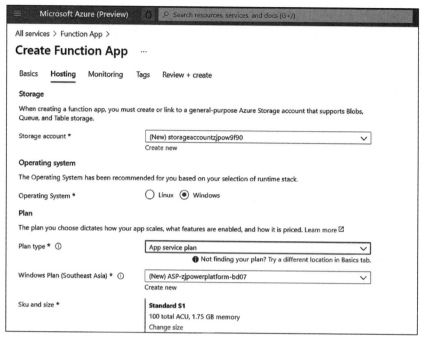

图 7-69　选择 Function App 的 Hosting

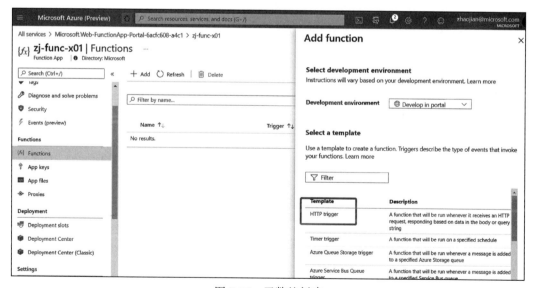

图 7-70　函数的创建

　　本地预先通过文档编辑器创建一个文件 function.proj，点击进入 QRCodeGen 函数，依次点击 Code → Test，选择 Upload，上传文件 function.proj，并添加代码清单 7-1。

代码清单 7-1　function.proj 的代码

```
<Project Sdk="Microsoft.NET.Sdk">
<PropertyGroup>
    <TargetFramework>netstandard2.0</TargetFramework>
</PropertyGroup>
 <ItemGroup>
    <PackageReference Include="QRCoder" Version="1.3.5" />
  </ItemGroup>
</Project>
```

用代码清单 7-2 替换掉现有的 run.csx。

代码清单 7-2　QRGen 源码

```
#r "Newtonsoft.Json"

using System.IO;
using System.Net;
using System.Net.Http;
using System.Net.Http.Headers;
using Microsoft.AspNetCore.Mvc;
using QRCoder;
public static async Task<IActionResult> Run(HttpRequest req, ILogger log)
{
    log.LogInformation("C# HTTP trigger function processed a request.");
    string text = req.Query["text"];

    if (text != null) {
        // 生成 QRCode
        byte[] qrCodeAsPngByteArr = null;
        string output = null;
        await Task.Run(() => {
            QRCodeGenerator qrGenerator = new QRCodeGenerator();
            QRCodeData qrCodeData = qrGenerator.CreateQrCode(text,
                QRCodeGenerator.ECCLevel.Q);
            PngByteQRCode qrCode = new PngByteQRCode(qrCodeData);
            qrCodeAsPngByteArr = qrCode.GetGraphic(20);
            output = Convert.ToBase64String(qrCodeAsPngByteArr, 0,
                qrCodeAsPngByteArr.Length, Base64FormattingOptions.None);
        });

        if(output != null) {
            return (ActionResult) new ObjectResult(new {Image = output});
        }
    }
    return new BadRequestObjectResult("Please pass a text on the query string");
}
```

完成后，获取 Function URL，在浏览器中进行测试，输入 $url?text="Hello World"，能够获取到如图 7-71 所示的数据。


```
{"image":"iVBORw0KGgoAAAANSUhEUgAAAkQAAAJEAQAAAADfmwb3
AAAB8UlEQVR4nO3bYWrDMAyG4dxg979lb7CNgOtYcpNBy6zA4x9j8Z
yvQ+h7LSvN9v2h8dgoiZMs4BYswEw7gp1TXaB+Uh2qop0RnKWcFJ2o
9Qv0VXSNdNf0DvVY79hB3uL4GufCZZujJE6ygFuwoAwz+3y/fGyXSy
iJkyzgFiyow8wj/duyfeZ8CSVxkgXcggVVmfm7Ixw1KYmTLOAWLLgV
M4McJXGSBdyCBdWZmYSz0vwOSuIkC7gFC9YzMz8OTT/yEkriJAu4BQ
uKMPN8hM0gDUriJAu4BQvWM3Mv4IcROu2zxjslcZIF3IIFlZgZVqQC
fpijJE6ygFuwoBYzg0hvsodb29z4X1ASJ1nALViwmplhR+gvE+2/9b
/mXYKSOMkCbsGC9czsLZnj5XBretXo5NkrJXGSBdyCBf/MzNlIvZo2
0kpK4iQLuAULVjMzrO1fWUyPTdtiSuIkC7gFC2ox8+UbRWeFPiVxkg
XcggWVmBmWpQ3i7++YUhInWcAtWFCCmYPm866rDg0lcZIF3IIFhZg5
u/Ximy+UxEkWcAsWLGJmEp7V8+3DKImTLOAWLKjFzPzE9Lksf2LYJS
iJkyzgFixYzcz3BiVxkgXcggWYaUewc6oL1E+qQ1W0M4KzlJOiE7V+
gb6KrpHumt6hHuuNOsg/318PeHe1+XEAAAAASUVORK5CYII="}
```


图 7-71 Function 返回结果

至此，Azure Functions 部分的方法已经完成。进入 Power Apps 首页，点击数据下的自定义连接器，从头开始新建一个自定义连接器，命名为 QRCodeGen。

1）输入基本信息，主要是 Function URL 的调用信息，如图 7-72 所示。

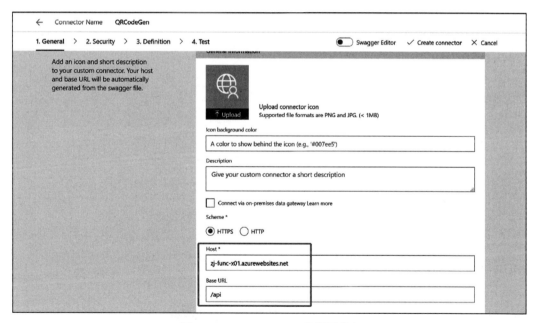

图 7-72 Function URL 的调用信息

2）验证信息，此 Demo 中可以不填，跳过。

3）方法定义，添加一个名为 QRCodeGen 的方法，点击 Import from example 选项，

添加 Request 信息，如图 7-73 所示。

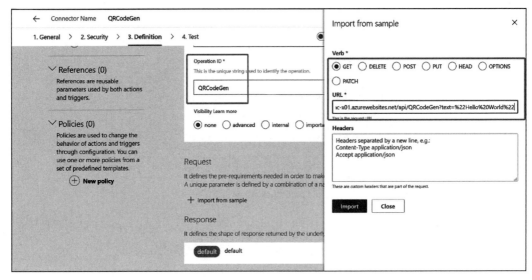

图 7-73　QRCodeGen 的 Request 信息

添加 Response 的信息，点击 Add default response 选项，在 Body 中输入 { "image": "Sample" }，如图 7-74 所示。

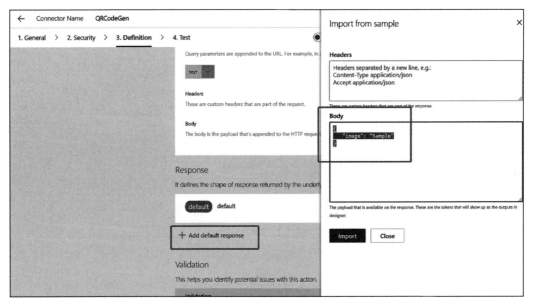

图 7-74　QRCodeGen 的 Response 信息

点击自定义连接器，点击 Test，添加一个 Connection 后，点击测试，如图 7-75 所示。

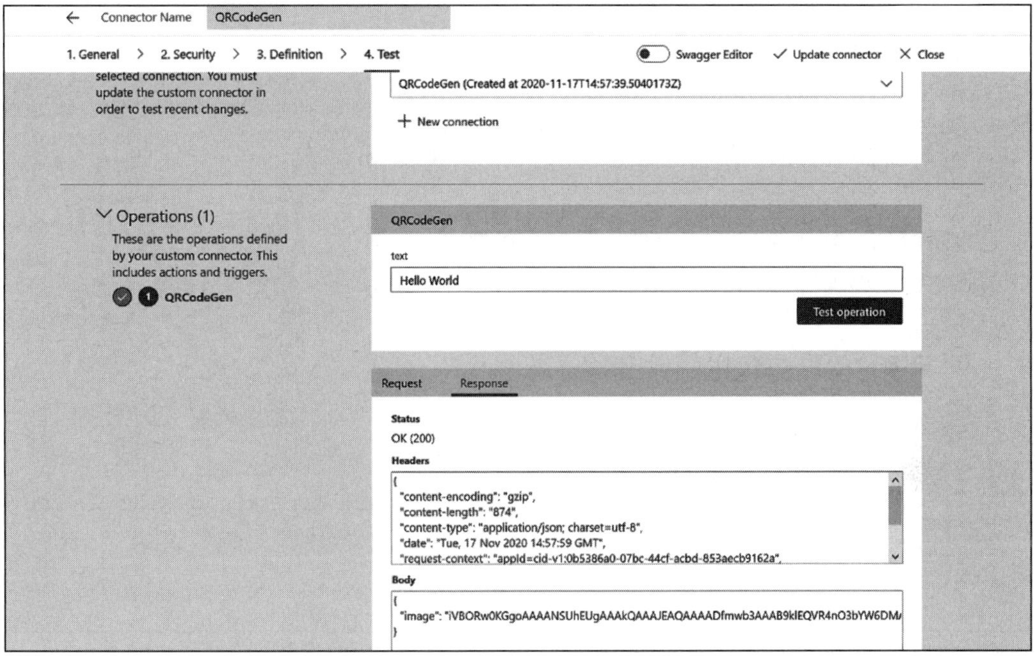

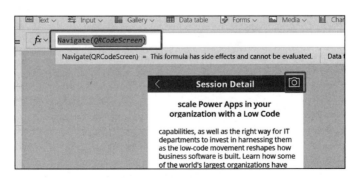

图 7-75　运行自定义连接器中 QRCodeGen 函数的测试结果

接下来，选择画布应用 Conference App，点击 Edit 按钮，跳转到 Power Apps Studio，添加一个 Screen，命名为 QRCodeScreen。

点击数据源，添加 QRCodeGen 的 Connection。点击进入 DetailScreen，将一个 Icon 添加至标题栏，命名为 qrcodeIcon，将其属性 OnSelect 改为 Navigate(QRCodeScreen)，并调整位置，如图 7-76 所示。

图 7-76　添加 QRCode 图标

进入 QRCodeScreen，添加标题栏，并添加返回图标。

从 Media 中向页面中添加 Image，命名为 qrcodeImage，并将 Image 属性改为 "data:image;application/octet-stream;base64," & QRCodeGen.QRCodeGen ({text:User().Email}).image。

更改完成后，测试并运行此页面，如图 7-77 所示。

可以看到，针对每个登录用户，都可以生成基于其邮箱的二维码信息。

7.2.4 利用 PCF 自定义组件开发

PCF 的全称是 Power Apps Component Framework，它为专业程序员提供了利用代码开发自定义组件的方式。PCF 将专业程序员与全民开发者联系在了一起，提供一种协作的方式，如图 7-78 所示。

图 7-77 测试二维码生成页面

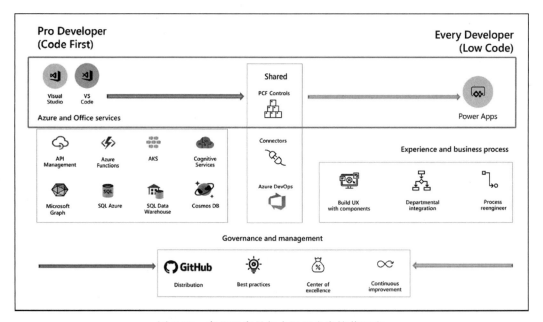

图 7-78 专业程序员与全民开发者协作开发

PCF 用于自定义组件的开发，开发目的是定制化功能需求及 UI 需求，开发出来的组件包含一组文件，如 HTML、CSS、TypeScript 等，能使组件更加美观且符合用户预期。PCF 更像是一个偏前端的开发框架，能够帮助前端程序员更好地添加自定义组件。PCF 目前既支持模型驱动应用，也支持画布应用。在 PCF 中，可以调用 REST API，且支持 Angular 与 React。每一个基于 PCF 开发的组件都遵循着类似的文件结构及组成，如图 7-79 所示。

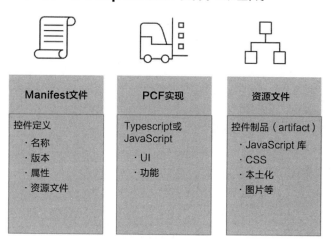

PCF Component 由什么组成

Manifest文件	PCF实现	资源文件
控件定义 ·名称 ·版本 ·属性 ·资源文件	Typescript或 JavaScript ·UI ·功能	控件制品（artifact） ·JavaScript 库 ·CSS ·本土化 ·图片等

图 7-79　PCF 文件结构组成

❑ Manifest：定义组件的元数据文件。它是一个 XML 文件，描述了组件名称、可配置的数据类型、列或数据集、添加组件时可在应用中配置的任何属性、组件需要的资源文件列表，组件实现库中 TypeScript 函数的名称，以及该函数返回应用所需组件接口的对象等。

❑ 组件实现文件，即 TypeScript 文件：利用 PCF 进行开发时，开发人员可以使用 TypeScript 实现组件。组件源代码文件包含一个索引文件和一组 TypeScript 文件，它们描述了此组件具体实现的功能。组件源代码中的索引文件是在用命令行工具创建组件开发项目时系统自动生成的，它包含指向 TypeScript 源代码文件的描述信息。TypeScript 源代码文件实现了 PCF 中要求的 init()、updateView()、getOutputs()、destroy() 等方法，这些方法控制着代码组件的生命周期。

❑ 资源文件，即 JavaScript、CSS 文件：主要用于美化组件的 UI，并提供相应的功能。

PCF 的调用流程如图 7-80 所示。

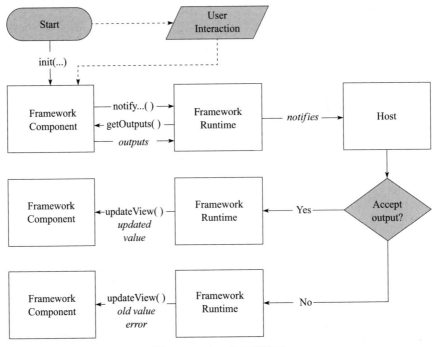

图 7-80 PCF 的调用流程

理解 PCF 的过程可以分为三部分：了解 PCF 组件的开发流程，理解 PCF 组件的代码接口，实现用户的需求。接下来，我们将通过开发一个简单的控件 LinearComponent 来实际感受 PCF 的开发流程。

PCF 开发需要做的第一步就是准备环境，安装 PCF 开发所需的包，主要包括以下几步：

1）安装 NPM；

2）安装 .NET Framework 4.6.2 Developer Pack；

3）安装 Virtual Studio 2017/2019，或安装 .NET Core 3.1 SDK 及 Visual Studio Code；

4）安装 Power Apps CLI。

在开发过程中，很多组件相关的命令是由 Power Apps CLI（PAC）来完成的。

执行命令 pac pcf init --namespace SampleNamespace --name TSLinearInputComponent --template field，完成 PCF 组件 TSLinearInputComponent 的初始化。初始化完成后，可以看到组件中的文件结构，如图 7-81 所示。

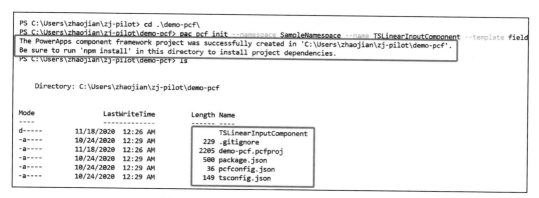

图 7-81 PCF Component 初始化文件结构

执行 npm install 命令，安装所需依赖包。

在 Visual Studio Code 中打开 PCF 项目所在的文件夹，更改 ./ TSLinearInputComponent /ControlManifest.Input.xml，此文件就是 PCF Component 中的 Manifest 描述文件。具体代码见代码清单 7-3。

代码清单 7-3　Demo Manifest 代码示例

```xml
<?xml version="1.0" encoding="utf-8" ?>
<manifest>
<control namespace="SampleNamespace" constructor="TSLinearInputComponent"
    version="1.0.0" display-name-key="Linear Input Component" description-
    key="Allows you to enter the numeric values using the visual slider."
    control-type="standard">
    <type-group name="numbers">
        <type>Whole.None</type>
        <type>Currency</type>
        <type>FP</type>
        <type>Decimal</type>
    </type-group>
    <property name="sliderValue" display-name-key="sliderValue_Display_Key"
        description-key="sliderValue_Desc_Key" of-type-group="numbers"
        usage="bound" required="true" />
    <resources>
        <code path="index.ts" order="1" />
        <css path="css/TS_LinearInputComponent.css" order="1" />
    </resources>
</control>
</manifest>
```

创建 css 文件夹并创建文件 TS_LinearInputComponent.css，此文件主要定义了组件的 UI，代码见代码清单 7-4。

代码清单 7-4　组件 CSS 文件

```
.SampleNamespace\.TSLinearInputComponent input[type=range].linearslider {
    margin: 1px 0;
    background: transparent;
    -webkit-appearance: none;
    width: 100%;
    padding: 0;
    height: 24px;
    -webkit-tap-highlight-color: transparent
}

.SampleNamespace\.TSLinearInputComponent input[type=range].
linearslider:focus {
    outline: none;
}

.SampleNamespace\.TSLinearInputComponent input[type=range].linearslider::
    -webkit-slider-runnable-track {
    background: #666;
    height: 2px;
    cursor: pointer
}

.SampleNamespace\.TSLinearInputComponent input[type=range].linearslider::
    -webkit-slider-thumb {
    background: #666;
    border: 0 solid #f00;
    height: 24px;
    width: 10px;
    border-radius: 48px;
    cursor: pointer;
    opacity: 1;
    -webkit-appearance: none;
    margin-top: -12px
}

.SampleNamespace\.TSLinearInputComponent input[type=range].linearslider::
    -moz-range-track {
    background: #666;
    height: 2px;
    cursor: pointer
}

.SampleNamespace\.TSLinearInputComponent input[type=range].linearslider::
    -moz-range-thumb {
    background: #666;
    border: 0 solid #f00;
    height: 24px;
```

```
    width: 10px;
    border-radius: 48px;
    cursor: pointer;
    opacity: 1;
    -webkit-appearance: none;
    margin-top: -12px
}

.SampleNamespace\.TSLinearInputComponent input[type=range].linearslider::
    -ms-track {
    background: #666;
    height: 2px;
    cursor: pointer
}

.SampleNamespace\.TSLinearInputComponent input[type=range].linearslider::
    -ms-thumb {
    background: #666;
    border: 0 solid #f00;
    height: 24px;
    width: 10px;
    border-radius: 48px;
    cursor: pointer;
    opacity: 1;
    -webkit-appearance: none;
}
```

如下添加组件实现的代码：

```
import { IInputs, IOutputs } from "./generated/ManifestTypes";
export class TSLinearInputComponent
    implements ComponentFramework.StandardControl<IInputs, IOutputs> {
    private _value: number;
    private _notifyOutputChanged: () => void;
    private labelElement: HTMLLabelElement;
    private inputElement: HTMLInputElement;
    private _container: HTMLDivElement;
    private _context: ComponentFramework.Context<IInputs>;
    private _refreshData: EventListenerOrEventListenerObject;

    constructor() {}

    public init(
        context: ComponentFramework.Context<IInputs>,
        notifyOutputChanged: () => void,
        state: ComponentFramework.Dictionary,
        container: HTMLDivElement
    ) {
```

```
    this._context = context;
    this._container = document.createElement("div");
    this._notifyOutputChanged = notifyOutputChanged;
    this._refreshData = this.refreshData.bind(this);
    this.inputElement = document.createElement("input");
    this.inputElement.setAttribute("type", "range");
    this.inputElement.addEventListener("input", this._refreshData);
    this.inputElement.setAttribute("min", "1");
    this.inputElement.setAttribute("max", "1000");
    this.inputElement.setAttribute("class", "linearslider");
    this.inputElement.setAttribute("id", "linearrangeinput");
    this.labelElement = document.createElement("label");
    this.labelElement.setAttribute("class", "TS_LinearRangeLabel");
    this.labelElement.setAttribute("id", "lrclabel");
    this._value = context.parameters.sliderValue.raw
        ? context.parameters.sliderValue.raw
        : 0;
    this.inputElement.value =
        context.parameters.sliderValue.formatted
            ? context.parameters.sliderValue.formatted
            : "0";

    this.labelElement.innerHTML = context.parameters.sliderValue.formatted
        ? context.parameters.sliderValue.formatted
        : "0";

    this._container.appendChild(this.inputElement);
    this._container.appendChild(this.labelElement);
    container.appendChild(this._container);
}

public refreshData(evt: Event): void {
    this._value = (this.inputElement.value as any) as number;
    this.labelElement.innerHTML = this.inputElement.value;
    this._notifyOutputChanged();
}

public updateView(context: ComponentFramework.Context<IInputs>): void {
    this._value = context.parameters.sliderValue.raw
        ? context.parameters.sliderValue.raw
        : 0;
    this._context = context;
    this.inputElement.value =

        context.parameters.sliderValue.formatted
            ? context.parameters.sliderValue.formatted
            : "";

    this.labelElement.innerHTML = context.parameters.sliderValue.formatted
```

```
                ? context.parameters.sliderValue.formatted
                : "";
    }

    public getOutputs(): IOutputs {
        return {
            sliderValue: this._value
        };
    }

    public destroy() {
        this.inputElement.removeEventListener("input", this._refreshData);
    }
}
```

运行命令 npm run build，本地构建代码，并执行测试 npm start watch，如图 7-82 所示。

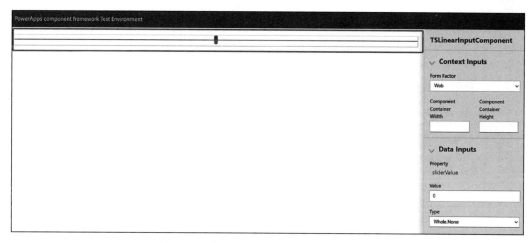

图 7-82　本地化运行 PCF Component 效果

组件被添加到 Power Apps 中进行使用的过程都是通过解决方案来完成的。接下来，我们需要将开发好的 PCF Component 进行打包。在 $.\TSLinearInputComponent 目录下创建文件夹、解决方案并进入。

运行命令 pac solution init --publisher-name mslearn --publisher-prefix msl 来初始化解决方案。

解决方案需要打包文件时，需要通过添加一个 Reference 来实现，运行命令 pac solution add-reference --path C:\Users\zhaojian\zj-pilot\demo-pcf。

最后，运行命令 msbuild /t:build /restore 实现解决方案的打包。打包好的解决方案将位于 TSLinearInputComponent\Solutions\bin\Debug\Solution.zip 中。

在 Power Apps 中使用自定义组件时，需要预先调整一些系统设置。默认情况下，使用 PCF 开发的 Component 是被禁止的。首先，进入 Power Platform admin center，选择所处的环境，点击 Settings 选项，选择 Product 下的 Feature，调整针对 Power Apps PCF 的系统参数，如图 7-83 所示。

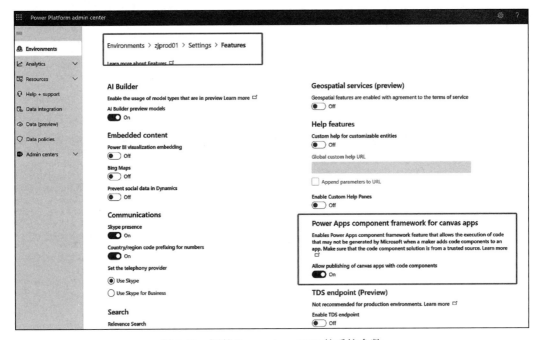

图 7-83　调整 Power Apps PCF 的系统参数

进入 Power Apps 首页，在解决方案中点击 Import 选项卡，选择已打包好的组件解决方案并上传。

上传完成后，打开画布应用 Conference App，点击 File 选项卡，在 Settings 选项中选择 Advanced Settings，确保 Components 的功能是开启的，如图 7-84 所示。

图 7-84　开启画布应用中的 Components 功能

进入 QRCodeScreen，点击 Insert 选项卡，导入自定义组件，如图 7-85 所示。

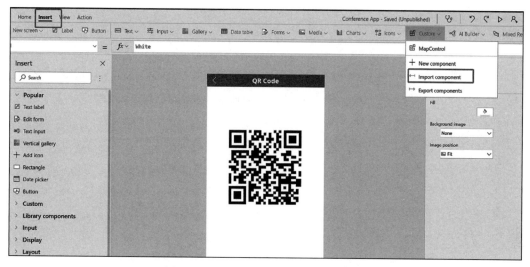

图 7-85　向画布应用中导入自定义组件

选择 Code 选项卡，刷新后可以看到新的自定义组件 Linear Input Component 已经列在其中，将其添加到组件列表中，如图 7-86 所示。

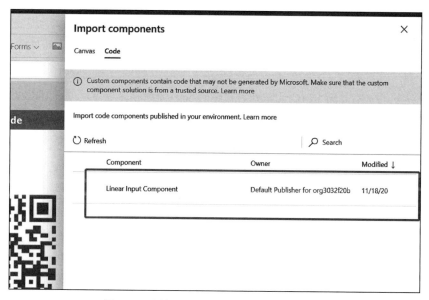

图 7-86　添加 Linear Input Component 组件

最后一步，从组件列表中将自定义组件添加到页面中，如图 7-87 所示。

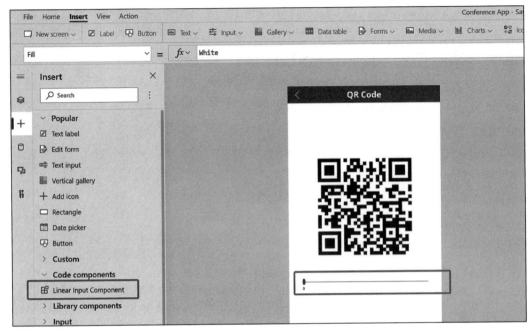

图 7-87　将自定义组件添加到页面

这样，就快速完成了一个自定义组件的开发。为了帮助大家熟悉各类组件的开发，微软提供了 PCF 的一些示例组件。通过对示例代码的学习，大家会更好地理解不同前端技术是如何对接到 PCF 中的。示例组件参见 https://github.com/microsoft/PowerApps-Samples/tree/master/component-framework。具体环境的设置和安装参见 https://docs.microsoft.com/en-us/learn/modules/build-power-app-component/1-create-code-component。

Power Apps 中的高级功能很多，包括自身应用开发所涉及的工具、对 Power Platform 其他服务的整合以及对其他云技术的对接等。本节仅列举了其中 4 个功能，抛砖引玉，希望大家可以探索更多的 Power Apps 功能，开发更多更好的应用。

7.3　应用维护

Power Apps 最大的特点是帮助全民开发者进行快速的应用开发，但当大量应用出现时，一个良好的管理方式是十分重要的。Power Apps 中操作的大部分是企业的业务数据，确保数据的安全性、访问的安全性非常必要。因此，在应用快速开发的同时，确保开发安全，应用性能不断优化，人员职责分配合理，也是低代码平台的必备技能。本节介绍管理员常用的工具、应用生命周期管理以及卓越中心（CoE）组件，以帮助低代码平台的管理者管理好平台的资源。

7.3.1　管理好 Power Platform 中的资源

低代码开发时代的 IT 管理员仍然需要扛起整个环境的管理大旗，而且现如今协作开发、分散管理的云端服务使用方式，进一步促使 IT 管理员利用现有的工具实现对云端服务更好的治理策略，确保环境数据的安全和云端治理的有效性。一般情况下，IT 管理员主要从以下几个方面考量：

❑ 利用数据连接器，对于业务数据的访问是否安全，是否存在泄露风险；

❑ 环境的创建管理，以及环境是否健康；

❑ 如何针对环境中的资源（如 Power Apps、Power Automate）进行管理；

❑ 如何避免 Shadow IT 的出现；

❑ 如何做到区域合规性；

❑ 如何实现应用生命周期管理。

同时，IT 管理员发现，低代码平台中存在着多种角色，只有各个角色相互配合，相互协作，才能够完成环境管理。在 Power Platform 中主要有以下 4 种角色。

❑ Power Apps Maker：全民开发者，利用 Power Platform 中的服务创建 App 或工作流，来提高办公效率，实现业务诉求。

❑ Application Lifecycle Management & DevOps users：针对应用的生命开发周期，应用的创建、部署、补丁、更新等，提供管理流程及自动化工具。

❑ IT-Department / Data Protection Officer：确保云服务平台的正常使用，确保组织中数据的操作规范及数据安全。

❑ Support & Training Engineers：推动组织内更多的人员参与低代码开发，形成共享互助的社区文化。

各个角色互相配合，利用平台提供的工具协力管理整个 Power Platform 平台。

在 Power Platform 中，所有的管理功能及服务都集成在 Power Platform admin center 中，如图 7-88 所示。

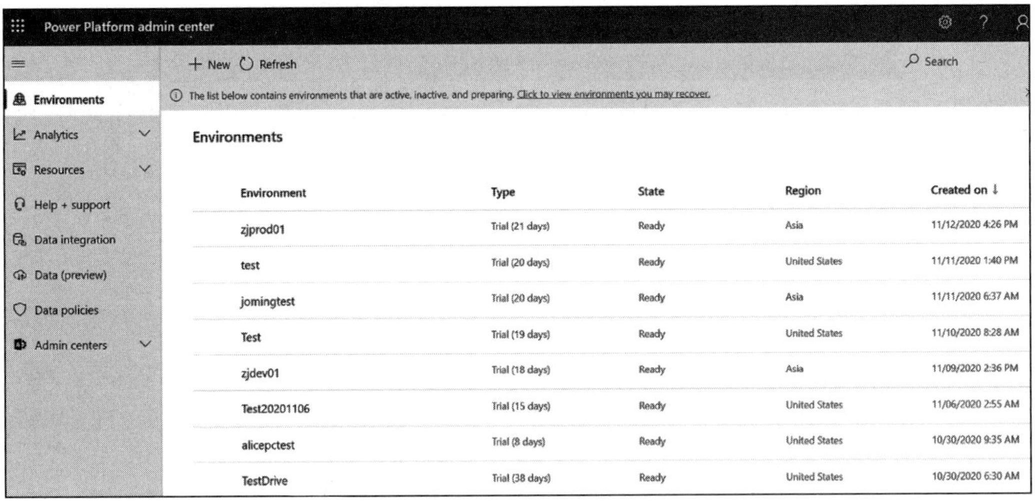

图 7-88　Power Platform admin center

Power Platform admin center 主要提供以下功能。

❑ 环境管理：查看、创建和管理环境。选择一个环境以查看详细信息并管理其设置。

❑ Power Apps、Power Automate、Microsoft Dataverse 分析：了解 Power Platform 应用的关键指标。

❑ 资源管理：Microsoft Dataverse 的容量管理、应用管理、Power Automate 管理等。

❑ 帮助支持中心：获取自助解决方案列表或创建技术支持工单。

❑ 数据集成的管理：管理环境中存在的数据集成。

❑ 数据网关的管理：管理环境中存在的数据网关。

❑ 数据防丢失保护策略：创建并管理环境中的数据防丢失保护策略，确保数据连接器之间能够安全地完成数据交互。

接下来，我们将通过一组实验来实际感受一下管理员的日常操作。假设你是 Contoso 的 Power Platform 管理员，登录到 Power Platform admin center 后，首先能够查看的是存在的环境。每个环境是一个独立、隔离的资源池，其中包含 Power Apps、Power Automate 等平台创建的资源，如图 7-89 所示。

环境是 Power Platform 中资源的管理维度。不同环境之间是隔离的，且每一个环境的创建具有区域性，代表未来环境内应用的创建和数据的创建都在环境所属的区域。如果企业有合规性或针对性市场，可以利用环境的位置规划应用部署的区域。每一个环境最多可以有一个 Microsoft Dataverse 数据库，用它来为应用提供存储空间。

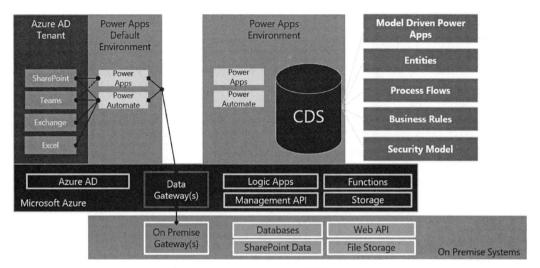

图 7-89　Power Platform 资源的组织方式

环境包含不同的类型，每个类型都有各自的用途。

❑ 默认（Default）：每一个租户下，都会存在一个默认环境。系统创建默认环境主要用于支持 Microsoft 365 产品附带的 Power Platform 能力。企业在进行环境规划时，可以将默认环境作为个人开发环境，为企业内部员工提供学习 Power Platform 的练习场。

❑ 测试（Trial）：试用环境主要用于短期功能性测试，并能够随时删除。测试环境的有效期为 30 天，30 天后测试环境会自动被删除。组织内的任何成员都可以创建测试环境进行实验或功能性验证，也可统一管理，仅支持管理员创建，并提供自动化申请测试账号创建的流程。

❑ 沙盒（Sandbox）：这是非生产环境，提供复制和重置等功能。沙盒环境用于开发和测试，与生产是分开的。在正式的企业环境中，沙盒环境的创建会由指定的管理员完成，以确保环境管理规范化。

❑ 生产（Production）：生产环境即运行用户实际投入使用的应用、工作流、智能机器人等相关资源所使用的环境。创建沙盒环境或生产环境都将至少消耗 1GB 的 Microsoft Dataverse 容量来创建并设置环境信息。如果在企业租户下 Microsoft Dataverse 的存储容量不够，将影响生产环境的创建。生产环境虽然允许任何人创建，但在正式的企业环境中，创建生产环境还是由管理员来完成，以确保整体资源统一进行管理。

❑ Project Oakdale：在 Teams 中首次使用 Power Apps 创建应用时，或从应用目录安装 Power Apps 应用时，将为所选团队自动创建 Project Oakdale 环境。

❑ 开发人员：开发人员环境由具有社区计划许可证的用户创建。它们是仅供开发人员使用的特殊环境，不能与其他用户共享。

在 Power Platform admin center 中，点击环境 zjprod01，进入环境的详细信息，如图 7-90 所示。

图 7-90　环境详细信息

可以看到，此环境是一个测试环境，是用来临时测试功能的，它将在 30 天后自动销毁。创建测试环境不会占用共享的 Microsoft Dataverse 容量，但创建默认或生产环境都需要占用至少 1GB 的 Microsoft Dataverse 容量。环境的访问是通过 RBAC 进行控制的。默认情况下，系统提供了两个主要的角色，即环境管理员和环境使用者。环境管理员可以在环境中执行所有管理操作；环境使用者（Environment Maker）可以在环境中创建资源，包括应用、连接、自定义连接器、网关和使用 Power Automate 的流。

企业在考虑大规模使用 Power Platform 时，一个良好的环境管理策略是至关重要的，这与企业的组织架构、适配 Power Platform 的程度都有很大关系。在初期，可以参考如下环境管理策略。

1）提供几种不同的环境，并配备相应的数据防丢失保护策略，供企业全民开发者学习、创建该应用，例如规划 3 个环境：Default、Developer 和 Power User。

2）针对一个或多个企业的应用，与代码开发相似，规划开发测试环境、生产环境，以确保应用的合理部署。

3）围绕环境，在 Power Platform 中，安全性保障主要通过 6 个层面进行管理，如图 7-91 所示。

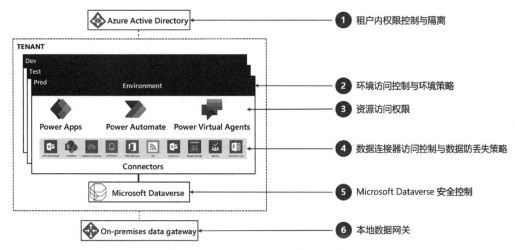

图 7-91　Power Platform 的安全模式

❑ 租户内权限控制与隔离：基于 AAD 实现的用户身份认证及权限管理。

❑ 环境访问控制与环境策略：基于环境的资源隔离及管理。

❑ 资源访问权限：基于共享的访问模式，应用创建者可以通过共享将开发好的应用共享给单个用户或组织。

❑ 数据连接器访问控制与数据防丢失策略：通过数据防丢失保护限制数据连接器之间的数据交互。

❑ Microsoft Dataverse 安全控制：通过 Microsoft Dataverse 的安全模型实现基于用户或团队的细粒度角色管控。

❑ 本地数据网关：确保能够安全地连接本地网络中的数据。

在环境安全中提到了数据防丢失保护。数据防丢失保护策略充当防护来帮助阻止用户意外泄露组织的数据和保护租户的信息。数据防丢失保护策略实施规则指定为每个环境启用哪些连接器，以及可以将哪些连接器一起使用。

数据防丢失保护的作用对象是数据连接器，将数据连接器分为三大类：业务相关、业务无关和不允许访问。数据防丢失保护会连接到环境，且能够将多个数据防丢失保护策略连接到同一个环境，通过相互作用，约束环境中数据的访问。数据防丢失保护的数据交互规则比较直观，当任何数据连接器被分配到"禁止访问"的保护策略组中时，任何 Power Apps 和 Power Automate 均无法使用此连接器。针对业务与非业务的数据连接器不能进行数据交互。数据防丢失保护策略如图 7-92 所示。

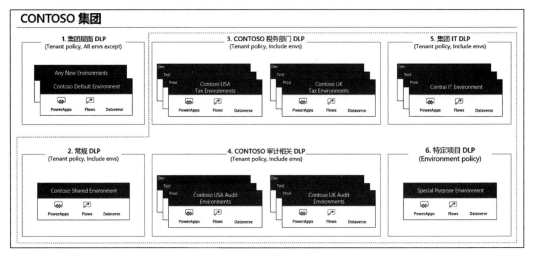

图 7-92　常见的数据防丢失保护策略

我们通过以下示例查看数据防丢失保护策略的生效原理。

策略 A

E1：业务，SharePoint、Twitter、Salesforce、Microsoft 365 Outlook、Basecamp 3

E2：非业务，Facebook、面部 API、Adobe Sign、Azure Blob 存储、Box

策略 B

E3：业务，SharePoint、Facebook、面部 API、Microsoft 365 Outlook、Basecamp 3

E4：非业务，Twitter、Salesforce、Adobe Sign、Azure Blob 存储、Box

策略 C

E5：业务，Facebook、面部 API、Twitter、Salesforce、Microsoft 365 Outlook

E6：非业务，SharePoint、Adobe Sign、Azure Blob 存储、Box、Basecamp 3

将所有三个策略一起应用于同一环境时，最终结果是连接器分散在 8 个（$2^3 = 8$）组中，如下所示。在给定的应用或流中，只能使用同一组中的连接器（8 种可能的组合中的一种）。

E1、E3、E5（组 1）：Microsoft 365 Outlook

E1、E3、E6（组 2）：SharePoint、Basecamp 3

E1、E4、E5（组 3）：Twitter、Salesforce

E1、E4、E6（组 4）：NULL

E2、E3、E5（组 5）：Facebook、面部 API

E2、E3、E6（组 6）：NULL

E2、E4、E5（组 7）：NULL

E2、E4、E6（组 8）：Adobe Sign、Azure
Blob 存储、Box

用一句话总结就是，在基础规则之上取数
据防丢失保护策略的交集。

创建一个数据防丢失保护策略非常简单，点
击 Create 按钮，共有 4 步操作，如图 7-93 所示。

除了针对环境的管理，在数据安全管控之

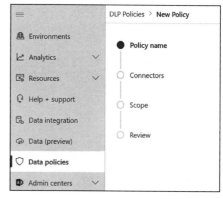

图 7-93　创建数据防丢失保护策略的步骤

外，治理 Power Platform 的一个关键原则是完全了解组织如何使用 Power Apps 和 Power
Automate。Power Platform admin center 提供了多个内置的系统报表，帮助用户及时了解
环境中的使用情况。

容量分析可以让用户了解到租户中的存储容量使用情况和可用性。你可以在所有环
境的这个完整视图中向下钻取到单个环境，以便在时间线视图中获取详细信息，如使用
存储最多的表，如图 7-94 所示。

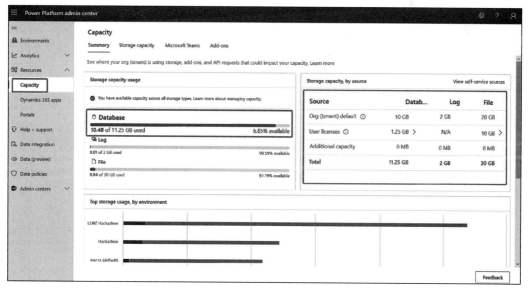

图 7-94　容量分析图表

Power Apps 的使用数据分析能够为系统管理员提供系统活跃用户、App 使用情况、应用的 Performance 等情况，这对评估环境的使用、许可证的分配、应用的优化都非常重要。Power Apps 的使用数据如图 7-95 所示。

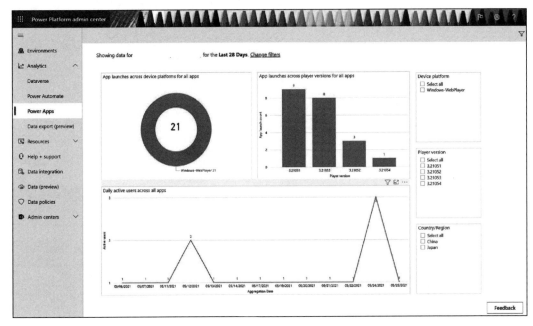

图 7-95　Power Apps 的使用情况

Microsoft Dataverse 分析提供有关所选环境中的 Microsoft Dataverse 使用情况的详细信息，如图 7-96 所示。

在 Power Platform 中，为了帮助用户更好、更快地了解环境的使用情况，简单地进行管理，Power Platform 提供了相应的 PowerShell 命令行工具以及帮助管理员获取相关数据的工作流，正是因为有这一系列管理连接器的帮助，用户才可以轻松查看应用使用情况。目前主要用到如下工具。

❏ PowerShell 命令行工具：可用于使用 PowerShell 自动执行管理任务和监控任务。可以按顺序使用这些 cmdlet 以自动化多步骤管理操作，如图 7-97 所示。

❏ Power Automate Management：专门用于帮助执行管理和监视。

❏ Power Automate for Admins：用于执行典型的管理操作，如禁用或删除流。

❏ Power Apps for Admins：用于对 Power Apps 设置权限或对此应用正在使用的特定连接器设置权限。

❑ Power Apps for Makers：可供创建者自己使用，虽然某些操作和管理任务重合，如前面介绍的设置 Power Apps 应用的权限。

❑ Power Platform for Admins：用于执行针对平台组件的任务，如创建环境或预配 Microsoft Dataverse 数据库，或为特定环境创建数据防丢失保护策略。

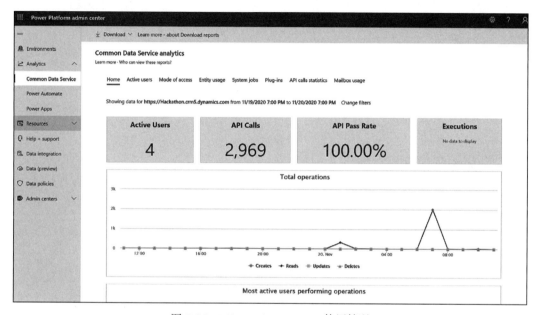

图 7-96　Microsoft Dataverse 使用情况

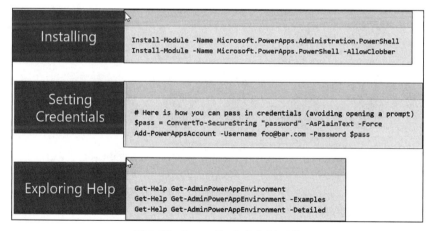

图 7-97　PowerShell 命令行工具

整个工具组件集合如图 7-98 所示。

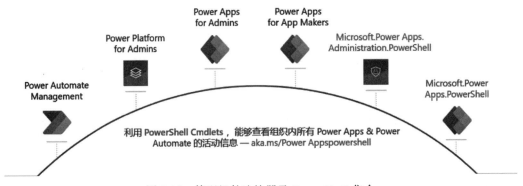

图 7-98 管理组件连接器及 PowerShell 集合

7.3.3 节也会用到上述管理连接器。

7.3.2 应用生命周期管理

无论是代码开发还是低代码开发，都需要一个规范的流程来管理开发的应用，如图 7-99 所示。

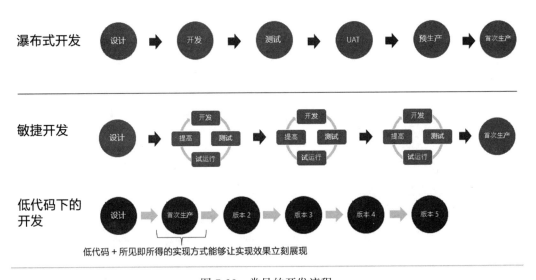

图 7-99 常见的开发流程

因此，一个规范化的应用开发、部署、更新流程是必不可少的。应用生命周期管理就是指上述工作（主要包括治理、开发与维护），包括需求管理、应用体系结构、开发、测试、维护、更改管理、持续集成、项目管理、部署和发布管理等，如图 7-100 所示。

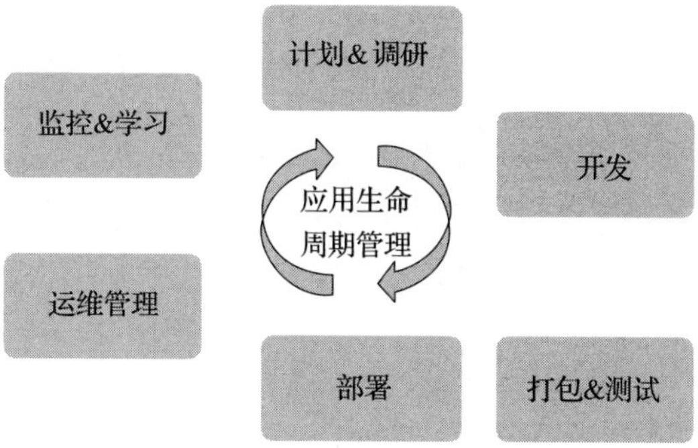

图 7-100　应用生命周期

应用生命周期管理主要包含以下三个方面。

❑ 治理：包括需求管理、资源管理、数据安全性、用户访问、更改跟踪、审阅、审核、部署控制和回滚。

❑ 开发：包括确定当前问题以及规划、设计、构建和测试应用。应用的开发既包括 Power Apps 中低代码开发的部分，也包含专业程序员开发的通用组件及定制插件。

❑ 维护：包括部署应用以及维护可选技术和相关技术。

在 Power Platform 中，实现应用生命周期管理有 3 个核心技术。

❑ Microsoft Dataverse 是基础，如果在 Power Platform 中还未启用 Microsoft Dataverse，那么应用生命周期管理就无从谈起。所有的项目（包括解决方案）都存储在 Microsoft Dataverse 中。

❑ 低代码开发仍然需要源代码管理，Azure DevOps Repo 或 GitHub 都是可选项。低代码开发的源代码可以用来存储协同开发的组件信息。

❑ 解决方案：实施应用生命周期管理的基石。

解决方案是在 Power Apps 和 Power Automate 中实现应用生命周期的机制。也就是说，所有的应用生命周期管理操作，包括自动化部署流程，都是基于解决方案完成的。

解决方案有以下两种类型。

❑ 非托管解决方案：用于开发环境。非托管解决方案可以导出为非托管解决方案或托管解决方案。导出的非托管版本的解决方案应该视作源代码进行管理，不建议将非托管解决方案直接导入生产环境。删除非托管解决方案时，将仅删除其中包含的任何自定义项的解决方案容器。所有非托管自定义项仍然有效，并属于默认解决方案。

❑ 托管解决方案：用于将开发完成的资源部署到包括功能测试、单元测试、系统集成性
测试和生产在内的多个环境。托管解决方案可以独立于环境中的其他托管解决方案进
行维护。应用生命周期管理的最佳实践是，通过将非托管解决方案导出为托管解决方
案来生成托管解决方案，并基于托管解决方案进行管理。在托管解决方案中的组件不
可编辑，如果需要编辑，只能通过非托管解决方案实现。环境中的托管解决方案无法
导出。删除（卸载）托管解决方案时，将删除其中包含的所有自定义项和扩展。

在正常的开发过程中，开发者和开发人员使用非托管解决方案在开发环境中工作，
然后将它们作为托管解决方案导入其他下游环境（如测试），如图 7-101 所示。

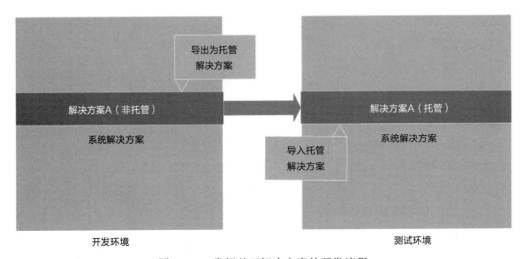

图 7-101　常规基于解决方案的开发流程

在解决方案中包含项目涉及的绝大部分资源，只需登录 Power Apps 首页，选择一个
解决方案，就可以点击查看其中包含的组件。例如，CoE Starter Toolkit 解决方案中包含
的组件如图 7-102 所示。

如之前所介绍的，在开发初期，设计好解决方案策略，将一个独立的项目作为一个
解决方案进行创建和开发，所有资源的创建都从解决方案处进行，这样能够确保所有组
件及其依赖项都包含在解决方案中，便于后续的打包部署。

解决方案的整个生命周期如下。

1）创建：创建和导出非托管解决方案。

2）更新：创建已部署到父托管解决方案的托管解决方案的更新。无法通过更新删除
组件。

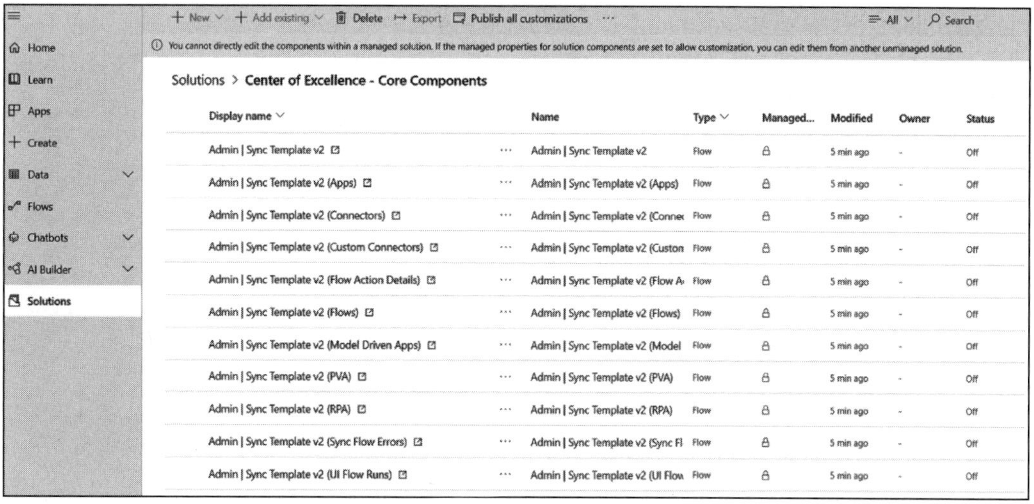

图 7-102　CoE Starter Toolkit 解决方案中包含的组件

3）升级：将解决方案作为对现有托管解决方案的升级导入，这将删除未使用的组件并实现升级逻辑。升级涉及将解决方案的所有修补程序汇总（合并）到解决方案的新版本中。解决方案升级将删除已存在但不再包含在升级版本中的组件。可以选择立即升级或分阶段升级，以便在完成升级之前执行一些其他操作。

4）补丁：修补程序仅包含父托管解决方案的更改，如添加或编辑组件和资产。进行少量更新（类似于补丁）时使用修补程序。导入修补程序后，它们将位于父解决方案之上的层。无法通过修补程序删除组件。

解决方案是分层的结构，托管和非托管解决方案位于 Microsoft Dataverse 环境中的不同层。Microsoft Dataverse 中有两个不同的层。

❑ 非托管层：所有导入的非托管解决方案和临时自定义项都存于此层。所有非托管解决方案共享一个非托管层。

❑ 托管层：所有导入的托管解决方案和系统解决方案都存于此层。如果安装了多个托管解决方案，则安装的最后一个托管解决方案在之前安装的托管解决方案上面。也就是说，安装的第二个解决方案可以自定义之前安装的那个解决方案。当两个托管解决方案的定义相互冲突时，运行时行为要么是"后来者赢"，要么是实现合并逻辑。在一个安装了多个托管解决方案的环境中，针对同一个表中的列字段，例如产品描述（当前产品描述最大字数为 140 个字），如果删除了上层的托管解决方案，则下层解决方案对于该字段生效，产品描述最大字数变成 120 个字；如果

删除所有托管解决方案，且此表为系统默认解决方案中存在的表，则系统默认的
字段定义生效，产品描述最大字数将会变成 100 个字。系统层是托管层的基础。
系统层包含平台运行所需的表和组件。

解决方案分层如图 7-103 所示。

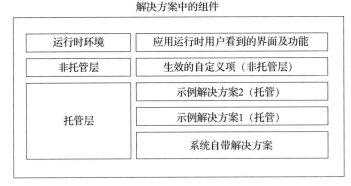

图 7-103　解决方案分层示例

由于解决方案分层的这种方式，在一些大型项目中，有些托管解决方案可能会依赖
其他托管解决方案中的解决方案组件。有些解决方案发布商会利用这一点来构建模块化
的解决方案。可能需要先安装"基本"托管解决方案，然后再安装一个托管解决方案以
进一步自定义基本托管解决方案中的组件。第二个托管解决方案依赖于第一个解决方案
中的解决方案组件。系统会跟踪解决方案之间的这些依赖关系。如果尝试安装的解决方
案需要未安装的某个基本解决方案，则将无法安装该解决方案，用户将收到一条消息，
指示该解决方案需要先安装另一个解决方案。同样，由于依赖关系，如果安装了依赖于
基本解决方案的解决方案，将无法直接卸载基本解决方案，而必须先卸载依赖于它的解
决方案。

除了解决方案之外，还有一个值得关心的话题是源代码管理。我们要改变一个观念，
即便是低代码开发，也仍然需要进行源代码管理。源代码管理，或者称为版本控制，是
用于维护和存储软件代码并追踪变更的一种方式。源代码管理系统能够帮助你对软件代
码进行版本控制，必要时提供回滚修改，或还原已经删除的文件。几乎每个源代码管理
系统都具有某种形式的分支和合并功能。分支意味着你需要分离开发的主干并在不更改
主干的情况下继续执行工作。合并的过程包括将一个分支合并到另一个分支中，例如从
开发分支合并到主干分支中。常见的分支策略有基于主干的分支、版本分支和功能分支。

在源代码管理系统中使用解决方案时，主要遵循如图 7-104 所示的流程。

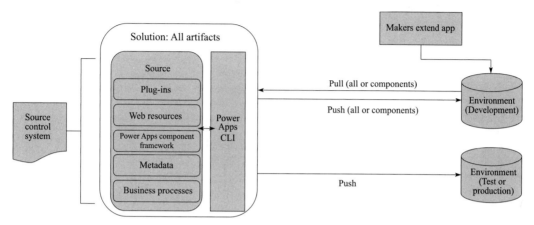

图 7-104　基于解决方案的源代码管理流程图

这个流程包含两个主要途径。

❑ 导出非托管解决方案并将其解包后放在源代码管理系统中。生成过程会将打包的
解决方案作为非托管解决方案导入临时生成环境（沙盒环境）。然后，将解决方案
导出为托管解决方案，并将其作为生成项目存储在源代码管理系统中。

❑ 将解决方案导出为非托管解决方案，并将其导出为托管解决方案，然后将它们放
在源代码管理系统中。尽管此方法不需要生成环境，但它需要维护所有组件的两
个副本：非托管解决方案中所有非托管组件的副本和托管解决方案中所有托管组
件的副本。

最后才是自动化。自动化是应用生命周期中的一个关键部分，可提高应用生命周期
管理的效率、可靠性、质量和效能。自动化工具和任务用于验证、导出、打包、解包和
导出解决方案，以及创建和重置沙盒环境。在 Power Platform 应用生命周期管理中，资
源开发的源代码管理以及如何有效进行自动化部署是一个既重要又具有挑战性的话题。
微软提供了工具集的选择，如 GitHub 和 Azure DevOps，同时提供了专门用于 Power
Platform 部署的工具 Power Platform Build Tools，帮助用户构建自动化流水线，将应用的
更改自动地、持续不断地部署到生产环境中，实现解决方案应用生命周期管理的自动化。

为了确保大家能够正常体验应用生命周期管理的功能，我们使用预先准备好的解决
方案包。解决方案包的下载链接为 https://github.com/ericzhao0821/lcadbook/blob/main/Co
ntosoDeviceOrderManagement_1_0_0_1.zip，名 称 为 ContosoDeviceOrderManagement_1_

0_0_1.zip，它是一个非托管解决方案。选定此解决方案，点击进入并查看其组件构成，如图 7-105 所示。

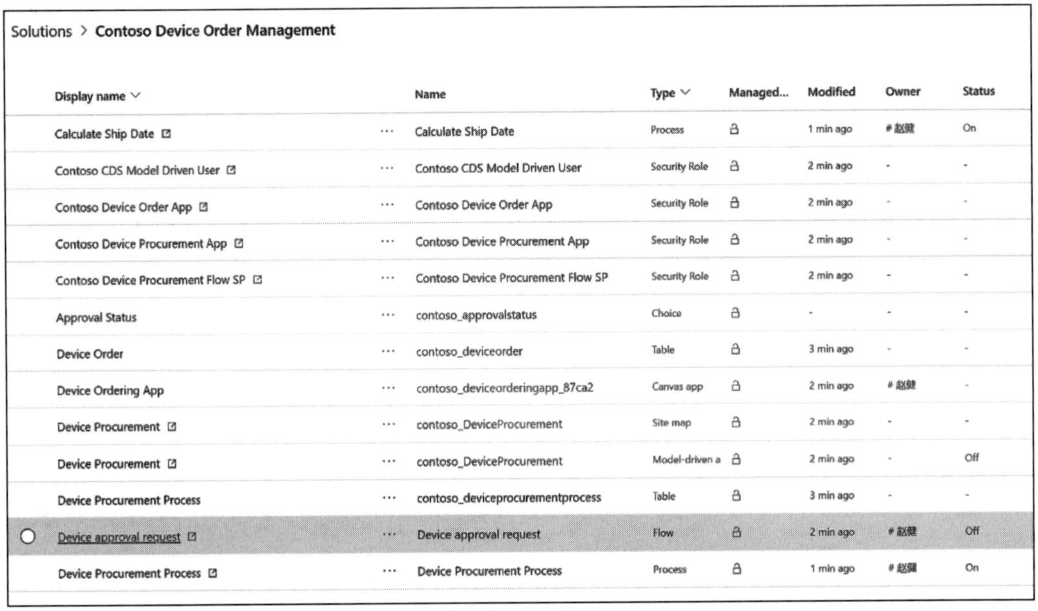

图 7-105 示例解决方案资源组成

回到上一级，选择 Contoso Device Order Management，点击 Export 按钮，将其导出为托管解决方案，命名为 ContosoDeviceOrderManagement_1_0_1_0_managed.zip。

其中，在导出解决方案的过程中会涉及 Solution Checker，这是 Power Platform 平台内置的工具。通过它，可以使用一组最佳实践规则对解决方案执行各种静态分析检查，并快速确定问题。检查完成后，将收到详细报告，其中列出了确定的问题、受影响的组件和代码，以及介绍各问题解决方法的文档链接。

导出的解决方案是一个按照定义命名的 zip 包。切换环境后，点击解决方案中的 Import 按钮，可以将此解决方案导入正式环境，如图 7-106 所示。

接下来，回到开发环境。我们发现应用中的一个 bug，表 Device Order 中的列 Device Name 的最大长度应该是 200，但目前最大长度为 100。要修改这个 bug，我们将用到修复补丁的操作。选中解决方案 Contoso Device Order Management，依次点击 Clone → Clone a patch，这个时候，环境中将出现两个同名的解决方案，即源解决方案及修复补丁解决方案。所有修改都将包含在修复补丁中，且源解决方案已经被锁住，无法编辑，如图 7-107 所示。

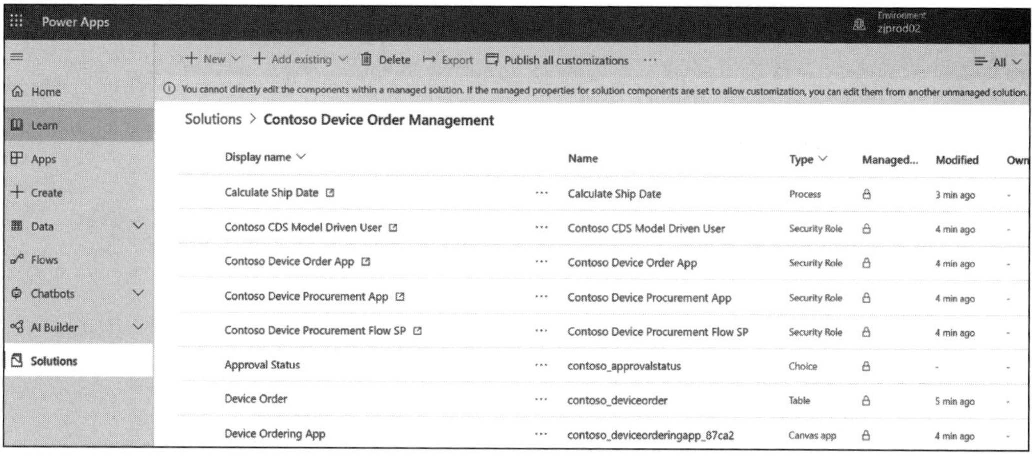

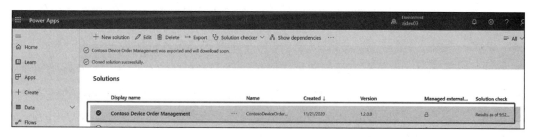

图 7-106　将托管方案导入模拟环境

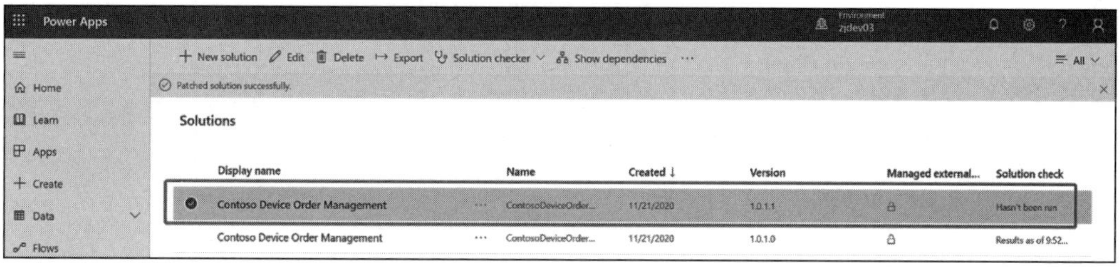

图 7-107　添加修复补丁解决方案

　　在修复补丁解决方案中，完成对列 Device Name 的修改。修改完成后，将修复补丁解决方案导出，并应用到模拟环境中。检查模拟环境中对应的列 Device Name，发现其最大值属性已经改为 200。

　　随着补丁的不断叠加，在某个时间节点系统需要进行功能更新，这个时候，我们通过 Upgrade（更新）的方式将开发好的功能应用到模拟环境中。依次点击 Clone → Clone Solution，我们会发现，环境中的解决方案及其所有补丁解决方案都将被整合在一起，如图 7-108 所示。

图 7-108　整合后用于功能更新的解决方案

在此解决方案中，添加一个表，命名为 Demo，然后将此解决方案进行打包。导出成托管的解决方案后，在模拟环境中，通过 Upgrade 进行更新，如图 7-109 所示。

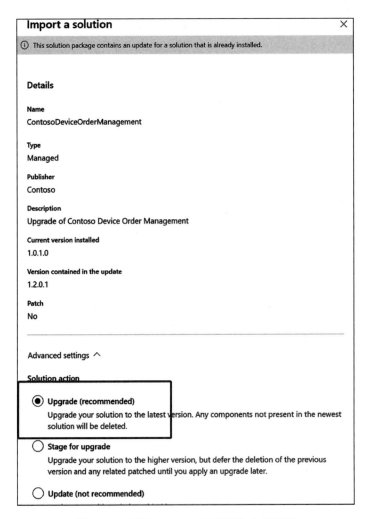

图 7-109 通过 Upgrade 进行解决方案更新

至此，利用这个小实验，我们体验了如何基于解决方案进行应用生命周期管理。在正式的生产环境中，如果有大量的环境需要进行部署更新，手动作业会严重影响效率，并不可避免地带来人为失误，需要自动化手段的介入。针对 Power Platform，利用 Azure DevOps，结合 Power Platform Build Tools 来实现部署流程的自动化，并实现应用的源代码管理。应用生命周期管理与 DevOps 的结合过程如图 7-110 所示。

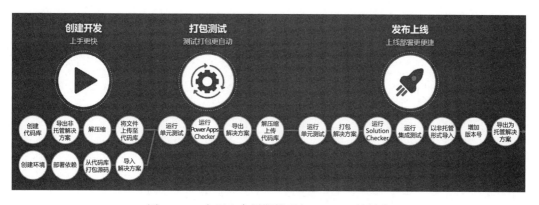

图 7-110　应用生命周期管理与 DevOps 的结合

　　进入 Azure DevOps 首页,创建或进入相应的项目来完成后续自动化流水线的搭建。首先,配置环境的连接信息。通过 Generic 的方式输入环境的 URL 地址及用户名与密码,我们创建两个连接信息,即 Dev 环境和 Prod 环境,其中 Dev 环境的连接信息创建如图 7-111 所示。

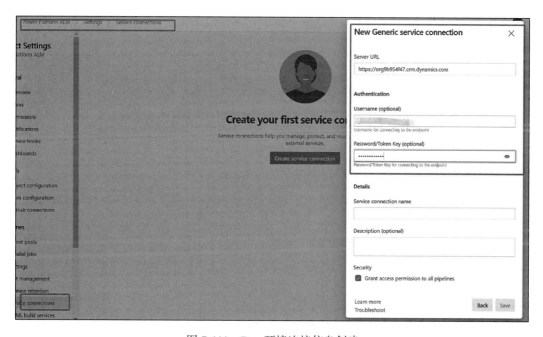

图 7-111　Dev 环境连接信息创建

　　调整用户权限,首先确保用户有 Git 推送的权限,如图 7-112 所示。

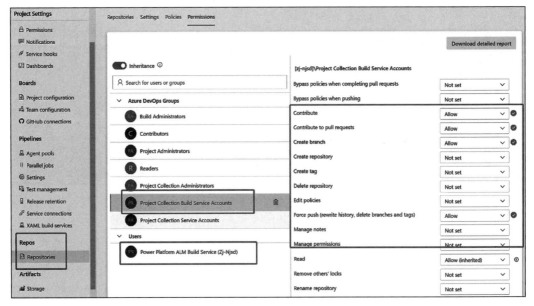

图 7-112 调整用户权限

在 Marketplace 中，搜索插件 Power Platform Build Tools，点击进行安装，如图 7-113 所示。

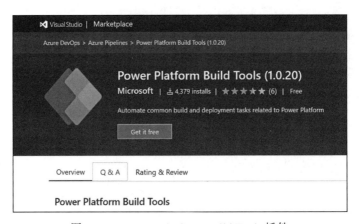

图 7-113 Power Platform Build Tools 插件

初始化 Repos，稍后将存储源代码。进入 Pipelines，创建第一条流水线，名为 UnmanagedSolutionToSource，用于将非托管解决方案导出，解压缩，进行源代码管理。

点击添加 Task，搜索 Power Platform，能够看到如下可用的 Task 列表，如图 7-114 所示。

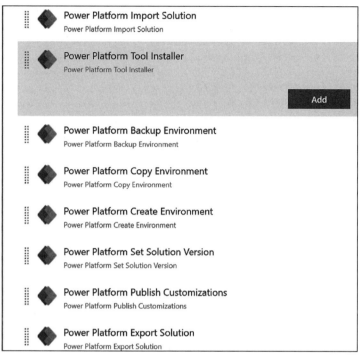

图 7-114　Power Platform Build Tools 支持功能

能够看到，这里借助 Power Platform Build Tools 提供了应用周期生命管理所需的所有功能。使用 Power Platform Build Tools 的步骤如下。

1）安装工具包，如图 7-115 所示。

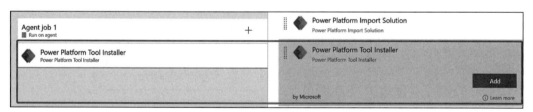

图 7-115　安装 Power Platform Build Tools

2）将环境中的解决方案 ContosoDeviceOrderManagement 导出成非托管解决方案，如图 7-116 所示。

3）对导出的非托管解决方案进行解压缩，如图 7-117 所示。

4）将解压缩的源文件上传到 Azure Repo，如图 7-118 所示。

添加变量 SolutionName，并将值设为 ContosoDeviceOrderManagement，保存并运行。

Pipeline 运行成功后，将能够在 Azure Repo 中查看解决方案相关的源码文件，如图 7-119 所示。

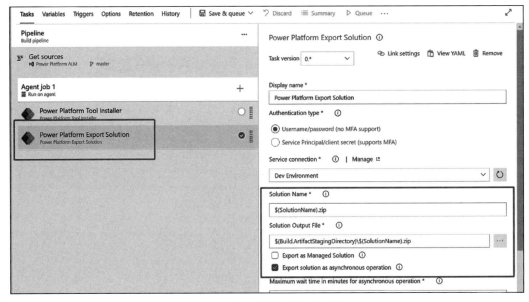

图 7-116　导出非托管解决方案

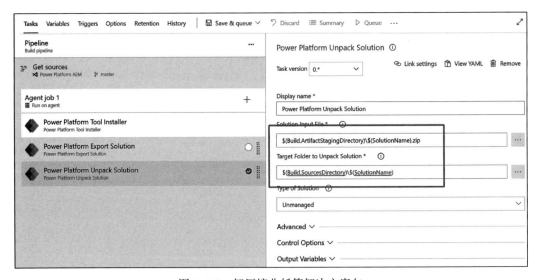

图 7-117　解压缩非托管解决方案包

至此，就介绍完应用生命周期的管理。下一节将带领大家了解 Center of Excellence 是如何帮助我们治理 Power Platform 环境的。

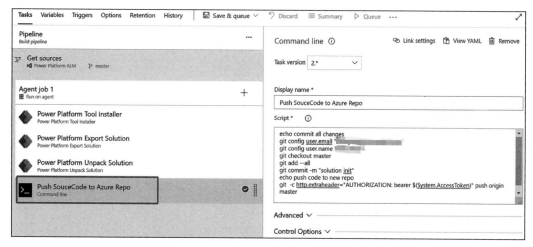

图 7-118　利用 Git 操作上传源代码

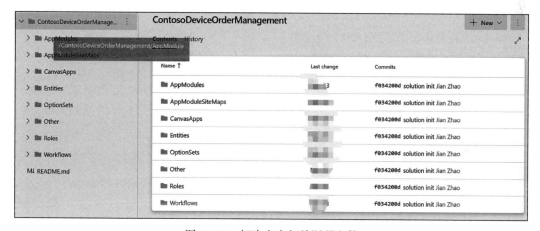

图 7-119　解决方案相关源码文件

7.3.3　卓越中心初期组件工具包

在企业将 Power Platform 作为下一代应用开发平台后，在不断适配的过程中，Power Platform 的治理是必不可少的。从文化上、流程管理上制定一套标准，帮助企业内部员工更快上手，更好地使用，使 IT 管理团队能够更加安全地管理，是每家全面适配 Power Platform 的企业的必修课。建立 Microsoft Power Platform Center of Excellence（卓越中心，CoE）意味着在保持管理和控制的同时，加强对企业内部员工能力的培养。对许多人来说，卓越中心是通过以下方式在整个组织内培养创造力和促进创新的第一步：使业务部门能够实现业务流程数字化和自动化，同时保持必要的集中监督和管理水平。

卓越中心旨在推动创新和改进。作为核心职能，它可以打破地理和组织的壁垒，汇聚志同道合且业务目标相同的人分享知识和成功经验，同时为组织提供标准、一致性和治理。总之，卓越中心是组织根据业务目标而不是单个部门指标进行调整的有效方法。通过卓越中心，利用标准的流程及合适的员工，可以确保数字化转型的持续、良好的落实。基于 Power Platform 建立卓越中心意味着需要在维护低代码应用的同时，在企业内部加强人员培训。卓越中心是组织围绕业务目标进行协调的方法论，在许多组织中，拥有这样一个系统对采用和简化管理有积极的影响。

Power Platform 提供了卓越中心初期组件工具包（CoE Starter Kit），帮助用户制订采用和支持 Power Platform 的策略。该工具包提供了一些自动化功能和工具，以帮助团队构建支持卓越中心所需的监控和自动化功能。该工具包的基础是 Microsoft Dataverse 数据模型和工作流，它们用于在租户的各个环境中收集资源信息。该工具包包含多个应用和 Power BI 分析（用于查看所收集的数据并与之交互），以及流（用于收集环境中的数据，并帮助执行工作流以满足用户的合规性需求）。该工具包还提供了用于执行卓越中心工作的几个模板以及建议的模式和做法。

需要明确的一点是，此工具包不代表整个卓越中心，因为卓越中心所需要的不仅是工具，还需要人员、通信以及确定的要求和流程。这里提供的工具只是达到最终目标的一种手段，每个组织都必须根据自身需求和偏好来精心设计卓越中心。同时，CoE Starter Kit 是一个模板，可能无法满足每个组织的要求，它是一个很好的开端，其终极结果需要根据企业的实际情况进行适配。

CoE Starter Kit 有四大组件，如图 7-120 所示。

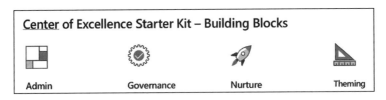

图 7-120　CoE Starter Kit 的四大组件

❑ **核心组件（Admin）**：提供开始设置卓越中心所需的知识。它们会将你的所有资源同步到表中，还会构建管理应用，以帮助你更好地了解环境中存在的应用、流和创建者。此外，数据防丢失保护编辑器、设置应用权限之类的应用还可以帮助执行日常管理员任务。核心组件仅与管理员有关。

❑ **治理组件（Governance）**：熟悉环境和资源后，你可能会开始考虑应用的审核与合规流程。你可能想要从开发者那里收集有关你的应用的更多信息，或者审核特定连接器或应用的使用情况。此类组件中包含的应用和流可帮助你入门。治理组件与管理员及开发者皆有关联。

❑ **培养组件（Nurture）**：建立卓越中心的一个重要环节是培养开发者和创建内部社区。你需要共享最佳实践和模板并培训新创建者。此类组件中包含的资产可帮助你制订这项行动的策略。培养组件与每一个使用 Power Platform 的人员都息息相关。

❑ **主题组件（Theming）**：全民开发者在创建应用过程中，经常会提出希望将公司的品牌元素，如配色、LOGO 等融入应用的开发中，让开发出来的应用从布局到配色都能够与品牌设计相统一。此类组件中的资产将帮助你创建、管理和共享主题。主题组件与创建及设计应用的人员相关。

接下来，我们在环境中搭建卓越中心核心组件，并体会其实现效果。首先，通过链接 https://aka.ms/CoEStarterKitDownload 下载 CoE Starter Kit 工具包，并对下载好的文件进行解压缩。其包含的文件内容如图 7-121 所示，其中包含四大组件的解决方案包及 Power BI 模板。

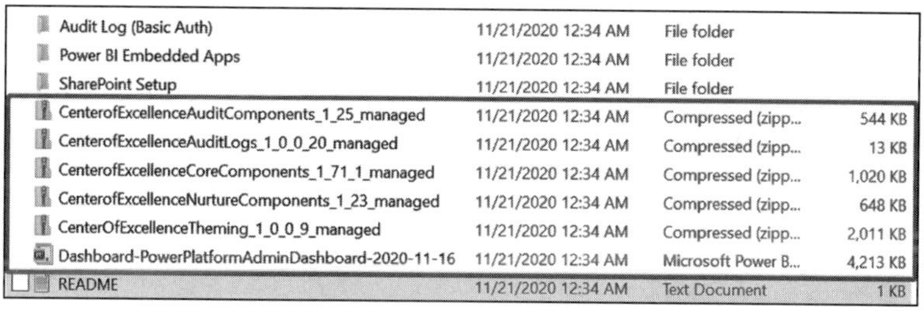

图 7-121　CoE Starter Kit 文件内容

点击进入 Power Apps 首页，导航到解决方案，导入核心组件 CenterofExcellenceCore Components_1_71_1_managed.zip。导入过程需创建 19 个 Connection，分别用于卓越中心核心组件的不同功能，包括获取数据、发送邮件等，如图 7-122 所示。

添加管理员邮箱，用于向管理员发送通知；添加 Power Automate 的环境变量，用于区分流的区域，如图 7-123 所示。

导入过程需花费一些时间添加核心组件，可能需要 10 ～ 15 分钟。

导入完成之后，点击进入解决方案，请确保导入的工作流皆处于运行状态，如图 7-124 所示。

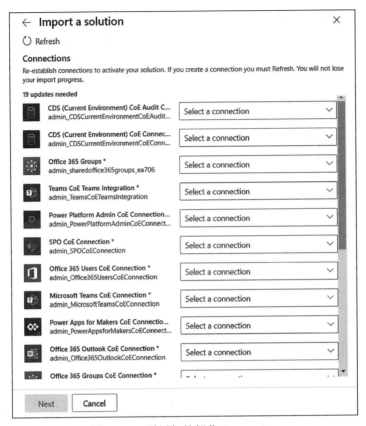

图 7-122 需添加的部分 Connection

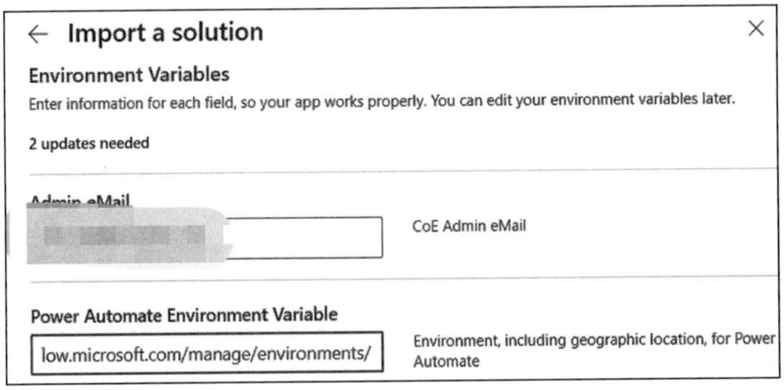

图 7-123 添加 Power Automate 环境信息

　　利用这些工作流，能够帮助用户收集环境中的管理信息，对环境实施有效管理。除了导入解决方案之外，CoE Starter Kit 提供了一套用于监控和管理 Power Platform 平台的 Power BI 大屏，帮助用户直观了解环境中发生的事情，并基于可视化数据做出响应。

Power BI Dashboard 提供了一个全面的视图，其中包含可视化内容以及对租户中资源的见解：环境、应用、Power Automate 流、连接器、连接引用、创建者和审核日志。前面下载的 CoE Starter Kit 包中已经包含 Power BI Dashboard 的文件，其文件名为 Dashboard-PowerPlatformAdminDashboard-2020-10-13.pbit。利用 Power BI Dashboard 打开该文件，配置相应的环境 URL，即可连接到数据源，如图 7-125 所示。

Display name ∨		Name	Type ∨	Managed...	Modified	Owner	Status
Admin	Sync Template v2 ☑	···	Admin	Sync Template v2	Flow	🔒	12 min ago	☺ 赵健	On
Admin	Sync Template v2 (Apps) ☑	···	Admin	Sync Template v2 (Apps)	Flow	🔒	12 min ago	☺ 赵健	On
Admin	Sync Template v2 (Connectors) ☑	···	Admin	Sync Template v2 (Conne	Flow	🔒	12 min ago	☺ 赵健	On
Admin	Sync Template v2 (Custom Connectors) ☑	···	Admin	Sync Template v2 (Custom	Flow	🔒	12 min ago	☺ 赵健	On
Admin	Sync Template v2 (Flow Action Details) ☑	···	Admin	Sync Template v2 (Flow A	Flow	🔒	12 min ago	☺ 赵健	On
Admin	Sync Template v2 (Flows) ☑	···	Admin	Sync Template v2 (Flows)	Flow	🔒	12 min ago	☺ 赵健	On
Admin	Sync Template v2 (Model Driven Apps) ☑	···	Admin	Sync Template v2 (Model	Flow	🔒	12 min ago	☺ 赵健	On
Admin	Sync Template v2 (PVA) ☑	···	Admin	Sync Template v2 (PVA)	Flow	🔒	12 min ago	☺ 赵健	On
Admin	Sync Template v2 (RPA) ☑	···	Admin	Sync Template v2 (RPA)	Flow	🔒	14 min ago	☺ 赵健	Off
Admin	Sync Template v2 (Sync Flow Errors) ☑	···	Admin	Sync Template v2 (Sync Fl	Flow	🔒	12 min ago	☺ 赵健	On
Admin	Sync Template v2 (UI Flow Runs) ☑	···	Admin	Sync Template v2 (UI Flov	Flow	🔒	14 min ago	☺ 赵健	Off

图 7-124　卓越中心核心组件导入的工作流

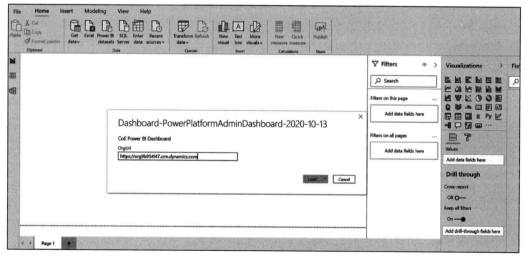

图 7-125　利用 Power BI Dashboard 打开卓越中心大屏模板

设置完成后，将 Power BI Dashboard 发布到云端 Power BI，后续可以通过网页浏览报表。一切配置好后，用户将获取一个 Power BI Dashboard 以及一系列内置的页面，用于查看环境中的使用情况。

概述页面用于描述当前环境数量、创建者数量、连接器数量、应用总数等，帮助用户对于环境有个大致的了解，如图 7-126 所示。

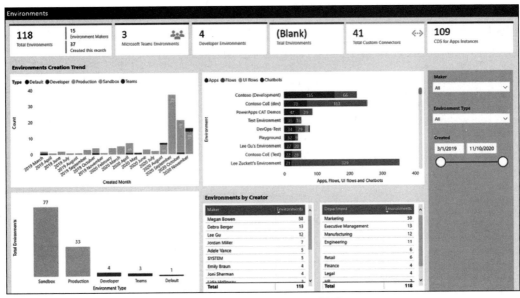

图 7-126　Power Platform 概要

环境页面显示了按环境类型列出的环境创建趋势、每个环境的资源数量、按类型列出的环境数量、一流环境创建者等信息，如图 7-127 所示。

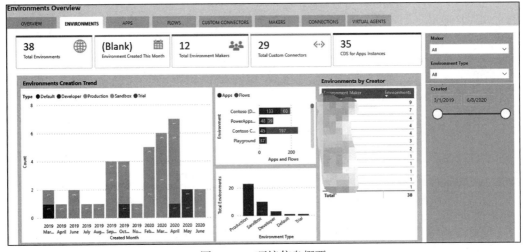

图 7-127　环境信息概要

应用页面显示了应用总数、本月创建的应用总数、应用制作者总数、画布应用和模型驱动应用总数、生产应用的数量（生产应用在一个月内有 50 个活动会话或 5 个唯一用户的活动会话），如图 7-128 所示。

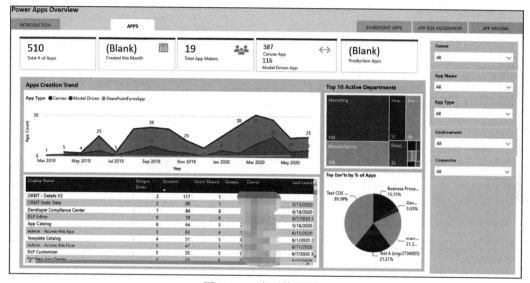

图 7-128　应用使用情况

通过以上信息，用户可以查看应用的创建趋势、最活跃的部门以及应用数量最多的环境。流页面提供环境中基于云的 API 自动化流的概览。

Power Automate 页面主要显示本月创建的流总数、流创建者总数、暂停和停止的流总数，如图 7-129 所示。

利用可视化数据，可以查看流创建趋势、最活跃的部门和排名靠前的环境。使用所有流的列表视图可以按流中的操作数、流创建者和流状态对流进行排序。

自定义连接器页面，显示当前租户拥有的具体自定义连接器、要连接到的终结点以及使用自定义连接器的具体用户，如图 7-130 所示。

在自定义连接器总数和测试连接器（显示名称中带有 Test 字样的连接器）数目旁边，还将看到连接器创建趋势、创建连接器数量较多的创建者，以及创建的连接器被哪些应用及流程所使用的描述。

以上页面及其详细内容能够为用户提供足够多的信息，让用户了解环境中目前的使用情况。用户基于上述使用情况，结合其他组件及 CoE Starter Kit 中提供的管理 App，就能够对 Power Platform 平台实现快速管理。

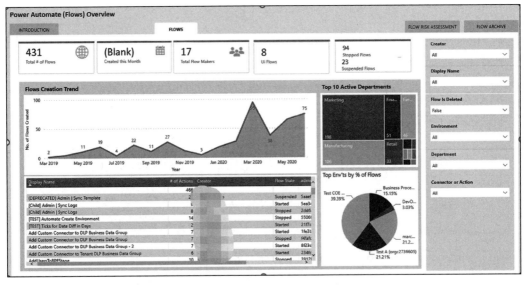

图 7-129　Power Automate 数据信息

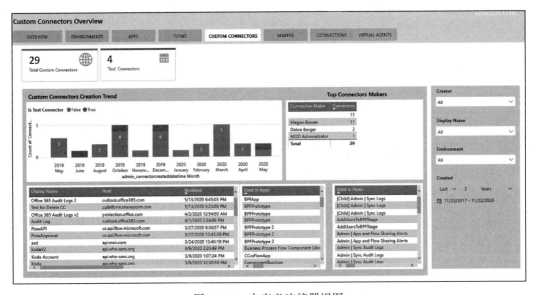

图 7-130　自定义连接器视图

　　本章描述了 Power Apps 在管理上的几个方面，包括环境管理、安全设置、应用生命周期管理以及 Power Platform 治理。利用低代码平台进行开发，在快速开发的同时，做好以上几个方面，就能使开发出的应用在处理业务时保质、保量、保安全。

第 8 章 *Chapter 8*

流程自动化

随着 RPA 浪潮的来临，流程自动化已经被越来越多的行业所关注和采纳。如何利用低代码工具快速定制企业的自动化工作流是本章主要讨论的话题。从本质上讲，构建自动化流程、避免重复性劳动是低代码平台的一类典型场景。大部分重复性工作是遵循一定的规律和流程的。低代码平台的模块化和可扩展性正好可以利用典型的功能模块，替代重复性劳动，从而实现快速的流程自动化开发。本章会以 Power Platform 为例，重点剖析 Power Automate 服务，通过动手实践帮助读者熟悉典型工作流的实现。

本章会介绍三类自动化工作流。

❏ 基础的触发式工作流。例如重要内容的邮件提醒、重要发件人的邮件提醒、特定文件夹有更新时的提醒。

❏ 业务流程工作流。例如希望所有人以相同的方式处理客户服务请求，或者要求员工在提交订单前获取发票许可等。

❏ 界面化的工作流。例如在财务审核的场景中，通过录制桌面端操作，完成重复性的计算器操作；或是在资料收集的场景中，录制网页端操作，实现网页搜索及表格录入。

无论你是公司普通员工还是 IT 技术人员，都可以快速搭建属于自己的工作流。下面，我们将从几个典型场景入手，带领读者通过实践进一步理解自动化工作流的价值。

8.1 典型的工作流

什么是工作流？下面是一些可执行操作的示例。

☐ 自动化业务流程。

☐ 发送过期任务的自动提醒。

☐ 在系统之间有计划地移动业务数据。

☐ 连接其他内置的 300 个数据源，或连接公开发布的 API。

☐ 在本地计算机中自动执行任务，如在 Excel 中计算数据。

只需要把日常重复的、手动操作的流程记录下来，转化成 Power Automate 中的步骤，就可以自动执行它们，这是一件多么令人开心的事情！Power Automate 就是这样一款以自动化为中心的产品服务。接下来，我们来一起动手实践，使用"**收到新电子邮件时**"触发器创建一个流。当某个或多个电子邮件与你提供的先决条件匹配时，该流就会自动运行。

8.1.1 基于电子邮件主题触发的工作流

在本次实操中，我们来创建这样一个流：如果任何新电子邮件的主题中包含"lottery"一词，它就会发送通知提醒。该流随后会将此电子邮件标记为已读。

下面，我们开始操作。

1）登录 Power Automate，然后选择 My flows（我的流）选项卡。

2）选择 Automated-from blank 选项从零开始创建流，如图 8-1 所示。

3）搜索 new email，然后从触发器列表中选择 Office 365 Outlook-When a new email arrives（V3），如图 8-2 所示。每当收到电子邮件时，此触发器都会运行。

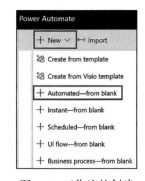

图 8-1 工作流的创建

4）选择想要监视的电子邮件的文件夹，然后点击 Show advanced options（显示高级选项），如图 8-3 所示。

在 Subject Filter（主题筛选器）框中，输入流用于筛选传入电子邮件的文本 lottery，如图 8-4 所示。在此示例中，我们对主题中包含 lottery 一词的任何电子邮件都感兴趣。

5）选择 New step → Choose an action。

6）搜索 Notifications（通知），然后从操作列表中选择 Notifications-Send me a mobile notification，如图 8-5 所示。

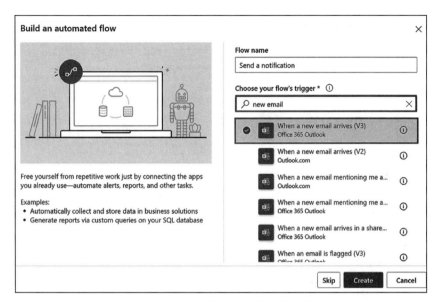

图 8-2　命名工作流及触发条件选择

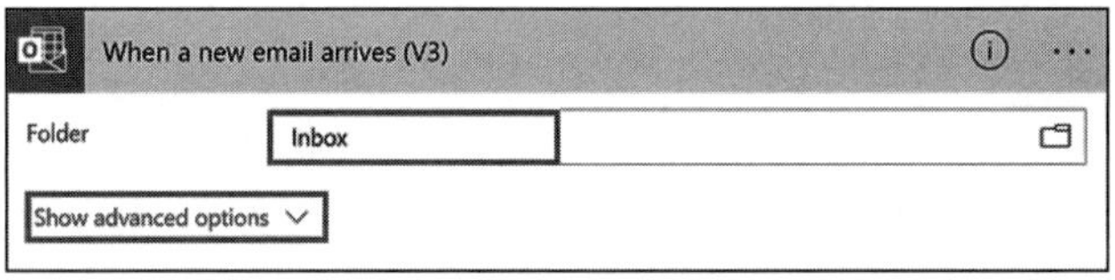

图 8-3　选择文件夹并编辑高级选项配置

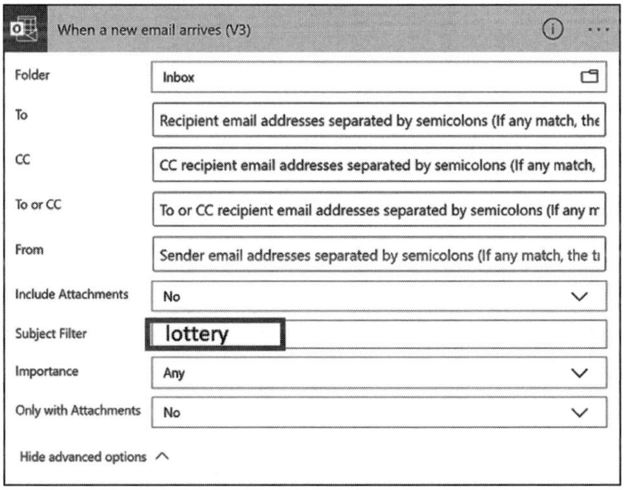

图 8-4　主题筛选

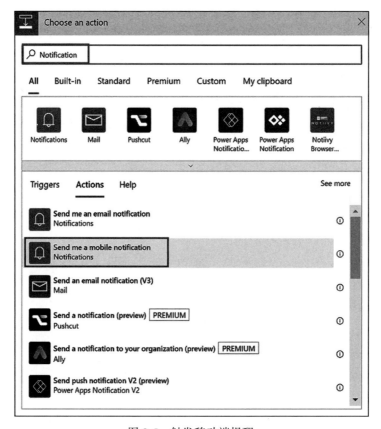

图 8-5 触发移动端提醒

7）输入当收到与指定主题筛选器匹配的电子邮件时要接收的移动通知的详细信息，如图 8-6 所示。

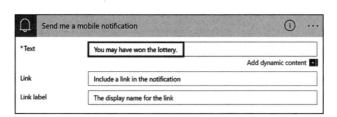

图 8-6 编辑发送的通知内容

8）依次选择 New step → Choose an action。

9）搜索 read（已读），然后从操作列表中选择 Office 365 Outlook -Mark as read or unread（V2），如图 8-7 所示。

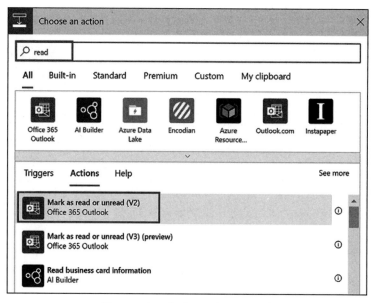

图 8-7　配置行为——标记为已读

10）在 Mark as read or unread 卡片中，在 Message Id 框中添加 Message Id 标记。

如果 Message Id 选项不可见，则可以通过在搜索框中输入消息 ID 进行搜索，如图 8-8 所示。

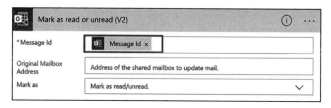

图 8-8　填写消息 ID

11）为流命名，然后点击页面顶部的 Save 按钮进行保存，如图 8-9 所示。

图 8-9　保存流

好了，现在每次收到主题中包含 Lottery 一词的电子邮件，你都将收到推送通知。你可以给自己发送邮件测试一下。

8.1.2 基于电子邮件发件人触发的工作流

在本节中，我们来创建这样一个流：如果收到任何来自特定发件人（电子邮件地址）的新邮件时，它就会发送通知提醒。此流随后会将此电子邮件标记为已读。

1）登录 Power Automate，然后选择 My flows 选项卡。

2）选择 Automated-from blank 选项从零开始创建流，如图 8-10 所示。

3）搜索 new email，然后从触发器列表中选择 Office 365 Outlook - When a new email arrives（V3），如图 8-11 所示。每当收到电子邮件时，此触发器都会运行。

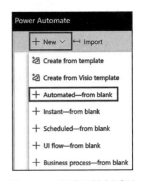

图 8-10　从零开始创建流

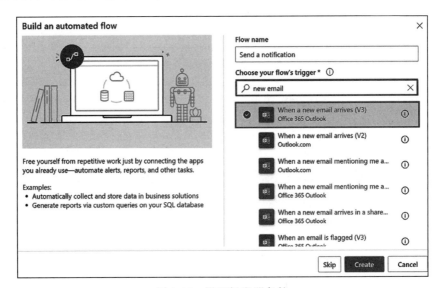

图 8-11　设置触发器条件

4）选择希望自动化流来监控的收件箱文件夹，然后点击 Show advanced options，如图 8-12 所示。

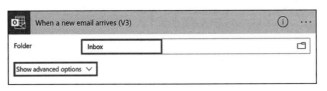

图 8-12　显示高级选项

5）在 From（发件人）框中输入发件人的电子邮箱地址，如图 8-13 所示。流会对任何从此地址发送过来的电子邮件执行操作。

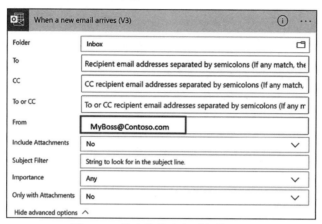

图 8-13 输入发件人电子邮件地址

6）选择 New step → Choose an action。搜索 Notifications，然后从操作列表中选择 Notifications - Send me a mobile notification，如图 8-14 所示。

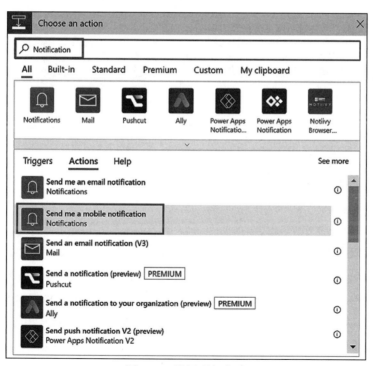

图 8-14 设置通知方式

7）输入当收到由特定电子邮件地址发来的邮件时要接收的移动通知的详细信息，如图 8-15 所示。

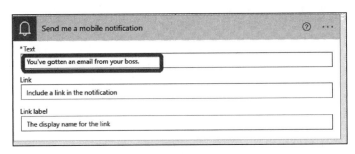

图 8-15　设置通知信息

8）选择 New step → Choose an action。搜索 read，然后从操作列表中选择 Office 365 Outlook - Mark as read or unread（V2），如图 8-16 所示。

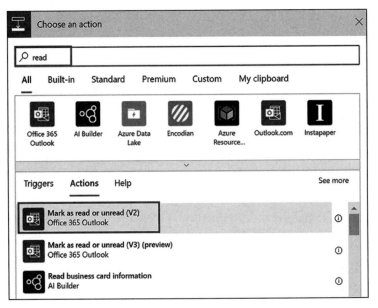

图 8-16　设置标记为已读

9）在 Mark as read or unread（V2）卡片中，在 Message Id 框中添加 Message Id 标记。如果消息 ID 选项不可见，则可以通过在搜索框中输入消息 ID 进行搜索，如图 8-17 所示。

10）为流命名。点击页面顶部左侧的名字可以修改名称，修改后再点击右侧的 Save 按钮进行保存，如图 8-18 所示。

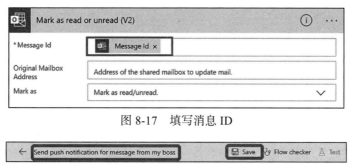

图 8-17　填写消息 ID

图 8-18　创建流并保存

8.1.3　当特定文件夹收到邮件时触发的工作流

如果有根据某些属性（如地址）将电子邮件路由到不同文件夹的规则，则可能会使用此类型的流。具体操作如下。

1）登录 Power Automate，然后选择 My flows 选项卡。

2）选择 Automated-from blank 选项从零开始创建，如图 8-19 所示。

3）搜索 new email，然后从触发器列表中选择 Office 365 Outlook - When a new email arrives（V3）。每当收到电子邮件时，此触发器都会运行，如图 8-20 所示。

图 8-19　从零开始创建

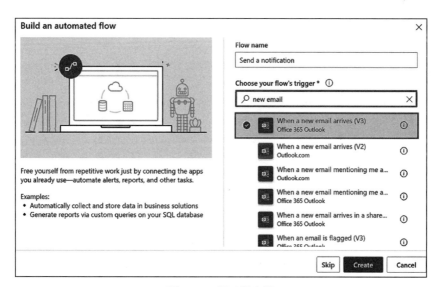

图 8-20　设置触发器

4）选择特定电子邮件的文件夹，该图标位于 When a new email arrives 卡片的 Folder（文件夹）框的右侧，如图 8-21 所示。

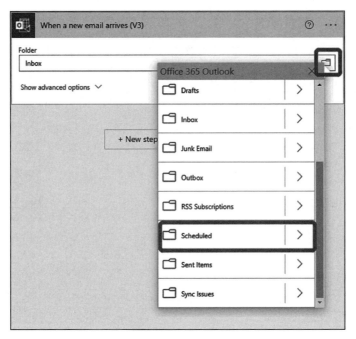

图 8-21 设置路由特定电子邮件的文件夹

5）依次选择 New step → Choose an action。搜索 Notifications，然后从操作列表中选择 Notifications - Send me a mobile notification，如图 8-22 所示。

6）输入当特定文件夹中收到电子邮件时要接收的移动通知的详细信息，如图 8-23 所示。

7）依次选择 New step → Choose an action。搜索 read，然后从操作列表中选择 Office 365 Outlook - Mark as read or unread（V2），如图 8-24 所示。

8）在 Mark as read or unread（V2）卡片中，在 Message Id 框中添加 Message Id 标记。如果 Message Id 选项不可见，则可以通过在搜索框中输入消息 ID 进行搜索，如图 8-25 所示。

9）为流命名。点击页面顶部左侧的名字可以修改名称，修改后再点击右侧的 Save 按钮进行保存，如图 8-26 所示。

可以向本次实操中指定的文件夹发送邮件来测试此流。

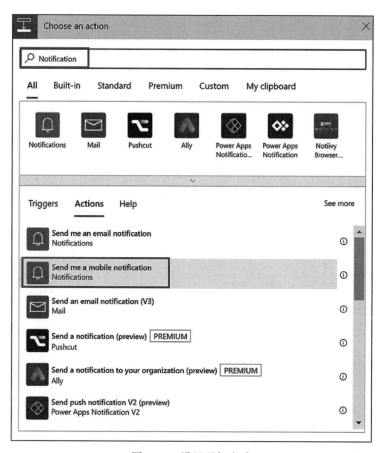

图 8-22　设置通知方式

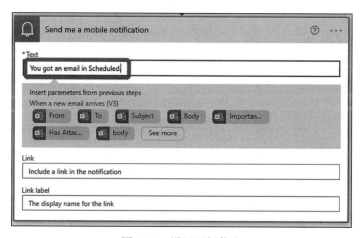

图 8-23　设置通知信息

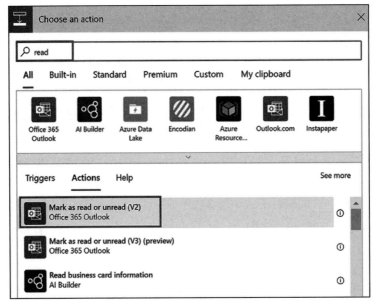

图 8-24 设置标记为已读

图 8-25 填写消息 ID

图 8-26 创建流并保存

8.2 业务流程自动化

通过创建业务流程，可以确保用户输入的数据和步骤一致。例如，如果希望所有人以相同的方式处理客户服务请求，或者要求员工在提交订单前获取发票许可，你可以创建一个业务流程。业务流程使用与其他流程相同的底层技术，但其提供的功能却与使用流程的其他功能有很大的不同。在开始创建业务流程之前，我们先来了解一些基本概念和原理。

1. 为什么要使用业务流程自动化

业务流程指导用户完成某项任务，并为整个任务的执行提供了清晰的步骤及简洁的体验，可以引导用户根据业务需要引领用户由结论出发定义流程。该流程是交互式的，不同的角色可以看到不同的业务流程，享有个性化的体验。该流程和交互形式可以定制，使具有不同安全角色的人可以拥有最适合其工作的交互体验。

使用业务流程可以定义一组供用户遵循的步骤，以获得一致的预期结果。这些步骤提供了一种可视化的指示信息，告诉用户其处在业务流程中的什么位置。业务流程可以减少培训需求，新用户不必将工作重点放在应该使用哪个实体上，他们可以让流程来指导自己。你可以配置业务流程来支持常见的销售方法，从而帮助你的销售团队获得更好的结果。对于服务部门，业务流程可以帮助新员工更快地熟练业务，尽量避免可能导致客户不满意的问题。

使用业务流程可以定义一组阶段和步骤，它们随后会在窗体顶部的控件中显示。每个阶段包含一组步骤。每个步骤代表可以输入数据的一个字段。用户可以使用 Next 按钮前进到下一个阶段。你可以将某个步骤设为"必需步骤"，使得用户必须在对应的字段输入数据后，才能进入下一个阶段。

与其他类型的流程相比，业务流程专注在实现对于业务流程的引导、数据的录入等方面。但当业务流程与其他流程，或流程中用到的技术，例如业务规则、工作流等相结合，能够体现出更大的价值，帮助企业用户节省时间、降低培训成本、提高用户满意度。

2. 如何与其他自定义项集成

使用业务流程输入数据时，数据的更改也会体现在窗体的字段中，因此，任何与窗体有关的自动化手段，例如业务规则或窗体中的自动化脚本，都会将数据更改应用于窗体字段，因此可以立即应用业务规则或窗体脚本提供的自动化。也可以添加为不在窗体中的字段设置值的步骤，这些字段将会添加到用于窗体脚本的 Xrm.Page 对象模型中。当窗体中的数据修改被保存时，任何业务流程自动化中调用的工作流将会被触发并执行。在保存窗体中的数据时，它将应用于包括业务流程中的字段的所有工作流。如果此时触发的是一个实时工作流，那么任何数据的修改都将直接显示在表单或窗体中。如果实时工作流应用了流程自动化，则在保存记录后刷新窗体中的数据时，用户可以立即看到更改。

虽然窗体中的业务流程不提供直接的客户端编程方式，但任何客户端侧的修改，例如通过业务规则或脚本进行的修改，都会立刻更新在业务流程的显示中。如果在窗体中隐藏了一个字段，则该字段也会在业务流程控件中隐藏。如果使用业务规则或窗体脚本设置了值，则在业务流程中也会同样显示最新的值。

3. 并行业务流程

并行业务流程可以供定制人员配置多个业务流程，然后将多个业务流程与同一个实体记录相关联。用户可以在并行运行的多个业务流程之间切换，并恢复某个流程中所处阶段的工作。

4. 多个实体和多个业务流程

可以将一个业务流程用于单个实体，也可以用于多个实体。例如，你可以有一个以商机开始的流程，然后继续到报价、订单和发票，最后返回以结束商机。你可以设置一些业务流程，将不同实体（最多 5 个）关联到一个流程中，以使用户可以将工作重点放在其流程上，而不是其中工作的实体上。他们可以更加轻松地在相关的实体记录之间跳转。

每个实体有多个可用的业务流程。并非组织中的每个用户都能遵循相同的流程，不同的情况可能要求应用不同的流程。每个实体最多可以有 10 个活动的业务流程，以便为不同的情况提供相应的流程。

如果要控制将要应用哪个业务流程，可以将业务流程与安全角色关联起来，从而使只有具备这些安全角色的人才能看到或使用它们。你也可以设置业务流程的顺序，以便控制默认设置的业务流程。实现的方式与为一个实体定义多个窗体是一样的。

如果有人创建了新实体记录，将按该用户的安全角色筛选可用的业务流程列表。根据流程列表并结合用户的安全角色，选择第一个已经处于激活状态的业务流程作为默认选项。如果有多个有效业务流程定义可用，用户可从"切换流程"对话框加载另一个。只要切换了流程，当前显示的流程都将进入后台，并替换为所选流程。但是该流程将保留其状态，并且可以切换回来。每个记录可以有多个关联的流程实例（每个针对一个不同的业务流程定义，总数最多为 10 个）。在加载窗体时，仅显示一个业务流程。任何用户应用其他流程时，默认只能为这个特定用户加载这个流程。

若要确保默认为所有用户加载某个业务流程（等于"固定"该流程），可以在加载窗体时添加自定义客户端 API 脚本（Web 资源），该脚本根据业务流程定义 ID，专门加载现有业务流程实例。

了解了以上的概念，接下来，我们来看如何使用 Power Automate 创建业务流程。

注意 创建业务流程定义之后，可以提供对可创建、读取、更新或删除业务流程实例的人员的控制。例如，对于与服务有关的流程，可以为客户服务代表提供完全访问权限以更改业务流程实例。但是仅为销售代表提供实例的只读访问权限，这样他们就可以监控客户的售后活动。若要为创建的业务流程设置安全性，请选择操作栏中的**启用安全角色**。

8.2.1 先决条件

需要具有 Power Automate 的许可才能创建业务流程。某些 Dynamics 365 许可计划包括 Power Automate 许可。

8.2.2 创建业务流程

1）打开模型驱动应用中的 Solution explore（解决方案资源管理器）。

2）在左侧导航窗格中，选择 Process（流程）。

3）在 Action（操作）工具栏上，选择 New（新建）。

4）在 Create Process（创建流程）对话框中，填写必填字段。

❑ 输入流程名称。流程的名称不需要唯一，但应该对需要选择流程的用户有意义。以后可以更改此属性。

❑ 在 Category（类别）列表中选择 Business Process Flow（业务流程）。在创建流程后，不能更改类别。

❑ 在 Entity（实体）列表中，选择要充当流程基础的实体。

你选择的实体会影响可用于这些步骤的字段，这些步骤可添加至业务流程的第一阶段。如果没有找到所需的实体，请确保该实体已经包含实体定义中的"业务流程（将创建字段）"选项集。保存流程后，就不能更改此属性。

5）点击"确定"按钮。

创建新流程，并打开业务流程设计器，其中包含已为你创建的一个阶段，如图 8-27 所示。

6）添加阶段。如果用户要在进程中从一个业务阶段进入另一个阶段，则进行如下操作。

首先，将一个 Stage（阶段）组件从 Component（组件）选项卡拖放到设计器中的"+"号上，如图 8-28 所示。

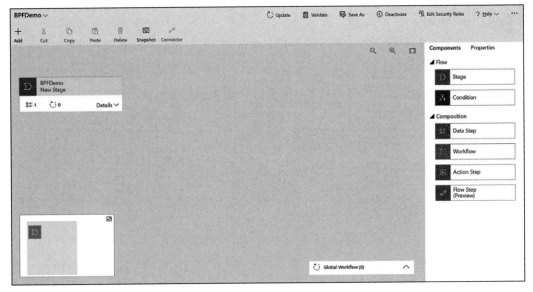

图 8-27　创建新流程

图 8-28　拖放组件至"+"号上

　　其次，若要设置阶段的属性，请选择 Stage 选项，然后在屏幕右侧的 Properties（属性）选项卡中设置属性。

　　❑ 输入显示名称。

　　❑ 如果有必要，为阶段选择一个类别。类别（如 Propose）在流程栏中显示为 V 形控件，如图 8-29 所示。

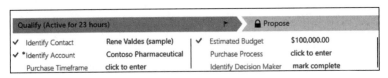

图 8-29　设置类别

　　❑ 更改完属性之后，点击 Apply 按钮。

　　7）向阶段添加步骤。若要在阶段中添加步骤，请选择阶段左下角中的详细信息。若要添加更多步骤，则进行如下操作。

首先，将 Data Step（数据步骤）组件从 Component 选项卡拖到阶段，如图 8-30 所示。

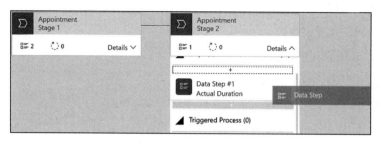

图 8-30　拖放步骤组件

其次，选择 Data Step，然后在 Properties 选项卡中设置属性。

❑ 输入步骤的显示名称。

❑ 如果希望用户输入数据来完成步骤，则从下拉列表中选择相应字段。

❑ 若希望使用户必须填写字段完成该步骤才能移动到流程中下一阶段，请选择必填。

❑ 完成后，点击 Apply 按钮。

8）向流程中添加分支（条件）。若要添加分支条件，则进行如下操作。

首先，将 Condition（条件）组件从 Component 选项卡拖到两个阶段之间的"＋"号，如图 8-31 所示。

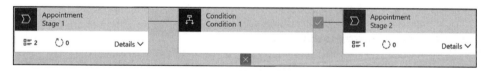

图 8-31　拖放条件组件

其次，选择 Condition，然后设置 Properties 选项卡中的属性。为条件设置完属性之后，点击 Apply 按钮。

9）添加工作流。若要调用工作流，则进行如下操作。

首先，将一个 Workflow（工作流）组件从 Component 选项卡拖到阶段或设计器中的 Global Workflow（全局工作流）项。要添加哪个取决于以下情况。

❑ 如果要在进出阶段时触发工作流，请将其拖到阶段。工作流必须与阶段基于同一个主实体。

❑ 如果要在激活流程或归档流程时（状态变为已完成或已放弃）触发工作流，将其拖到全局工作流项。工作流必须与流程基于同一个主实体。

其次，选择工作流，然后在 Properties 选项卡中设置属性。

❑ 输入显示名称。

❑ 选择应何时触发工作流。

❑ 搜索匹配阶段实体的有效工作流，或通过选择 New 选项创建新工作流。

❑ 完成后，点击 Apply 按钮。

10）若要验证业务流程，请点击操作栏中的 Validate（验证）按钮。

11）若要在继续处理流程时将流程另存为草稿，请点击操作栏中的 Save 按钮。

12）若要激活流程并提供给团队，请点击操作栏中的 Activate（激活）按钮。

13）若要控制谁可以创建、阅读、更新或删除业务流程实例，请在设计器的命令栏上选择 Edit Security Roles（编辑安全角色）。例如，对于与服务有关的流程，可以为客户服务代表提供完全访问权限以更改业务流程实例。但是仅为销售代表提供实例的只读访问权限，这样他们就可以监控客户的售后活动。

在 Security Roles（安全角色）页面中，选择角色的名称以打开安全角色信息页面。选择 Business Process Flows（业务流程）选项卡，然后在业务流程中为安全角色分派相应权限。

说明一下，默认情况下，系统管理员和系统定制员安全角色有权访问新业务流程，如图 8-32 所示。

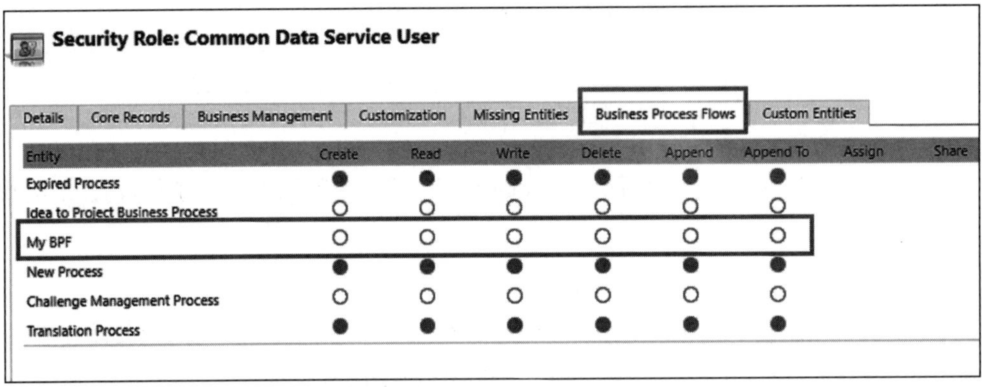

图 8-32 访问新业务流程权限

通过选中相应的单选按钮指定权限，然后点击 Save 按钮。接下来，不要忘记将安全角色分派到组织中的相应用户。

在设计器窗口中处理任务流时，请记住下面的这些技巧。

- 若要抓取业务流程窗口中所有内容的屏幕截图，请选择操作栏中的屏幕截图，这非常有用。例如，当需要共享和获取团队成员有关流程的注释时。
- 使用迷你地图快速导航到流程的其他部分。当你有超出屏幕的复杂流程时，这非常有用。
- 若要为业务流程添加说明，请选择业务流程窗口左上角流程名称下的详细信息。最多可使用 2000 个字符。

8.2.3　编辑业务流程

要编辑业务流程，打开解决方案资源管理器，选择 Process，然后从要编辑的流程列表中选择 Business Process。当你从流程列表中选择要编辑的业务流程的名称时，它将在设计器中打开，你可以对其进行任何更新。展开流程名称下的 Details（详细信息）以重命名此流程，添加说明并查看其他信息，如图 8-33 所示。

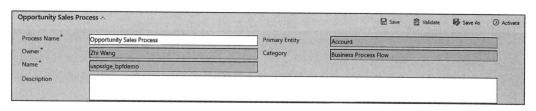

图 8-33　业务流程设计器

8.2.4　业务流程的其他相关事项

1. 编辑阶段

业务流程最多可以有 30 个阶段。可以添加或更改阶段的以下属性。

- 阶段名称。
- 实体：除了第一阶段外，可以对任意阶段更改实体。
- 阶段类别：类别允许你按操作的类型分组阶段。这对按所在阶段为记录分组的报表非常有用。阶段类别的选项来自阶段类别全局选项集。如果需要，可以将其他选项添加到此全局选项集中，并可更改现有选项的标签。你也可以按需要删除这些选项，但我们建议保留现有的选项。将选项删除后，你将无法重新添加完全相同的选项。如果你不希望使用某些选项，可将其标签更改为 Do not use（不使用）。

❑ 关系：当流程中的前一阶段基于不同的实体时，输入一个关系。对于当前定义的
阶段，选择"选择关系"便可识别在两个阶段之间移动时所使用的关系。选择一
个关系，将具备以下优势。
- 关系通常包含定义的属性映射，可自动在记录间转移数据，最小化数据条目。
- 如果你在记录的流程栏上选择了 Next Stage（下一阶段），则任何使用此关系的
记录都将列在流程中，从而可促进流程中记录的再使用。另外，可以使用工作
流自动创建记录，这样一来，用户只需简单进行选择而无须创建一个新记录，
从而进一步简化流程。

2. 编辑步骤

每个阶段最高可包含 30 个步骤。

3. 添加分支

要使业务流程可供用户使用，必须对分支流程排序，启用安全角色，然后激活流程。

4. 设置流程顺序

如果你有多个适用于实体的业务流程，你需要设置自动向新记录分派的流程。在命
令栏中，选择 Order Process Flow（流程排序）。对于新记录或者没有与其关联流程的记
录，用户可以访问的第一个业务流程就是要使用的那个业务流程。

5. 启用安全角色

用户根据在分派给用户的安全角色的业务流程中定义的权限访问业务流程。

默认情况下，只有系统管理员和系统定制员安全角色可以查看新业务流程。

要指定对业务流程的权限，打开业务流程进行编辑，然后在业务流程设计器的命令
栏上选择 Edit Security Roles。

6. 激活

在使用业务流程之前，必须将其激活。在命令栏上，点击 Activate 按钮。在确认激
活后业务流程就可以使用了。如果业务流程有错误，则需要等更正错误后才能激活业务
流程。

8.2.5 将按需操作添加到业务流程

首先，使用操作步骤添加按需工作流或操作。

假设在商机评估过程中，A 公司希望所有商机都由指定的审核员审核。那么，A 公司需创建如下操作：

❑ 创建分派给商机审核员的任务记录；

❑ 将 Ready for review（已准备审阅）附加到商机主题。

另外，A 公司需要能够按需运行这些操作。为了将这些任务整合到商机评估过程中，操作必须显示在商机业务流程中。若要启用此功能，请勾选 As a Business Process Flow action step（作为业务流程操作步骤），如图 8-34 所示。

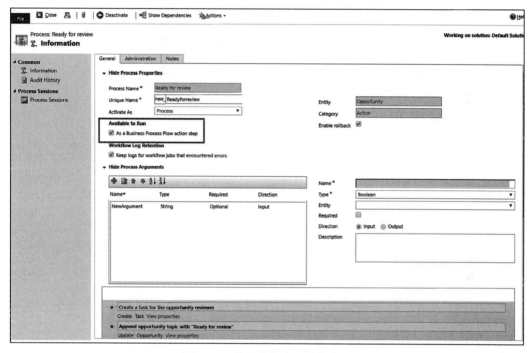

图 8-34　作为业务流程操作步骤

接下来，操作步骤被添加到 A 公司的商业业务流程中。验证并更新此流程，如图 8-35 所示。

现在，A 公司销售团队的成员可以从 Opportunity Qualify（确定商机的资格）业务流程步骤选择执行来按需启动此操作，如图 8-36 所示。

这里，需要注意以下事项。

❑ 若要按需执行操作或工作流，业务流程必须包括操作步骤。如果操作步骤运行一个工作流，则必须将该工作流配置为按需运行。

□ 与此操作或工作流关联的实体必须与与业务流程关联的实体相同。

□ 输入或输出参数为"实体"或"选项集"类型的操作不可用作操作步骤。具有多个"实体参考"输出参数或任何数量的"实体参考"输入参数的操作不可用作操作步骤。与主实体（全局操作）关联的操作不可用作操作步骤。

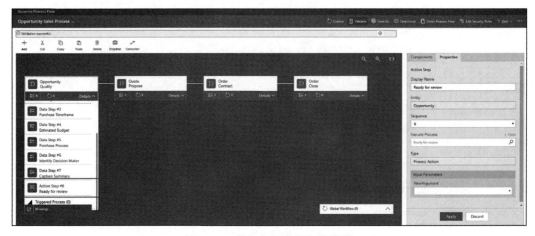

图 8-35　商业业务流程步骤管理

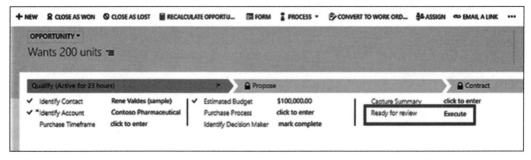

图 8-36　确定商机的资格

8.2.6　业务流程中的即时流

可以在业务流程中的某个阶段运行即时流，以自动执行重复性任务，生成文档，跟踪审批等。

假设你销售打印机，并使用 Lead to Opportunity Sales Process（潜在顾客转化为商机销售流程）达成交易。在此过程中，你希望在将业务流程与客户共享之前，让团队主管审阅和批准销售团队在业务流程早期阶段提出的建议。

为此，需要执行以下两个操作：

❑ 生成即时流，用于请求团队审阅和批准建议；

❑ 添加即时流，将其作为"潜在顾客转化为商机销售流程"中的步骤。

需要注意的是，只有"解决方案感知流"[⊖]可以作为业务流程中的步骤。

1. 生成即时流

1）在 Power Automate 中，在导航菜单中选择 Solutions。

2）从显示的解决方案列表中选择 Default Solution。

3）选择 New 菜单，然后从显示的列表中选择 Flow。

4）搜索并选择 Microsoft Dataverse 连接器。

5）从 Microsoft Dataverse 触发器列表中搜索并选择 When a record is selected（选中记录时）触发器。

6）将 Environment（环境）设置为默认值，然后将 Entity Name（实体名称）设置为 Lead to Opportunity Sales Process。

7）添加用户的文本输入字段，输入建议的链接，如图 8-37 所示。

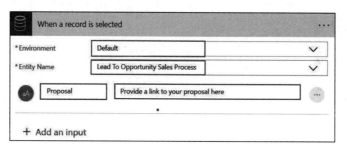

图 8-37 输入建议的链接

我们将需要业务流程实例中的信息，以帮助提供审批请求的上下文，因此请按照以下步骤操作。

1）添加 Parse JSON（解析 JSON）操作。

2）通过从 When a record is selected 触发器的动态值列表中选中 Content（内容）框并将其设置为 entity（实体）。

内容现在应如图 8-38 所示。

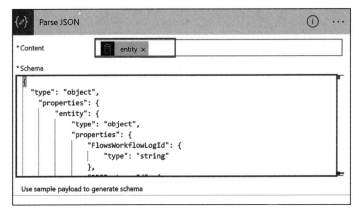

图 8-38　解析 JSON

3）从 Microsoft Dataverse 连接器添加 Get record（获取记录）操作。

4）将 Environment 设置为"Current"（当前），将"Entity Name"设置为 Lead to Opportunity Sales Process，将 Item identifier（项目标识符）设置为 BPFFlowStageEntityRecordId，如图 8-39 所示。

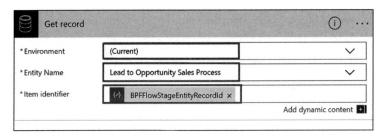

图 8-39　获取记录

现在我们有了数据，可以通过添加 Start and wait for an approval（启动并等待审批）操作，然后填写相关信息来定义审批流程。

提示　使用动态内容选取器从获取记录操作添加字段，以将相关信息添加到审批请求，以便审批者可以轻松知道请求的内容。若要提供有关业务流程所处活动阶段的更多上下文，请从动态值列表中添加 BPFActiveStageLocalizedName 字段，如图 8-40 所示。

5）保存流，然后将其打开。

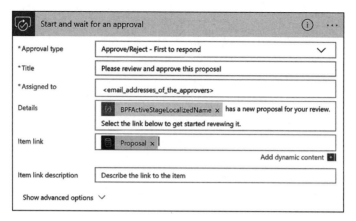

图 8-40　开始并等待审批

2. 将流加入 Lead to Opportunity Sales Process

现已创建了即时流，只需将其添加到业务流程即可。添加步骤如下。

1）在业务流程设计器中打开 Lead to Opportunity Sales Process。

2）将 Flow Step（流步骤）从 Component 列表拖放到 Propose（建议）阶段。

3）接下来，选择 Select a flow（选择流）字段中的搜索图标，列出可添加到业务流程的所有流。

4）从列表中选择流，然后点击 Properties 窗格底部的 Apply 按钮来保存所做的更改。

5）最后，点击 Update（更新）按钮，使此业务流程与其新的即时流步骤可供用户使用。

8.2.7　操作中心

如果需要查看所涉及的业务流程列表，请查看统一操作中心，如图 8-41 和图 8-42 所示。

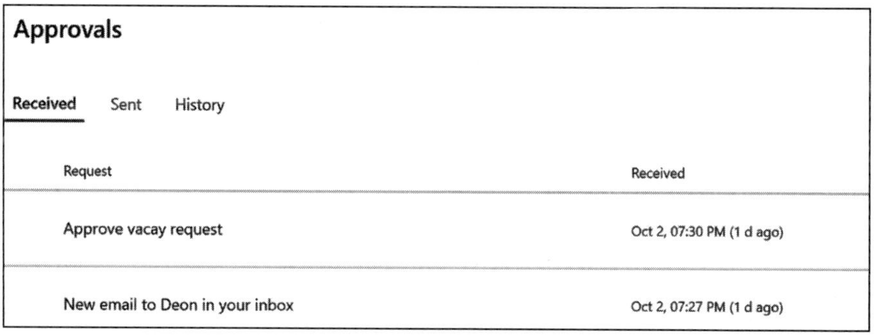

Approvals

Received　Sent　History

Request	Received
Approve vacay request	Oct 2, 07:30 PM (1 d ago)
New email to Deon in your inbox	Oct 2, 07:27 PM (1 d ago)

图 8-41　查看业务流程列表

图 8-42 查看活动的业务流程

在操作中心，你将看到与被分配实体记录相关的所有流程。例如，如果业务流程使用 Microsoft Dataverse 中的顾客和商机两个实体，你将看到被分配了"顾客"或"商机"记录的此流程的所有实例。

查看当前在活动选项卡下工作的所有实例。在此选项卡上，你可以查看以下详细信息：

❑ 流程名称；

❑ 每个流程的当前阶段；

❑ 与活动阶段关联的 Microsoft Dataverse 记录的所有者；

❑ 创建实例以来的时间。

你还可以选择某个实例以在新选项卡中打开它，或者选择该实例以复制链接，通过电子邮件共享链接，放弃或删除该实例。

8.3 十分钟构建 RPA 方案

桌面流为 Power Automate 带来了 RPA 功能。我们可以使用桌面流来自动执行 Windows 和 Web 应用中的重复性任务。通过桌面流，针对原本并未提供简单易用的 API 或调用方式的应用，可以录制并自动化地模拟执行原本需要人工完成的操作。

在下面的步骤中，我们将演示如何自动执行计算器应用以使两个数字相加，然后存储结果供以后使用。

8.3.1 创建桌面流

1）确保有 Power Automate 的许可来创建桌面流。

2）需要本地数据网关才能使设备具有由 Power Automate 触发的桌面流。网关是 Power Automate 和设备（运行桌面流的设备）之间的企业级安全连接。Power Automate 使用网关访问本地设备，以便它可以通过事件、计划或按钮触发桌面流。

3）使用 Microsoft Edge（80 版或更高版本）或 Google Chrome 打开 Power Automate，然后使用与设备相同的工作或学校账户登录。

4）在桌面上创建一个新文件夹，将其命名为 Countries。

5）登录 flow.microsoft.com，点击 My flows，然后依次选择 New flow → Instant cloud flow（即时云端流），如图 8-43 所示。

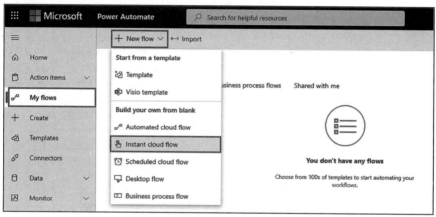

图 8-43　创建即时云端流

6）在对话框中，输入云端流名称，勾选 Manually trigger a flow 单选框，然后点击 Create 按钮，如图 8-44 所示。

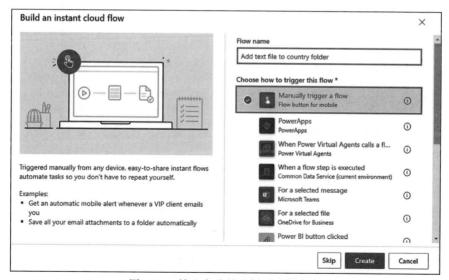

图 8-44　输入名称并选择手动触发流

7）点击 New Step 按钮，如图 8-45 所示。

图 8-45　选择新建步骤

8）搜索 power automate desktop，然后点击 Run a flow built with Power Automate Desktop 操作，如图 8-46 所示。

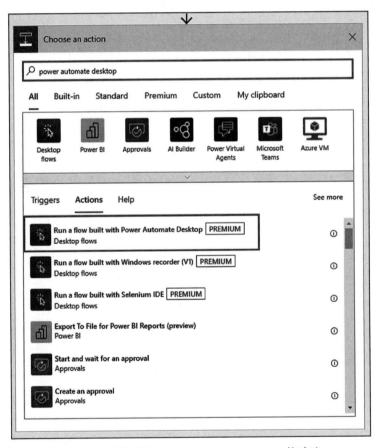

图 8-46　选择通过 Power Automate Desktop 构建流

9）在操作中，在 Run Mode 下拉列表中选择 Attended-Runs when you're signed in，在 Desktop flow 下拉列表中选择 Create a new desktop flow，如图 8-47 所示。

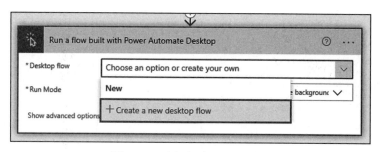

图 8-47　选择新建一个桌面流

10）输入桌面流名称或将生成的桌面流，然后点击 Launch app 按钮，如图 8-48 所示。

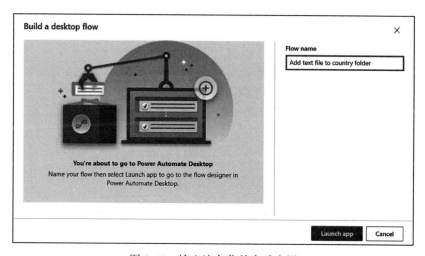

图 8-48　输入流名称并启动应用

11）可能会出现来自浏览器的消息，询问是否允许 flow.microsoft.com 打开应用。允许此操作继续打开 Power Automate Desktop，如图 8-49 所示。

图 8-49　允许打开 Power Automate Desktop

12）在 Power Automate Desktop 中，打开 Variables 窗格，选择 "＋" 并选择 Input 添加新的输入变量，如图 8-50 所示。

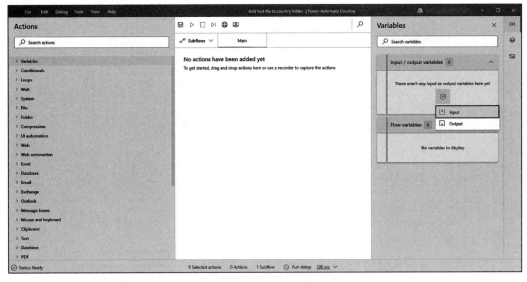

图 8-50 创建输入变量

13）按如下方式配置变量，如图 8-51 所示。

❑ 变量类型：Input

❑ 变量名称：CountryName

❑ 数据类型：Text

❑ 默认值：France

❑ 外部名称：CountryName

❑ 说明：This is the country name input variable.

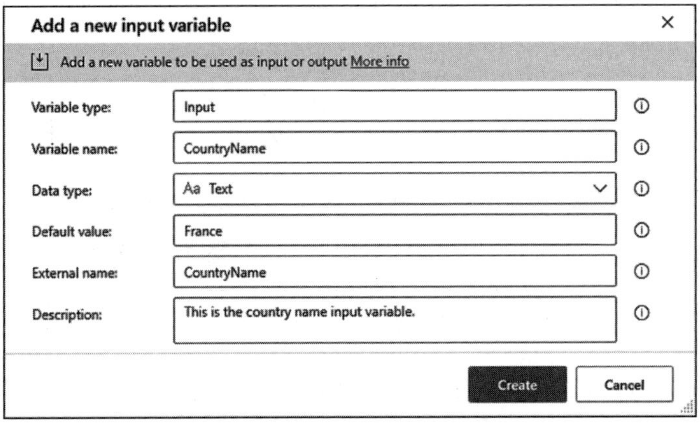

图 8-51 配置输入变量基本信息

14）添加 Get current date and time 操作并将 Retrieve 字段设置为 Retrieve。单击 Save 按钮将操作添加到 Power Automate Desktop 工作区。此操作只检索当前日期，然后将其存储到变量中，如图 8-52 所示。

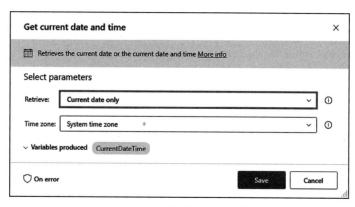

图 8-52　获取当前时间操作

15）添加 Convert datetime to text 操作。在 Datetime to convert 字段中，选择 variables 图标，然后双击弹出窗口中的 %CurrentDateTime% 将变量添加到字段。对于 Format to use 字段，请设置为 Custom，然后在 Custom Format 字段中输入 MM-dd-yyyy。此操作将日期 / 时间变量转换为文本变量，同时还将日期转换为指定格式，如图 8-53 所示。

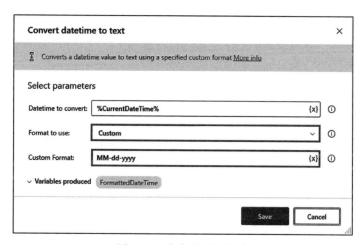

图 8-53　自定义时间格式

16）添加 Get special folder 操作。Special folder name 字段的默认值为 Desktop。此操作在变量中存储当前用户的桌面的位置，如图 8-54 所示。

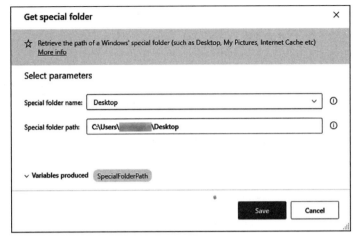

图 8-54　获取特定文件夹

17）添加 Create folder 操作并将 Create new folder into 字段设置为 %SpecialFolderPath%\Countries，将 New folder name 字段设置为 %CountryName%。此操作将在指定位置创建一个具有指定名称的新文件夹，如图 8-55 所示。

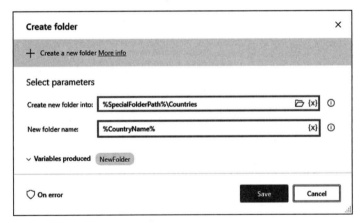

图 8-55　创建文件夹

18）添加 Write text to file 操作，然后在变量弹出窗口中将 File path 设置为 %SpecialFolderPath%\Countries\%CountryName%\%FormattedDateTime%.txt。

19）将 Text to write 字段设置为 This text was written by Power Automate Desktop。此操作将指定文本写入当前用户桌面上的文本文件，并将文件名设置为当前日期，如图 8-56 所示。

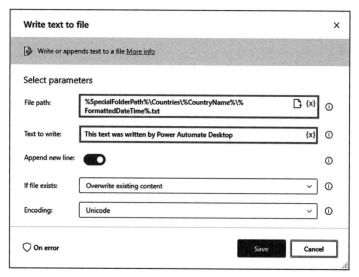

图 8-56　将文本写入特定文件

20）添加 Get files in folder 操作，并将 Folder 字段设置为 %SpecialFolderPath%\Countries\%CountryName%。此操作将检索指定文件夹中文件的列表，如图 8-57 所示。

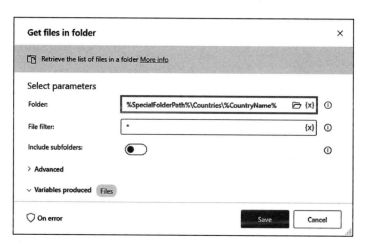

图 8-57　获取文件夹中的文件

21）在 Variable 窗格中，创建两个输出变量 FileCount 和 FilePath。创建 FileCount 的设置方式如图 8-58 所示。

◻ 变量类型：Output

◻ 变量名称：FileCount

❑ 外部名称：FileCount

❑ 说明：This is the file count output variable.

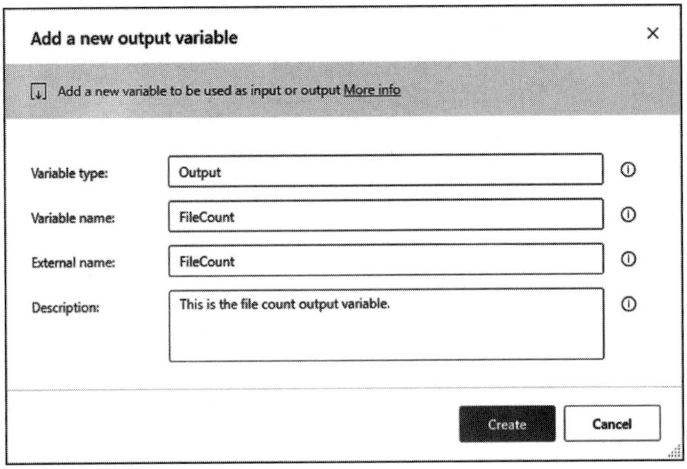

图 8-58 创建变量 FileCount

创建 FilePath 的设置方式如图 8-59 所示。

❑ 变量类型：Output

❑ 变量名称：FilePath

❑ 外部名称：FilePath

❑ 说明：This is the file path output variable.

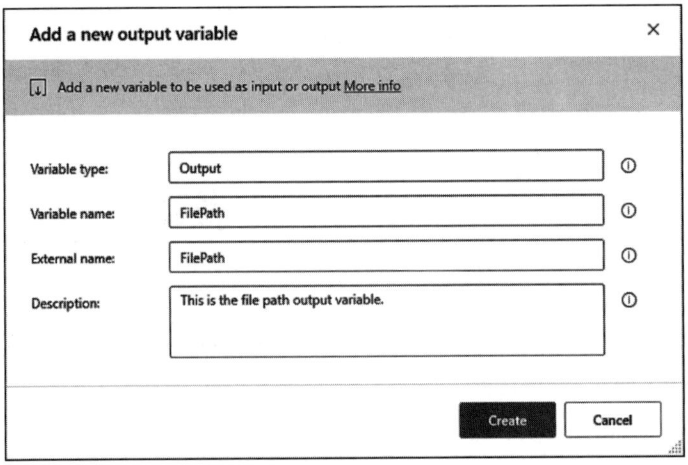

图 8-59 创建变量 FilePath

22）添加两个 Set variable 操作并按如下方式进行配置。变量 FilePath 的配置方式如图 8-60 所示。

❑ 设置变量：FilePath

❑ 至：%SpecialFolderPath%\Countries\%CountryName%\%FormattedDateTime%.txt

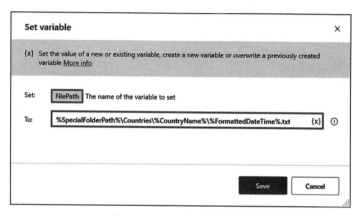

图 8-60　配置变量 FilePath

变量 FileCount 的配置方式如图 8-61 所示。

❑ 设置变量：FileCount

❑ 至：%Files.count%

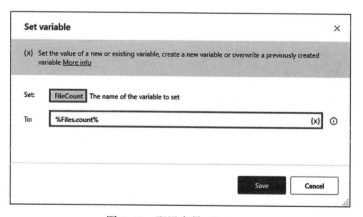

图 8-61　配置变量 FileCount

23）点击 Save 按钮保存流并关闭流设计器，如图 8-62 所示。

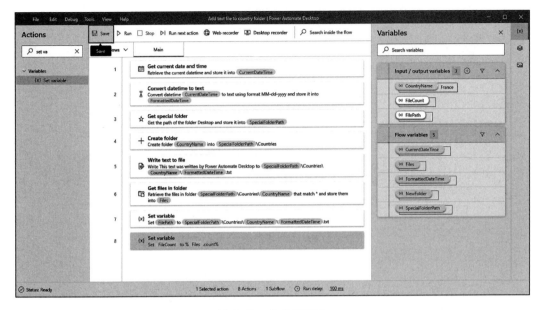

图 8-62　点击保存流

24）在 Power Automate 中返回，在对话框中选择 Keep Working 选项，如图 8-63 所示。

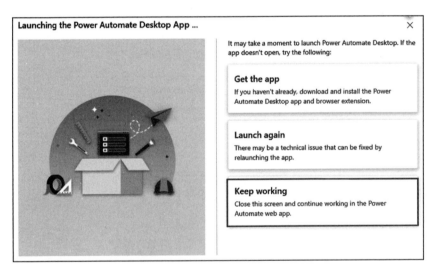

图 8-63　选择继续工作

25）在操作中选择新桌面流，在 CountryName 字段中输入"Greece"，如图 8-64 所示。

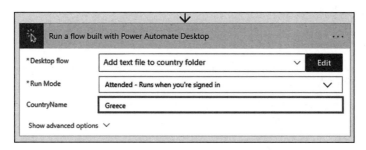

图 8-64　输入"Greece"作为国家名称

26）点击 Save 按钮保存流，然后点击 Test 按钮，如图 8-65 所示。

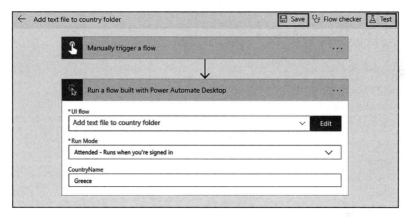

图 8-65　保存并测试

27）勾选 I'll perform the trigger action 单选框并点击 Test 按钮，如图 8-66 所示。

28）当 Power Automate 连接到 Power Automate Desktop 时，依次选择 Continue → Run Flow，最后点击 Done 按钮，如图 8-67 所示。

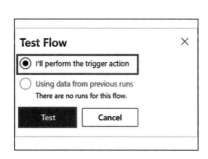

图 8-66　选择手动触发并测试

图 8-67　运行流

29）当流程完成运行时，所有操作都将带有绿色的复选标记图标，并且会收到一条确认流程成功运行的通知，如图 8-68 所示。

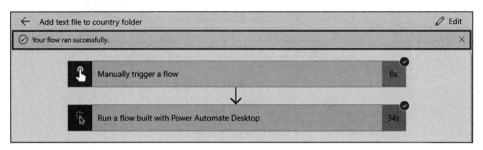

图 8-68　等待流成功运行

30）选择 Run a flow built with Power Automate Desktop 操作打开其输入和输出。两个变量 FileCount 和 FilePath 的值从 Power Automate Desktop 返回。同样，任何输出变量都可以在流中的其他位置使用，如图 8-69 所示。

图 8-69　查看具体操作细节并确认输入输出

31）检查桌面上的 Countries 文件夹。名称为 Greece 的文件夹已添加，其中包含带有今天日期的文本文件。至此桌面流已经成功运行。

8.3.2　管理桌面流

创建桌面流后，你可能需要查看、编辑或仅检查其状态。为此，转到 Desktop flow 选项卡。

1. 桌面流列表

1）登录 Power Automate。

2）依次选择 My flows → Desktop flows，如图 8-70 所示。

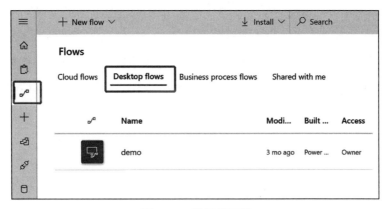

图 8-70　管理桌面流

在此部分中，可以创建新的桌面流，编辑或删除现有的桌面流。

2. 详细信息页

对于每个桌面流，可以通过从桌面流列表中选择其名称来查看其详细信息。你会看到流的详细信息，其中包括：

❏ 运行历史记录，其中包含每次运行的详细信息；

❏ 桌面流中使用的应用或网站。

请按照以下步骤查看桌面流的详细信息，如图 8-71 所示。

1）登录 Power Automate。

2）依次选择 My flows → Desktop flows。

3）选择任意桌面流。

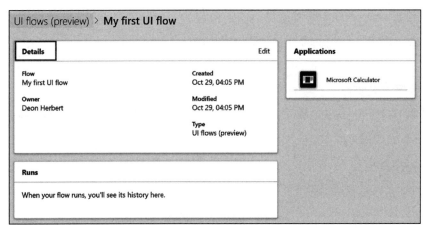

图 8-71　查看桌面流的具体信息

　　本章介绍了如何使用 Power Automate 实现自动化工作流。在学习本章时，可以更多地探索触发条件选项。此外，与日常工作做比较，你会发现大量日常工作是可以通过工作流实现的。不妨从基本的工作流，比如邮件触发开始，配置属于你自己的重要邮件触发流。

第 9 章 *Chapter 9*

数据分析与展现

在大数据时代，数据的分析与展现一直都是企业获得洞察的重要方法。通过数据报表的展现，业务人员甚至决策者可以更全面、更有依据地提出见解。微软低代码平台中的 Power BI 作为实现商业智能分析的重要组件，为用户提供了便捷而丰富的功能，使无论是数据分析师还是一线业务人员，都能快速编辑和查看数据报表。例如销售人员能够查看自己负责区域的业绩情况，IT 管理人员能够监控基础架构的运行状况并预测未来趋势。

本章首先介绍 Power BI 的基本组成部分和常见术语，为大家打开商业智能的大门；随后通过示例场景和示例报表的分析，带领大家理解报表的制作方法和查看形式；最后以销售数据报表的创建为例，带大家一步步创建第一张报表，体会低代码平台给每一位员工带来的价值。

9.1 Power BI 的基本概念

Power BI 是软件服务、应用和连接器的集合，它们协同工作以将相关数据转换为连贯的、逼真的交互式见解。数据可以是 Excel 电子表格，也可以是基于云和本地混合数据仓库的集合。使用 Power BI，可以轻松连接到数据源，进行可视化展现，获得重要见解，并根据需要与任何人共享。

9.1.1 Power BI 的组成部分

Power BI 包括多个协同工作的元素，我们从以下三个基本元素开始：Power BI Desktop 的 Windows 桌面应用，Power BI 服务的 SaaS，适用于 Windows、iOS 和 Android 设备的 Power BI 移动应用。Power BI Desktop、SaaS 服务和移动应用这三个元素旨在让你采用最适合、最有效的方式来创建、共享和使用业务见解。

使用 Power BI 的方式取决于你在项目中的角色或你所在的团队。不同的角色可能以不同方式使用 Power BI。

例如：你可能主要使用 Power BI 服务来查看报表和仪表板；负责处理数字和生成业务报表的同事可能主要使用 Power BI Desktop 或 Power BI 报表生成器来创建报表，然后将这些报表发布到 Power BI 服务中，你可以在该服务中查看这些报表；负责销售的同事可能主要使用 Power BI 移动应用来监视销售配额的进度和了解潜在销售顾客的详细信息；开发人员可以使用 Power BI API 将数据推送到数据集或将仪表板和报表嵌入自己的自定义应用。

你还可能会在不同时间使用 Power BI 的不同元素，具体根据你尝试实现的目标或你在特定项目中的角色而定。

选择哪个 Power BI 功能和工具决定了使用 Power BI 的方法。例如，可以使用 Power BI Desktop 来为团队创建有关客户统计信息的报表，也可以在 Power BI 服务的实时仪表板中查看库存和生产进度。Power BI 的每个部分都可供使用，这正是 Power BI 极具灵活性和吸引力的原因所在。

9.1.2 Power BI 的常见术语

1. 数据集

数据集是设计者导入或连接后用于生成报表和仪表板的数据的集合。作为企业用户，你不会直接与数据集交互，但仍有必要了解它们是如何集成到 Power BI 中的。

每个数据集都表示一个数据源。例如，数据源可以是 OneDrive 上的 Excel 工作簿、本地 SQL Server 分析服务的表格数据集或 Salesforce 数据集。Power BI 支持多种不同的数据源。

当设计者与你共享应用时，可以通过打开 Related Content（相关内容）来查找正在使用的数据集，如图 9-1 所示。这时，你无法添加或更改数据集中的任何内容。但是如果设计者提供了权限，你将能够下载报表、查找数据中的见解，甚至基于数据集创建自己的报表。

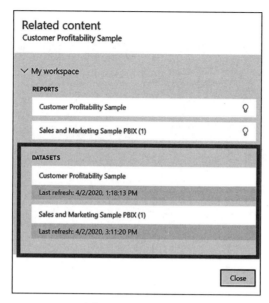

图 9-1　查看数据集

一个数据集可以被报表设计人员反复用来创建仪表板和报表，可用于创建许多不同的报表，一个数据集的视觉对象可以显示在多个不同的仪表板上，如图 9-2 所示。

2. 可视化效果

可视化效果（亦称"视觉对象"）用来直观地展示 Power BI 发现的数据见解。借助可视化效果，我们可以更轻松地理解见解。因为相较于满是数字的电子表格，图片更好理解。

在 Power BI 中会遇到一些可视化效果，如瀑布图、彩带图、树状图、饼图、漏斗图、卡片、散点图和仪表等。图 9-3 展示了几种

图 9-2　数据集、报表、仪表板之间的关系

常见的可视化效果。报表中的一个可视化效果可以在同一报表中多次出现，也可以显示在多个不同的仪表板上。

Power Platform 社区提供了特殊的可视化效果，它们被统称为"自定义视觉对象"。如果收到的报表中存在特殊的视觉对象，它可能是自定义视觉对象。如果需要寻求自定义视觉对象方面的帮助，请查找报表或仪表板设计人员并与之联系。从顶部菜单栏中选择标题即可获得联系信息。

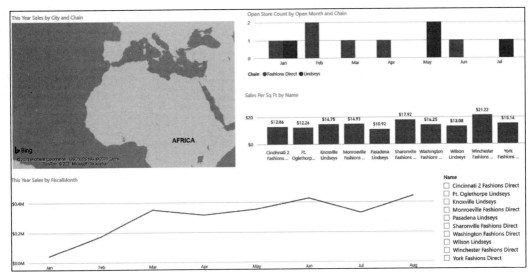

图 9-3　多种多样的可视化效果

3. 报表

Power BI 报表是一页或多页可视化效果、图形和文本。报表中的所有可视化对象来自单个数据集。通常情况下，企业用户在阅读视图中与报表进行交互，如图 9-4 所示。

图 9-4　Power BI 报表

一个报表可以与多个仪表板关联（报表中固定的多个磁贴也可以显示在多个仪表板上）。它可以属于多个应用，但只能使用一个数据集中的数据进行创建，如图 9-5 所示。

图 9-5　报表与数据集、仪表板、应用之间的关系

9.2　学习示例报表

假设你是初次接触 Power BI，想要试用但没有任何数据，或者你希望看到能展示 Power BI 不同功能的报表。Power BI 已经为你准备好了丰富的场景示例，它内置有 8 个原始示例，每个示例代表一个行业，如图 9-6 所示。obviEnce 公司（www.obvience.com）和 Microsoft 合作创建了多个示例，以供你将其与 Power BI 配合使用。数据经过匿名处理并代表不同的行业，如金融、人力资源、销售等。

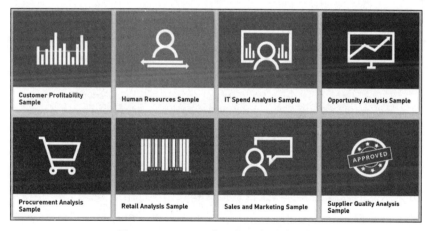

图 9-6　Power BI 内置的 8 个原始示例

每个示例都有下面几种格式：内容包、Excel 工作簿和 .pbix 文件（Power BI 文件）。如果你不知道这些内容是什么，不知道如何着手处理，请不要担心。接下来我们将以内容包为例，详细介绍其使用方法。对于每个示例，我们都创建了导览。导览是讲述示例

背后故事并带你体验不同场景的文章。有些方案可能是回答经理的问题，另一些可能是
为了创建要共享的报表和仪表板，或者解释业务转型。

　　某些示例仅供说明之用，纯属虚构。工作簿和数据均为 obviEnce 公司的财产，已经
去除敏感数据并共享出来，专门用于通过行业示例数据演示 Power BI 功能。

　　接下来，我们以零售分析示例（见图 9-7）为例来讲解示例的用法。

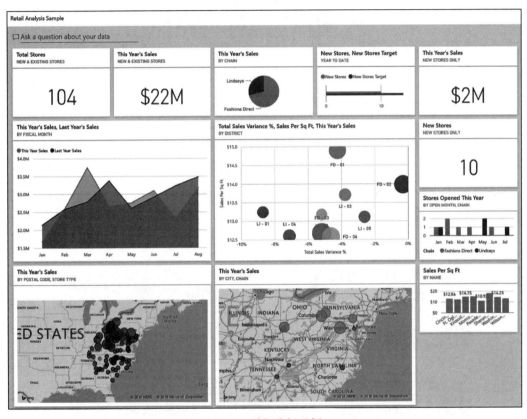

图 9-7　零售分析示例

　　零售分析示例的内容包包含仪表板、报告和数据集，用于分析跨多个商店和地区销
售的商品的零售数据。此指标比较今年与去年的销售额、单位数、毛利、差额以及新店
铺分析。

　　此示例是一系列示例中的一部分，展示了如何将 Power BI 与面向业务的数据、报表
和仪表板结合使用。它是 obviEnce 依据真实数据（已经过匿名处理）创建的。数据可采
用以下几种格式：内容包、.pbix 文件或 Excel 工作簿。

接下来我们将深入分析 Power BI 服务中的零售分析示例内容包。由于在 Power BI Desktop 和服务中报表的体验非常相似，因此也可以使用 Power BI Desktop 中的示例 .pbix 文件跟着本书一起操作。

在 Power BI Desktop 中查看示例不需要拥有 Power BI 许可证。如果没有 Power BI Pro 许可证，可以将该示例保存到 Power BI 服务中的 My workspace（我的工作区）。

9.2.1　获取内容包形式的示例

1）打开并登录 Power BI 服务（app.powerbi.com），然后打开要在其中保存此示例的工作区。如果没有 Power BI Pro 许可证，请将该示例保存到 My workspace。

2）选择页面左下角的 Get data（获取数据），如图 9-8 所示。

图 9-8　获取数据

3）在随即显示的 Get data 页上选择"Samples"。

4）选择 Retail Analysis Sample（零售分析示例）并点击 Connect（连接）按钮，如图 9-9 所示。

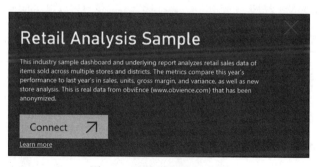

图 9-9　连接零售分析示例

5）此时，Power BI 导入内容包，然后向当前工作区添加新的仪表板、报表和数据集，如图 9-10 所示。

图 9-10　导入的零售分析示例

9.2.2 启动仪表板并打开报表

1）在保存示例的工作区中，打开 Dashboard 选项卡，然后找到 Retail Analysis Sample 仪表板，并选择它。

2）在仪表板中，选择 Total Stores-NEW & EXISTING STORES（商店总数—新增及现有商店）磁贴，以打开 Retail Analysis Sample 报表中的 Store Sales Overview（商店销售额概述）页面，如图 9-11 所示。

在此报表页上，会看到总共有 104 家商店。我们有两个供应链 Fashions Direct 和 Lindseys。Fashions Direct 商店的平均面积要大一些。

3）在 This Year Sales by Chain（按供应链划分的本年度销售额）饼图中，选择 Fashions Direct，如图 9-12 所示。

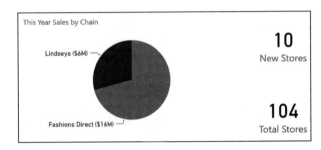

图 9-11 "商店总数"磁贴   图 9-12 按供应链划分的本年度销售额

请注意 Total Sales Variance %（总销售差额百分比）气泡图中的结果，如图 9-13 所示。

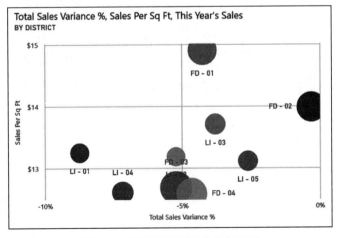

图 9-13 总销售差额百分比气泡图

　　FD - 01 地区平均 Sales Per Sq Ft（每平方英尺[⊖]的销售额）最高，FD - 02 与去年相比 Total Sales Variance % 最低。FD - 03 和 FD - 04 总体绩效最差。

　　4）选择单个气泡或其他图表以查看交互式报表的功能，观察其他可视化效果，并查看选择后的突出显示。

　　5）若要返回仪表板，请从顶部导航窗格中选择 Retail Analysis Sample，如图 9-14 所示。

图 9-14　在导航窗格中选择 Retail Analysis Sample

　　6）在仪表板中，选择 This Year's Sales-NEW & EXISTING STORES（本年度销售额 – 新增及现有商店）磁贴，这等同于在问答框中键入 this year sales，如图 9-15 所示。显示的问答结果如图 9-16 所示。

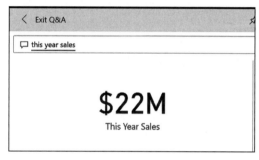

图 9-15　"本年度销售额"磁贴　　　　图 9-16　"本年度销售额"问答结果

9.2.3　查看使用 Power BI 问答创建的磁贴

　　1）尝试将问题更改为 this year's sales by district（本年度区域销售额）。观察结果，问答会自动将答案以条形图显示，并给出其他短语推荐，如图 9-17 所示。

　　2）请注意 Power BI 在你键入时的提示，并显示数据见解以回答此问题。

　　3）尝试更多问题并查看所获得的结果。

　　4）返回仪表板。

　　⊖　1 平方英尺 ≈ 0.093 平方米。

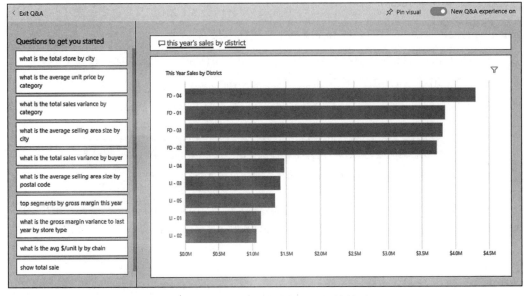

图 9-17 "本年度区域销售额"问答结果

9.2.4 深入了解数据

现在，让我们更详细地浏览一下结果，了解各地区的绩效。

1）在仪表板中，选择 This Year's Sales，Last Year's Sales-BY FISCAL MONTH 磁贴，这将打开报表的 District Monthly Sales 页，如图 9-18 所示。

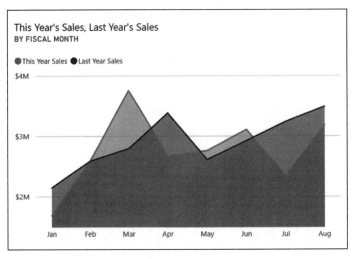

图 9-18 "本年度销售额、上年度销售额"磁贴

在 Total Sales Variance %-by Fiscal Month 图表中，注意与去年相比方差百分比的大的变化，其中 1 月、4 月和 7 月特别糟糕，如图 9-19 所示。

我们来看看能否缩小问题范围。

2）在气泡图中，选择 020-Men 气泡，如图 9-20 所示。

可以观察到，虽然男性类别在 4 月的影响不算十分严重，但是 1 月和 7 月的数据反映出比较明显的问题。

3）选择 010-Women 气泡，如图 9-21 所示。

不难发现，女性类别在所有月份的表现都比整体业务差很多，并且与去年相比，几乎每个月都更糟。

4）再次选择气泡以清除筛选器。

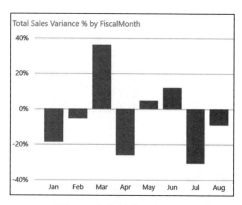

图 9-19　总销售差额对比

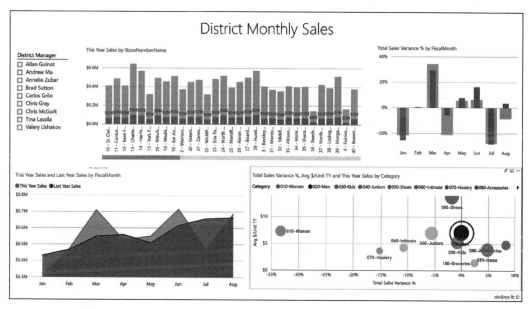

图 9-20　关注气泡图中的男性类别

9.2.5　销售额增长情况展示

最后要探讨的是能否通过今年新开的商店来实现总体业务的增长。

1）选择 Stores Opened This Year by Open Month，Chain（今年开业的按开放月和供应链划分的商店）磁贴，这将打开报表的 New Stores Analysis（新商店分析）页，如图 9-22 所示。

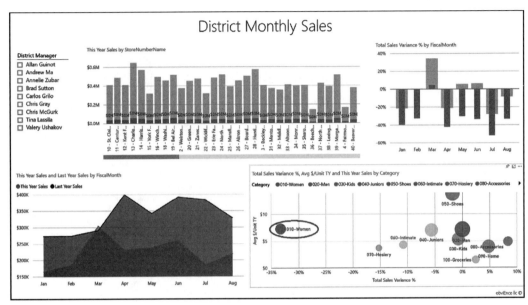

图 9-21　关注气泡图中的女性类别

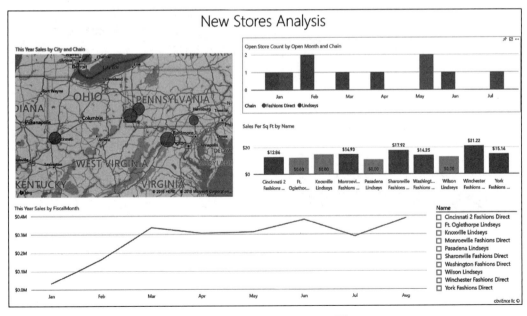

图 9-22　New Stores Analysis 页

显而易见，今年开业的 Fashions Direct 商店比 Lindseys 商店多。

2）观察 Sales Per Sq Ft by Name 图表，如图 9-23 所示。

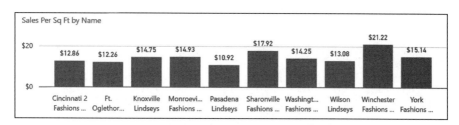

图 9-23 按名称划分的每平方英尺的销售额

注意新店每平方英尺平均销售额的差异。

3）选择图 9-22 右上方 Open Store Count by Open Month and Chain 图表中的 Fashions Direct 图例项，如图 9-24 所示。注意，即使针对同一个供应链，最好的商店（Winchester Fashions Direct）的表现也明显好于最差的商店（Cincinnati 2 Fashions Direct），分别是 21.22 美元与 12.86 美元。

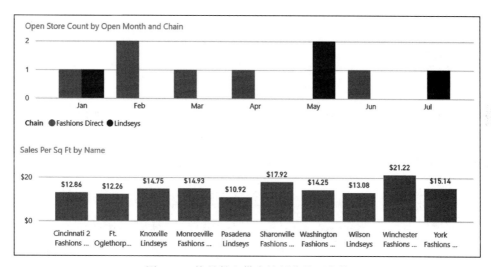

图 9-24 按月份和供应链划分的开店数

4）在 Name 切片器中选择 Winchester Fashions Direct 并观察折线图。重点关注 2 月报告的销售数字。

5）在 Name 切片器中选择 Cincinnati 2 Fashions Direct，可以在折线图中看到它于 6 月开业，似乎是表现最不好的店。

6）通过选择图表中的其他条形图、折线图和气泡图来了解情况，看看你能发现什么。

9.3 制作你的第一份报表

想想如下场景，你的经理想要在下班前查看有关最新销售和利润数据的报表。最新数据位于各个第三方系统和你的笔记本电脑中的文件内。以前，创建视觉对象和格式化报表都需要花费数小时。别担心，本节我们将带领你使用 Power BI 快速创建出色的报表并在 Microsoft Teams 中共享。在本节中，我们将上传 Excel 文件、创建新报表，并将其与 Microsoft Teams 中的同事共享，所有操作均在 Power BI 内进行。你将了解如何执行以下操作：

1）在 Excel 中准备数据；

2）下载示例数据；

3）在 Power BI 服务中生成报表；

4）将报表视觉对象固定到仪表板；

5）共享仪表板的链接；

6）在 Microsoft Teams 中共享仪表板。

9.3.1 数据准备

让我们以一个简单的 Excel 文件作为示例。

1）在将 Excel 文件加载到 Power BI 之前，必须在平面表中组织数据。在平面表中，每一列都包含相同的数据类型，例如文本、日期、数字或货币。表应包含标题行，但不包含任何显示总计的列或行，如图 9-25 所示。

标题行	Product ▾	Units Sold ▾	Manufacturin ▾	Date ▾
	Carretera	1618.5	$ 3.00	1/1/2014
	Carretera	1321	$ 3.00	1/1/2014
	Carretera	2178	$ 3.00	6/1/2014
	Carretera	888	$ 3.00	6/1/2014
	Carretera	2470	$ 3.00	6/1/2014
	Carretera	1513	$ 3.00	12/1/2014
	Montana	921	$ 5.00	3/1/2014
	Montana	2518	$ 5.00	6/1/2014
	Montana	1899	$ 5.00	6/1/2014

文本　　数字　　货币　　时间

图 9-25 示例 Excel 文件

2）将数据格式设置为表格。在 Excel 中，在 Home 选项卡上的 Styles 组中，选择 Format as Table（套用表格格式）。

3）选择要应用到工作表的表格样式。Excel 工作表现已准备好加载到 Power BI 中，如图 9-26 所示。

	A	B	C
1	Segment	Country	Product
2	Government	Canada	Carretera
3	Government	Germany	Carretera
4	Midmarket	France	Carretera
5	Midmarket	Germany	Carretera
6	Midmarket	Mexico	Carretera
7	Government	Germany	Carretera
8	Midmarket	Germany	Montana
9	Channel Partners	Canada	Montana
10	Government	France	Montana
11	Channel Partners	Germany	Montana
12	Midmarket	Mexico	Montana
13	Enterprise	Canada	Montana
14	Small Business	Mexico	Montana
15	Government	Germany	Montana

图 9-26 设置完成的表格样式

9.3.2 上传到 Power BI 服务

Power BI 服务连接到多个数据源，包括位于计算机上的 Excel 文件。

1）若要开始，请登录 Power BI 服务。如果还未注册，先免费注册。

2）在 My workspace 中，依次选择 New → Upload a file，如图 9-27 所示。

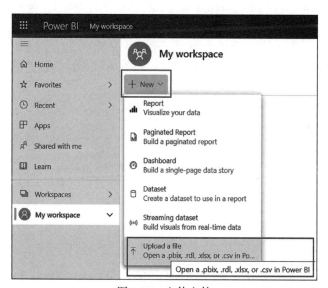

图 9-27 上传文件

3）选择 Local file（本地文件），浏览保存财务示例 Excel 文件的位置，然后点击 Open 按钮。

4）在 Local file 页上，点击 Import（导入）按钮。

5）现在你就有了一个财务示例数据集，如图 9-28 所示。Power BI 还将自动创建一个空白仪表板。如果看不到仪表板，请刷新浏览器。

6）接下来，我们将创建报表。还是在 My workspace 中，依次选择 New → Report，如图 9-29 所示。

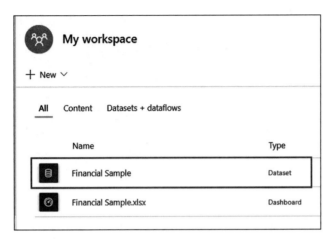

图 9-28　导入的财务示例　　　　　　　　　图 9-29　新建报表

7）在 Select a dataset to create a report（选择创建报表所需的数据集）对话框中，选择 Financial Sample 数据集并点击 Create 按钮，如图 9-30 所示。

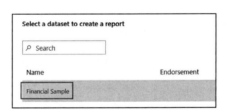

图 9-30　创建财务示例

9.3.3　生成报表

报表将在 Edit 视图中打开并显示空白报表画布。Visualizations、Filters 和 Fields 窗格位于右侧。你的 Excel 工作簿表数据将在 Fields 窗格中显示。顶部为表的名称 financials。在该名称下方，Power BI 会将列标题作为单个字段列出。

看到 Fields 列表中的 Σ 符号了吗？Power BI 检测到这些字段为数值字段。Power BI 还通过地球符号指示地理字段，如图 9-31 所示。

1）若要为报表画布留出更多空间，请选择 Hide the navigation pane（隐藏导航窗格），并最小化 Filters 窗格，如图 9-32 所示。

图 9-31　选择相应的字段

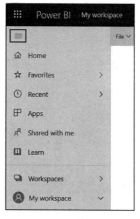

图 9-32　隐藏的导航窗格

2）现在可以开始创建可视化效果了。假设你的经理想要查看一段时间内的利润。在 Fields 窗格中，将 Profit（利润）拖到报表画布。默认情况下，Power BI 将显示带有一列的柱形图，如图 9-33 所示。

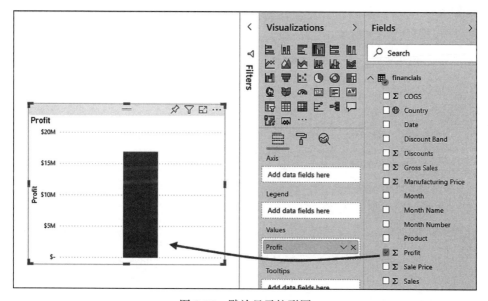

图 9-33　默认显示柱形图

3）将 Date 拖到报表画布。Power BI 将更新柱形图，按日期显示利润，如图 9-34 所示。

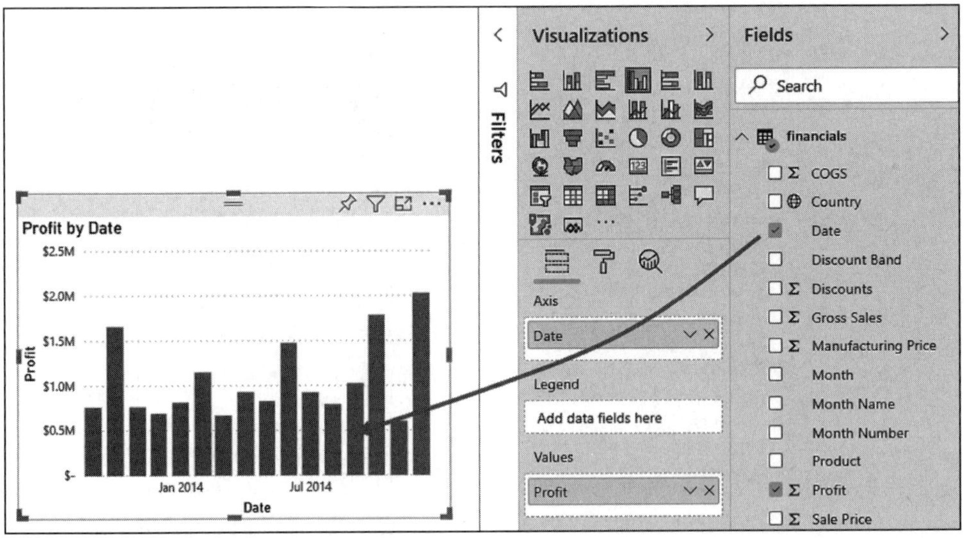

图 9-34 按日期显示利润

4）创建地图。

你的经理想要知道在哪个国家 / 地区盈利最多。可以使用地图可视化效果给经理留下深刻印象。

首先，选择报表画布上的空白区域。

其次，从 Fields 窗格中，将 Country 字段拖到报表画布，然后将 Profit 字段拖到地图中。Power BI 将创建一个地图视觉对象，其中的气泡代表每个位置的相对利润。我们可以看到欧洲国家的业绩是胜过北美国家的，如图 9-35 所示。

1. 创建显示销售额的视觉对象

怎么显示按产品和市场细分显示销售额的视觉对象呢？很简单。

1）选择空白画布。

2）在 Fields 窗格中，勾选 Product、Sales 和 Segment 字段旁边的复选框。Power BI 会创建簇状柱形图。

3）通过选择 Visualizations（可视化效果）菜单中的某个图标来更改图表的类型。例如，将其更改为 Stacked column chart（堆积柱形图），如图 9-36 所示。

4）若要对图表进行排序，请依次选择 "…" → Sort by（排序依据）。

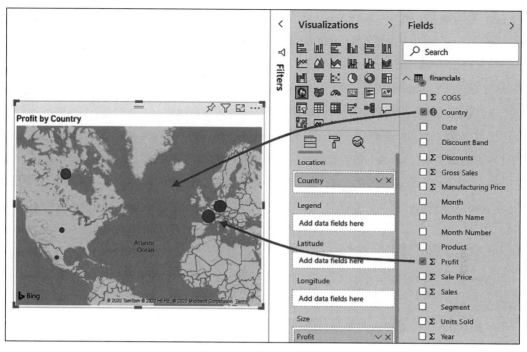

图 9-35　按国家显示利润

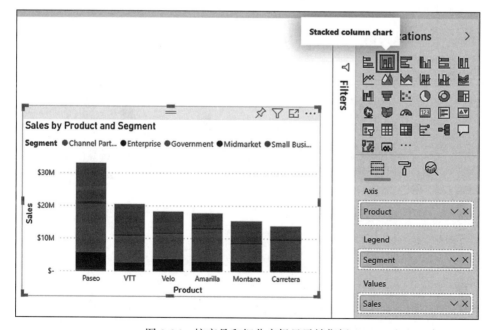

图 9-36　按产品和细分市场显示销售额

2. 修饰视觉对象

在 Visualizations 窗格的 Format 选项卡中进行以下更改，如图 9-37 所示。

1）选择 Profit by date 柱形图。在 Title 部分，将 Text size 更改为 16pt。将 Shadow 切换为 On。

2）选择 Sales by Product and Segment 堆积柱形图。在 Title 部分，将标题 Text size 更改为 16pt。将 Shadow 切换为 On。

3）选择 Profit by Country 地图。在 Map styles 部分，将 Theme 更改为 Grayscale。在 Title 部分，将标题 Text size 更改为 16pt。将 Shadow 切换为 On。

9.3.4 固定到仪表板

现在，可以将所有视觉对象固定到 Power BI 默认创建的空白仪表板上。

图 9-37 修改格式

1）将鼠标悬停在视觉对象上，然后选择 Pin visual（固定视觉对象），如图 9-38 所示。

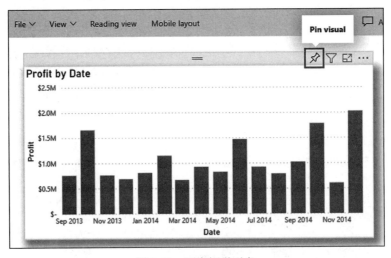

图 9-38 固定视觉对象

2）必须先保存报表，然后才能将视觉对象固定到仪表板。为报表指定名称并点击 Save 按钮。

3）将每个视觉对象固定到 Power BI 创建的仪表板——财务示例 .xlsx。

4）在固定最后一个视觉对象时，请选择 Go to dashboard（转到仪表板）。

5）Power BI 自动将占位符 Financial Sample.xlsx 磁贴添加到仪表板。依次选择
"…"→ Delete tile（删除磁贴），如图 9-39 所示。

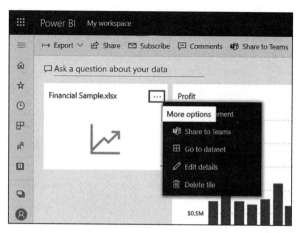

图 9-39 删除磁贴

6）根据需要重新排列并调整磁贴的大小。

至此，仪表板和报表已准备就绪。

9.3.5 共享仪表板

现在可以与经理共享你的仪表板了。你可以与任何拥有 Power BI 账户的同事共享仪
表板和基础报表。他们可以与你的报表进行交互，但不能保存所做的更改。如果你允许，
他们可以与其他人再次共享，或基于基础数据集生成新报表。

1）若要共享你的报表，可在仪表板顶部选择 Share（共享），如图 9-40 所示。

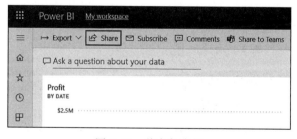

图 9-40 共享仪表板

2）在 Share dashboard 页中，在 Enter email addresses 框中输入收件人的电子邮件地
址，并在其下方的框中添加一封邮件。

3）确定所需的选项（如果有），如图 9-41 所示。

❑ 允许收件人共享你的仪表板。

❑ 允许收件人使用基础数据集生成新内容。

❑ 向收件人发送电子邮件通知。

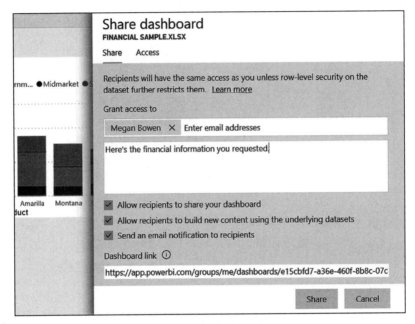

图 9-41 共享仪表板设置

4）点击 Share 按钮进行共享。

9.3.6 与 Microsoft Teams 共享

可以将报表和仪表板直接与 Microsoft Teams 中的同事共享。

1）若要在 Teams 中共享，请在仪表板顶部选择 Share to Teams，如图 9-42 所示。

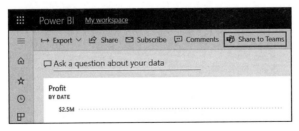

图 9-42 共享到 Teams

2）Power BI 显示 Share to Teams 对话框。输入用户、组或频道的名称，并点击 Share 按钮，如图 9-43 所示。

图 9-43　设置共享到 Teams 用户、组或频道

3）此链接将显示在该用户、组或频道的帖子中，如图 9-44 所示。

图 9-44　在 Teams 中共享效果

本章介绍了使用 Power BI 进行数据展现的步骤，带领大家从示例报表开始学习。示例报表的获取方式有多种，9.2 节中以内容包的形式为例进行了演示。如果大家对其他获取形式感兴趣，可以在官方文档中获取更多的说明。学习的示例有很多，初学者可以将自带的 8 个示例都了解一遍，这样有助于后续快速上手实操。

AI 赋能低代码应用

在快速发展的应用需求和技术浪潮中，AI 无疑是大家都非常关注的领域。低代码平台也需要 AI 能力的赋能，才能够适应丰富变化的用户需求。Power Platform 也把 AI 作为重要的底层能力，为 Power Apps、Power Automate、Power BI 和 Power Virtual Agents 等提供更丰富的功能。例如，为应用添加名片扫描功能，为流添加物体识别功能，为问卷调查和反馈提供情绪分析功能等。

本章将介绍 AI Builder 的能力，并通过 3 个示例介绍 AI Builder 与其他应用模块连接的方法。希望通过本章的动手实操，大家能够对 AI 赋能的低代码开发拥有基本的认识和实践能力。

10.1 什么是 AI Builder

AI Builder 是 Power Platform 的功能组件之一，提供用于优化业务流程的 AI 模型，如图 10-1 所示。AI Builder 让业务可以使用 AI 来自动化流程，并从 Power Apps 和 Power Automate 中的数据收集见解。AI Builder 是一个全包式解决方案，通过点击就能带来 AI 的强大功能，让你不需要编程或数据科学技能即可获得 AI 能力。借助 AI Builder，你可以生成满足自己需求的自定义模型，或者选择可用于很多常见业务场景的预生成模型。

图 10-1　AI Builder 功能页面

得益于 AI 与 Power Apps 和 Power Automate 的集成，向业务添加智能变得非常简单。

1）**选择 AI 模型类型**：使用适合你的业务需要的模型类型。从一组内置且不断增加的 AI 解决方案中选择。

2）**连接数据**：从可用选项中选择特定的业务数据。

3）**定制 AI 模型**：根据模型类型，你可以调整自定义模型以优化 AI 的执行方式。

4）**训练 AI 模型**：训练是一种自动的过程，即 AI Builder 会教 AI 模型，借助你的业务数据和定制来解决特定的业务问题（例如，识别图像中的商品识别）。训练后，AI 模型可以生成见解，例如预测的结果或图像中检测到的物体列表和数量。

5）**使用来自 AI 模型的见解**：即使没有编码能力，你也能在 Power Platform 中使用 AI 模型中的结果来创建满足业务需求的解决方案。例如，可创建在 Power Automate 中自动执行文档处理的流，或在 Power Apps 中创建可预测供应商是否合规的应用。

10.2　在自动化工作流中使用物体检测模型

物体检测有助于加快甚至自动执行业务流程。在零售行业中，它可帮助简化库存管理，使企业领导能够专注于现场客户关系的建立。在制造行业中，技术人员可以使用它来加速维修过程，以快速访问某个序列号的机器手册。任何规模的组织都可以使用 AI Builder 进行物体检测，针对自己的自定义对象进行训练，最终将这些功能添加到自动化工作流中。

10.2.1　收集图像

要训练物体检测模型来识别物体，必须收集包含这些物体的图像。要获得更好的结果，须遵循有关图像数量和质量的准则。

1. 格式和大小

提供给物体检测模型的图像需要具备以下格式要求。

❑ 格式：JPG、PNG、BMP。

❑ 大小：最大 6 MB，最小宽高为 256 像素 × 256 像素。

2. 数据数量和数据平衡

务必上传足够多的图像来训练 AI 模型。每个物体至少要有 15 张图像作为训练集，这是最基本的。如果图像较少，你的模型很有可能学习到的仅仅是噪声或不相关的概念。使用更多图像训练模型能够提高准确性。

另一个考虑因素是，应确保数据平衡。如果一个物体有 500 张图像，而另一个物体只包含 50 张图像，训练数据集将不平衡。这可能会导致模型更善于识别其中一个物体。为了获得更一致的结果，请在图像最少的物体和图像最多的物体之间保持至少 1 ：2 的图像数比率。例如，如果图像数最大的物体具有 500 张图像，则图像数最小的物体应至少具有 250 张图像用于训练。

3. 使用更多样化的图像

提供将在使用期间提交到 AI 模型的类似图像。例如，假设你正在训练一个模型来识别苹果。如果你只训练盘子中的苹果的图像，模型可能无法一致识别出树上的苹果。涵盖各种不同图像可确保模型不偏重某方面，而是涵盖所有方面。下面是可使训练集更加多样化的一些方法。

（1）背景

在不同背景前使用物体的图像。例如，水果在盘子里、在手上和在树上。场景中的图像比中性背景前的图像更好，因为前者为分类器提供了更多信息。

（2）照明

使用具有不同光照的训练图像，特别是真正用于检测的图像可能具有不同光照。例如，通过闪光灯、高曝光度等方式拍摄的图像。涵盖不同饱和度、色调和亮度的图像也很有帮助。可以通过调整相机来控制这些设置。

（3）物体大小

在提供的图像中，物体尽可能具有不同大小，尽可能拍摄物体的不同部分，例如几根香蕉的照片和一根香蕉的特写。不同的大小有助于模型涵盖所有方面。

（4）相机角度

尽量提供从不同角度拍摄的图像。如果所有照片都来自一组固定相机（如监控摄像头），请为每个相机分配一个标签。这有助于避免将不相关的物体（如灯柱）建模为关键特征。为相机分配不同标签，即使相机捕获的是相同的物体。

（5）意外结果

AI 模型可能会错误地获知图像通用的特征。假设你要创建一个模型来区分苹果与柑橘。如果使用手中的苹果和白盘中的柑橘的图像，则模型可能针对手与白盘进行训练，而不是针对苹果与柑橘。

若要解决此问题，请使用上述指导训练更多不同的图像：提供不同角度、背景、物体大小及其他变量的图像。

10.2.2　建立物体检测模型

请登录 Power Apps，在左侧窗格中选择向下箭头，展开 AI Builder，然后选择物体检测 AI 模型。

1. 选择模型域

创建 AI Builder 物体检测模型时要做的第一件事是定义其域。域可优化特定用例的模型。有以下三个域。

❑ **通用物体**：默认值。如果用例不适合以下特定应用，请使用此域。

❑ **零售货架上的物体**：检测货架上密集堆放的产品。

❑ **品牌标识**：针对标识检测进行优化。

2. 提供物体名称

接下来，提供要检测的项目的名称。每个模型最多可以提供 500 个物体名称。

提供物体名称有两种方法：

❑ 直接在 AI Builder 中输入物体名称；

❑ 从 Microsoft Dataverse 实体中选择名称。

随后，在顶部的操作栏中选择要使用的输入模式。

（1）在 AI Builder 中输入名称

若要直接在 AI Builder 中提供物体名称，只需在图像中检测到物体的空间内输入名称。然后，按 Enter 键或选择添加新物体，以便继续操作。

❑ 若要编辑物体名称，请选择物体名称，然后更改。

❑ 若要删除物体名称，请点击垃圾桶图标。

（2）选择数据库中的名称

如果 Microsoft Dataverse 中没有你的数据，请参考第 6 章获取有关如何将数据导入 Microsoft Dataverse 的信息。

1）从数据库中选择，以查看环境中的实体。

2）在右侧窗格中，找到包含物体名称的实体。查看列表或使用搜索栏，然后选择该实体。

3）找到包含物体名称的字段。选择该字段，然后选择屏幕底部的选择字段。

4）从表中的字符串列表中，选择表示要检测的物体的字符串。

5）然后点击屏幕底部的 Next 按钮。

（3）上载图像

现在前往图像上传步骤。提前收集的图片现在可以派上用场，因为你需要将其上传到 AI Builder。

1）选择图片存储的位置以上传图像。目前，你可以从本地存储区、SharePoint 或 Azure Blob 存储中添加图像。

2）请确保你的图像符合定性和定量指南的要求。

3）在 AI Builder 中，选择 Add images（添加图像）。

4）选择存储图像的数据源，然后选择包含你的物体的图像。

5）完成上传之前，请确认 AI Builder 中显示的图像。

6）点击 Upload images（上传图像）按钮，如图 10-2 所示。

7）上传完成后，点击"关闭"按钮。

（4）标记图像

本节介绍标记过程，它是物体检测的关键部分。在感兴趣的物体周围绘制矩形，然后为希望模型与此物体关联的矩形指定名称。

1）在 Tag images（标记图像）中的物体屏幕上，选择库中的第一个图像。

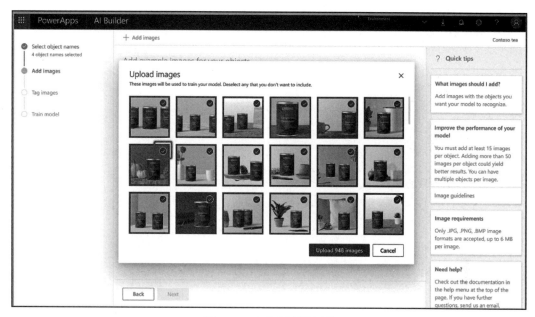

图 10-2　上传图训练图像

2）在物体周围绘制矩形：在物体的左上角按住鼠标并向下拖动到物体的右下角。矩形应完全包含希望模型识别的物体，如图 10-3 所示。

图 10-3　选中要识别的图像

3）绘制矩形后，可将名称与已选择的名称列表中的物体关联，如图 10-4 所示。

图 10-4　给图像打标签

4）当你在物体周围看到标记时，即表示已创建标记，如图 10-5 所示。

图 10-5　已标记的图像

5）导航到图像，并为每个物体名称标记至少 15 个图像以生成模型。

6）完成对图像的标记后，选择 Done tagging（完成标记）。创建矩形时，将保存数据。

7）在网格视图中，可以查看所创建的所有标记的摘要以及所创建的图像。这样，你就可以知道在继续操作之前还有多少工作量了。

8）在达到最小内容数量之前，无法继续操作。等到每个物体名称至少有 15 个图像后，便可以点击屏幕底部的 Next 按钮。

恭喜，你已为物体检测创建了训练集。

10.2.3　训练和发布物体检测模型

1．快速测试模型

训练模型后，可以从其详细信息页中查看正在运行的模型。

1）从模型详细信息页中，选择 Last trained version（上次训练的版本）部分中的 Quick test（快速测试）。

2）上传包含你的物体的图像以测试模型。

3）模型将应用于你上传的图像。此步骤可能需要一段时间。

4）模型运行完毕后，将直接在图片上绘制找到的矩形，如图 10-6 所示。

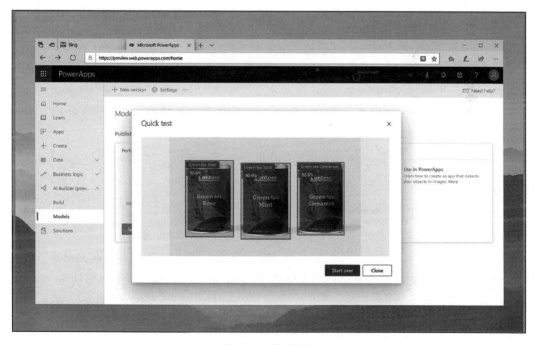

图 10-6　快速测试

2. 如何解释模型性能分数

训练模型后，你可以对其进行快速测试，在详细信息页上还会显示性能分数。此性能分数表示模型对你上传的图像的执行情况。此分数并不表示它对未来图像的执行情况。

如果一个标签上传 50 个以下的图像，则更有可能获得高达 100% 的分数。但这并不意味着模型是无懈可击的，这只意味着模型没有使所提供的图像子集（称为"测试集"）出错。训练集越小，测试集越小，模型就越适用于计算性能分数。

如果每个标签的图像数大于 50，并且即使在更改训练集时这些分数仍保持稳定，则模型性能分数更为可靠。

3. 发布物体检测模型

从此处可对其他图像运行更多测试。如果你对结果感到满意，则可以在详细信息页的上次训练的版本下，选择发布。发布上次训练的版本后，它将显示为已发布的版本。对于某些 AI 模型类型，可能需要执行其他步骤以在 Power Apps 或 Microsoft Dataverse 中使用模型。

10.2.4 使用 AI 模型

1）登录 Power Automate，选择 My flows 选项卡，然后选择 New flow → Instant cloud flow。

2）为流命名，在 Choose how to trigger this flow（选择如何触发此流）下选择 Manually trigger a flow（手动触发流），然后选择 Create。

3）展开 Manually trigger a flow，选择 Add an input，选择 File 作为输入类型，然后设置输入标题 My image。

4）选择 New step，再选择 AI Builder，然后在操作列表中选择 Detect and count objects in images（检测并计数图像中的物体）。

5）选择要使用的物体检测模型，然后在 Images 字段中通过触发器指定 My image，如图 10-7 所示。

6）要检索图像上检测到的一个或多个物体的名称，请使用 Detect object name 字段。

恭喜！你已经创建了一个使用物体检测 AI Builder 模型的流。点击右上角的"保存"按钮，然后选择 Test 以试用你的流。

下面的示例演示如何创建由图像触发的流，如图 10-8 所示。此流计算图像中绿茶瓶的数量。

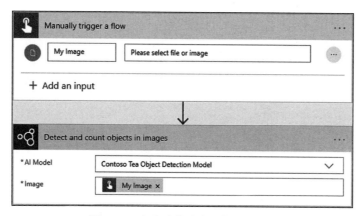

图 10-7　在自动化流中添加 AI 模型

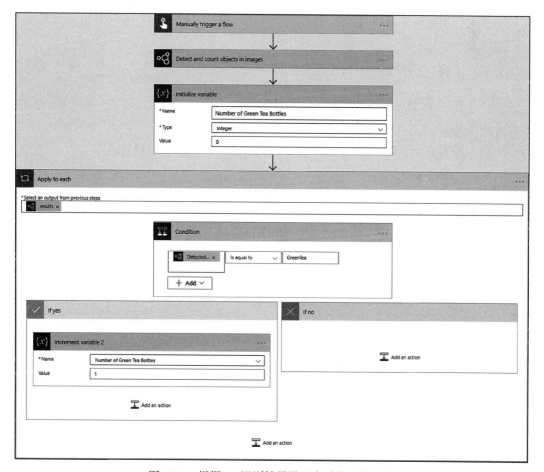

图 10-8　根据 AI 识别结果设置自动化流的逻辑

10.3 在应用中使用名片识别模型

本节介绍如何通过 AI Builder 名片识别模型检测名片，并提取信息。该功能可以直接在应用组件中拍摄照片或者加载已拍摄的图像。它将提取和识别数据属性，供应用展现和调用。

10.3.1 名片识别模型

我们可使用预生成的名片模型从名片图像中提取信息。如果在图像中检测到名片，AI 模型将提取关键信息，如人员的姓名、职务、地址、电子邮件、公司和电话号码。

1. 支持的语言、格式和大小

使用名片模型处理的图像必须具备以下特征。

❑ 语言：英语。

❑ 格式：JPG、PNG、BMP。

❑ 大小：最大 6 MB。

2. 模型输出

如果检测到名片，名片模型将尝试查找并提取表 10-1 中列出的属性。

表 10-1 名片检测中的属性

属性	定义
AddressCity	城市地址
AddressCountry	国家 / 地区地址
AddressPostalCode	邮政编码地址
AddressPostOfficeBox	邮政信箱地址
AddressState	省 / 自治区 / 直辖市地址
AddressStreet	街道地址
BusinessPhone	第一个电话号码或传真号码
CleanedImage	处理后的图像，名片在原始图像的基础上进行了裁剪和增强处理
CompanyName	公司名称
Department	找到的组织部门
Email	在名片中找到的联系人电子邮件（如果有）
Fax	第三个电话号码或传真号码
FirstName	联系人的名字
FullAddress	联系人的完整地址
FullName	联系人的全名
JobTitle	联系人的职务

（续）

属性	定义
LastName	联系人的姓氏
MobilePhone	第二个电话号码或传真号码
OriginalImage	处理前的原始图像
Website	网站

10.3.2　在应用中调用名片识别模型

接下来我们将使用表单编辑器将名片读取器添加到联系人或潜在客户表单，并将其绑定到占位符 SingleLine.Text 或多个字段。

1）选择 Placeholder（占位符）字段，然后选择 Properties（属性）。

2）选择 Controls（控件）选项卡。

3）选择 Add Control。

4）选择 AI Builder Business Card control 控件，如图 10-9 所示。

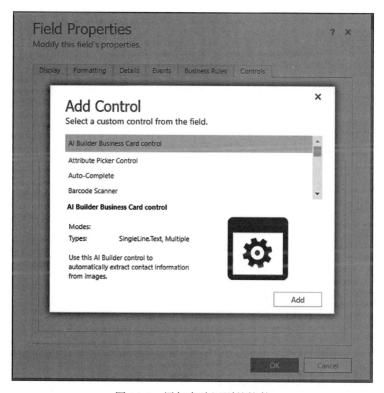

图 10-9　添加名片识别的控件

选择应在其中显示名片读取器的平台（Web、手机或平板电脑）后，可以绑定所需的组件属性，如图 10-10 所示。

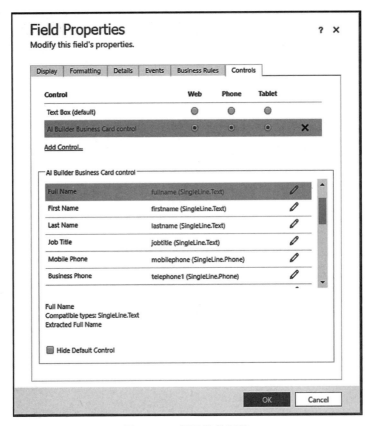

图 10-10 设置控件属性

如果检测到名片，名片读取器将尝试根据前面表格中的属性提取其找到的信息，并展示在应用中。

由于名片检测模型是 AI Builder 中的内置模型，因此无须准备训练图片即可调用其识别功能。类似的模型还有很多，并且随着 AI Builder 的持续更新，相信会有越来越多的应用场景可以通过 AI 模型来快速实现。

本章主要介绍 AI Builder 的能力，旨在为大家剖析低代码平台 AI 能力的前景和落地方向。无论是自定义的物体检测模型，还是预训练的名片识别模型，都可以快速集成到工作流创建和应用开发中。读者可以更多地关注和探索 AI 赋能的低代码平台，为数字化转型的落地场景提供技能和知识储备。

第三篇 *Part 3*

已知和未知

对于正在探索低代码应用落地场景的读者来说，本篇的信息量非常足。

本篇包括第 11 章和第 12 章。第 11 章将针对零售、教育、金融、制造、专业服务五大行业场景，以及跨行业的内部流程应用的场景进行详细分析。每个案例都会从行业客户背景、场景痛点、解决方案和未来发展等不同角度全面解析。第 12 章从全民开发者的概念出发，分析企业数字公民的责任与文化，同时，基于已知的案例展望无边界的变革。

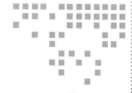

第 11 章 *Chapter 11*

行业应用案例

低代码开发已经在全球范围内的不同行业、不同企业中得到应用，并且使用的场景、角色等也在不断拓展。为了帮助读者更好地身临此角色、了解此场景，本章特地优选了一些行业的典型应用案例，涵盖的行业不仅有热门的零售、金融、制造，还有与民生相关的教育、以知识密集型为主的专业服务，以及跨行业。对于每个案例，不仅介绍了明确的人物角色和场景背景，还阐述了如何使用低代码开发赋能企业和角色，帮助它们解决实际问题，实现业务需求，从低代码开发中受益。

11.1 零售——构建敏捷的客户服务管理

随着技术的发展变化加快，技术驱动业务、数据驱动业务变得越来越重要。过去 10 年、20 年持续稳定增长的生意模式，如今可能几个月就会变得完全不同。很多零售企业的业务方向会有不同，有些是 2B，有些是 2C，但无论哪种形态，这些企业会发现，顾客的购买行为已经从单纯的购买这个动作扩展为一个持续不断的端到端模式。产品质量、品牌影响力并不能完全决定顾客的购买意愿，售前、售中、售后的购买体验，客服人员的专业程度，都会影响潜在顾客的购买。因此从数据中获取价值，及时了解销售环节中顾客端的反馈和市场趋势，及时发现问题并不断调整，才不会在当今数字化转型的大潮中掉队。

下面以宜家瑞典销售团队联合合作伙伴凯捷基于 Power Platform 和 Dynamics 365 开发的 2B 销售端管理应用为例，带大家了解如何利用模型驱动应用快速实现应用开发，改变原有销售中用到的工具，提升员工效率，提高数据价值。

11.1.1 痛点和挑战

本需求来源于对数据的迫切需要。过去一个月，在门店销售过程中，为什么顾客没有买宜家的厨房家具？过去一个季度，有哪些增长的潜在 2B 客户？2B 客户的市场规模和增长情况如何？诸如此类的问题，在原有的运作模式及工具体系下，并没有一个很好的答案。因此，区域销售经理才迫切希望引入技术力量来解决问题，从数据中找答案。

整个 2B 的销售过程涉及几个团队的协作，销售部门利用定制的电子表格来追踪相关的预约、潜在客户、正在进行的项目以及项目中涉及的厨房用品的采购流程等。同时，销售团队还会利用电子表格来追踪相关订单，并统计厨房相关产品的销售情况。原有方式的一个主要问题在于数据并没有被很好地利用，缺乏统一的格式以及结构化的组织，无法实时看到整体的销售情况及客户情况。表格内容的示例见图 11-1。

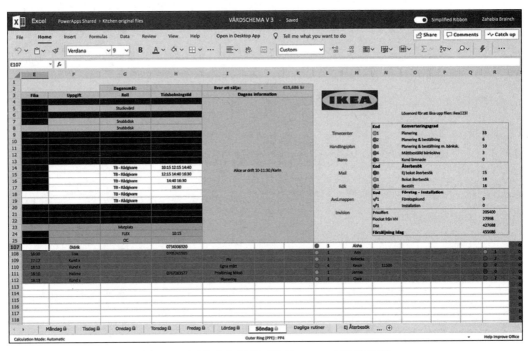

图 11-1　原有业务逻辑下统计 Excel 表格的示例

此外，销售团队还要与后端客户支持中心合作。客户支持中心主要处理用户的相关预约、相关问题的报备。针对预约的流程，原本也是利用电子表格进行手动记录，客户支持中心会接到客户预定需求，并在线咨询当地商店，协调时间，再返回给电话端的客户。因此，减少销售团队及技术支持团队在销售流程中的手动操作，将销售过程中涉及的全部数据记录下来，是销售区域经理迫切的需求，也是当前的痛点。客户当前的痛点有如下几条：

- ❑ 复杂的购买流程涉及大量的手动操作，历时可能长达 4 个月之久；
- ❑ 每天需要花费 3 小时进行预约安排和管理；
- ❑ 与客户之间缺乏协调一致的沟通过程，导致销售损失；
- ❑ 缺乏移动性，B2B 销售团队在外地时无法访问系统；
- ❑ 缺乏用于计算和预测收入的汇总数据；
- ❑ 报告能力欠缺，无法全面了解销售情况；
- ❑ 缺乏基于职能的数据安全性，因为所有信息都保存在 Excel 表格中。

其实，以上都是特别常见的问题，利用 CRM 软件或通过编写代码都是可以解决的。但宜家瑞典销售团队还遇到了两个问题：IT 团队并没有足够多的资源和时间来处理以上问题，利用代码解决上述问题花费巨大，且耗时久；在考虑 SaaS 化软件的过程中，客户也需要一定程度的定制及后期基于业务的扩展，因为自定义的难易程度也是比较重要的。

11.1.2　解决的实际问题

整个解决方案是由宜家瑞典销售团队、合作伙伴凯捷以及微软架构团队共同完成的。这是低代码开发过程中典型的团队模式：业务人员直接参与，能力合格的 Power Platform 实施伙伴及微软架构团队在平台化治理、安全、性能上不断给出建议并协助优化。经过问题梳理，该团队最终开发了几款应用（统称为"宜家销售工具"）来解决痛点问题。宜家销售工具先期在瑞典销售团队中进行了试点，后续推广到宜家在瑞典的所有门店，多达 90% 的目标员工在积极使用该解决方案。宜家销售工具包含 4 个应用。

1. Kitchen App

这是 Power Apps 模型驱动的应用，利用了 Dynamics 365 现场服务功能。这款应用主要在门店内使用，用来浏览客户的预订信息，协调店内人员分工，并安排临时客户与销售专家会面等门店日常活动。商店经理和团队经理使用该应用报告统计关键数据。该应用提供了适用于宜家特定要求的 Dynamics 365 现场服务功能的子集。它使用资源调度模块来管理调度板、可预订资源等。Power Automate 用于简化用户体验：每次同事在会议中点击开始或结束时，都会触发一个流程，以自动计算和记录会议的持续时间并更新状态。Azure Functions 和 Logic Apps 用于连接到宜家的 SMS 传递系统，并将短信通知发送给客户。Dynamics 365 工作流用于发送电子邮件。该团队计划最终迁移所有工作流程以使用 Power Automate。应用示例页面如图 11-2 及图 11-3 所示。

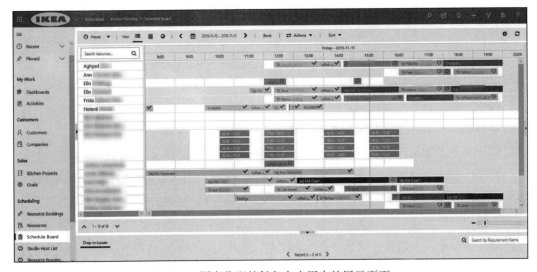

图 11-2　同事分配的任务在应用中的展示页面

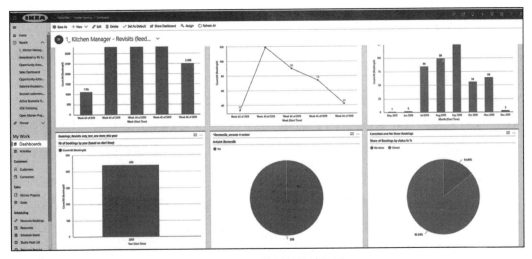

图 11-3　业务数据的统计视图

2. Co-Worker App

宜家员工在内部都被称为 Co-Worker（同事）。店内销售专家使用此 Power Apps 模型驱动的应用来启动和结束店内客户会议，添加会议记录，更新收入详细信息以及进行重访。利用 Power Apps 开发的模型驱动应用，同事首次能够使用单个工具在一个地方查找客户信息和状态。他们还可以查看每个同事的销售进度。他们计划通过为同事添加目标管理功能来继续扩展这一目标。除了使用 Power Apps 外，同事在日常工作中还使用了其他两款工具来设计厨房和下订单。这两款工具都是第三方工具，一款工具是用来设计客户的厨房方案的，另一款工具是用来进行订单管理的，叫 ISell。通过结合 Azure 中的服务使用，业务人员能够将这两个第三方系统中的数据进行汇总，供 Power Apps 使用，店内的同事可以通过一个应用来查看并完成绝大部分工作。Azure Functions 用于从 ISell 系统中提取重复的数据并发布到 Microsoft Dataverse 中，从而使所有厨房订单信息可以直接在 Power Apps 应用中使用。应用示例如图 11-4 及图 11-5 所示。

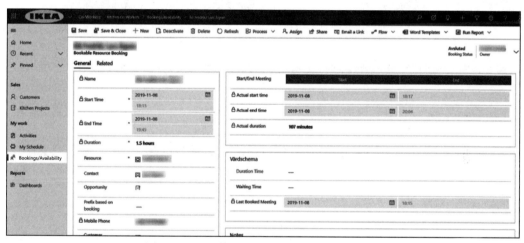

图 11-4　用于管理客户会议的 Co-Worker App

3. B2B App

这是一个由 Power Apps 模型驱动的应用，它利用了 Dynamics 365 销售功能，管理 B2B 销售渠道，可以为宜家的 B2B 客户创建单一客户视图，并从多个来源合并数据。B2B 销售人员负责将宜家产品销售给大小企业，供它们在办公大楼中使用。他们使用 Power Apps 模型驱动的应用，该应用利用 Dynamics 365 销售功能来跟踪销售渠道并提供有关其 B2B 客户的见解。该应用还使销售团队能够保持持续的沟通并与客户建立良好的关系。现在，所有 B2B 销售代表都使用新应用来输入新客户和现有客户的信息，这使团队和宜家管理层可以了解谁在照顾客户、活跃的商机和一般的客户渠道，还可以跟踪销售活动，例如收入、预计完成日期等。应用示例如图 11-6 所示。

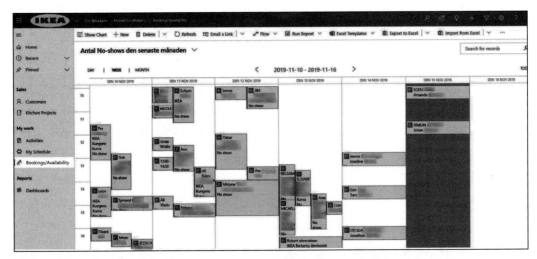

图 11-5　同事可以使用日历视图来预订重新访问

图 11-6　B2B App 使用页面展示

4. 客户支持中心 App

客服人员利用 Power Apps 模型驱动应用开发了客户支持中心 App，帮助用户管理预约信息。后台数据显示，在过去一段时间，这个 App 的活跃用户从 6 个增加到了 20 个，并且还在不断增加。虽然这只是很小的一部分用户,但这个应用的推出使宜家的客户服务中心在客户预约方式和流程上进入了更加数字化的阶段。如今,客服人员不再需要通过电话的方式帮助客户沟通门店预约,直接利用开发好的 App 就可以完成所有操作,大大提高了效率。在接听客户电话、帮助客户预约的同时,客服人员还能够查看客户过往的沟通信息,并利用这些信息主动与客户沟通,挖掘更多商机。同时,公司也可以通过集中管理的客户信息与客户建立起长久的服务关系(不再是原来单纯的买卖关系),为客户持续不断地提供优质服务。应用示例如图 11-7 所示。

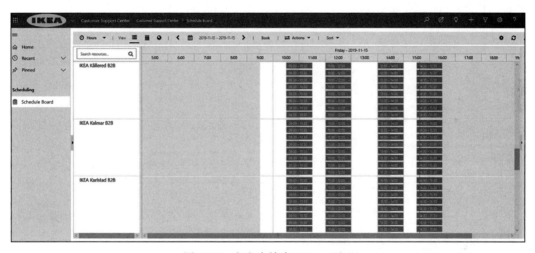

图 11-7　客户支持中心 App 页面

11.1.3　带来的收益

宜家的家居销售工具投入生产还不到 6 个月。尽管至少需要一个 6 个月以上的销售周期才能收集到更详细的影响指标,但以下早期指标已经反映出该解决方案的优势和影响。

- ❑ 为销售团队提供了一个自动化系统,可以查看预约、重新预约和管理从初始到厨房安装的销售流程。
- ❑ 减少了资源规划、收集说明和整理数据的时间。
- ❑ 客户资料得到了集中整合,能够更好地长期管理客户。
- ❑ 由于获取和跟踪 B2B 客户的销售管道,销售额增加。
- ❑ 随着 B2B 部门的拓展,新销售代表的培训时间缩短。在某些领域,培训时间可缩短至原来的 1/3。
- ❑ 利用集中的数据来计算和预测收入,能够全面了解销售情况。

□ 对销售、预测、员工绩效、客户留存等进行更高级、更精细的统计。

□ 预期该解决方案的实施投入将在一年内获得正回报。

□ 能够优先关注精准的客户，从而提高转化率。例如，在繁忙的 12 月，可以关注那些
处于购买旅程末端的客户，在淡季则跟进新客户。这是宜家此前一直无法做到的。

11.1.4　解决方案小结

如上所述，整个解决方案实现了用 4 个 App 来优化当前销售过程。整个解决方案的
系统架构如图 11-8 所示。

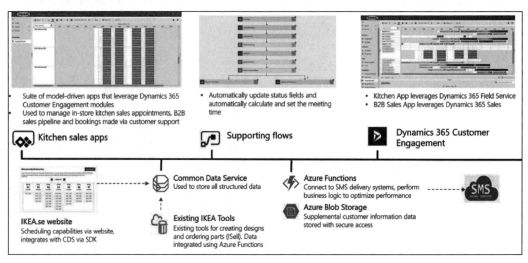

图 11-8　基于 Power Apps 所开发的应用的系统架构

任何一个解决方案的实施都需要考虑如下问题，此解决方案也不例外。

（1）团队的构成

整个解决方案的开发及部署都是由合作伙伴凯捷来完成的；前期业务流程的规划设
计是由宜家瑞典销售团队与合作伙伴一起梳理和规划的；在应用的技术实现、性能方面，
微软架构团队提供了很多基于最佳实践的分享。

（2）工具的采用

针对原有基于电子表格的方案缺乏一个客户管理系统的问题，这里采用了 Dynamics
365 Customer Engagement；考虑到不同团队的需求以及定制的复杂度，采用了 Power
Apps 模型驱动应用。由于有些业务（尤其是协作办公及客户支持中心）的业务逻辑处理
是 Dynamics 365 Customer Engagement 无法简单完成的，再考虑到用户体验的一致性，

Power Apps 模型驱动应用就是一个好的选择。模型驱动应用孵化于 Dynamics 365，具有高度组件化、定制化的特点，可以根据用户业务需要定义每个模块的功能。当然，在每个 Power Apps 项目中，Power Automate 都会配套出现，因为现今的业务需求往往都是需要自动化实现的部分，而 Power Automate 是低代码开发中自动化流程的第一选择。

（3）数据源的梳理

选择 Microsoft Dataverse 是为了更好地发挥其业务数据库的价值。很多业务逻辑的处理、（销售团队尤其看重的）数据安全以及跨团队间数据可见性等问题，在 Microsoft Dataverse 中都可以通过配置快速解决。在应用开发初期，梳理数据源是一项必不可少的工作，了解项目中需要引用的数据后，业务人员能够更好地计划以何种方式导入数据，如何构建数据模型，采用哪种应用类型进行开发。如图 11-8 中所描述的，在本案例中，初期我们看到，整个应用需求的实现需要从官网、第三方系统、Dynamics 365 中获取数据，并汇总到 Microsoft Dataverse 中进行数据建模。了解项目事项中所用到的数据源，业务人员就可以从容地选择对应的技术来获取数据，并在 Power Apps 中实现业务逻辑。当用户看到数据从宜家官网及第三方系统中获取，自然会选择自定义连接器的方式，结合 Azure 获取数据，同时针对 Dynamics 365 中的数据，利用官方提供的 Dynamics 365 数据连接器进行连接。整个数据获取所涉及的问题就都找到了实现的方向，业务人员就可以将精力放在如何合理地构建数据模型并实现相应的业务逻辑上。

（4）与 Azure 的结合

在此案例中我们看到，除了使用 Power Apps 服务外，业务人员在开发过程中也使用了一些 Azure 服务。这其实是低代码项目在实施过程中的一个特点。我们要尽量避免进入这样一个误区，即认为低代码开发过程中利用 Power Apps 或者 Power Platform 能够解决所有问题。但当我们逐步开始一些复杂项目时，我们会发现，低代码平台往往只能够实现 20% 的功能，更多的功能及复杂的业务逻辑需要配合云平台中的技术来实现。正如此案例中描述的，在数据接入方面，我们看到需要从官网及第三方系统导入数据，这部分工作并没有写好的数据连接器来帮我们实现。调用 Azure Functions，利用 API 的方式结合自己编写的代码就能轻松实现，这在涉及实现很多复杂业务功能时特别有用。

11.2　教育——推动课堂转型及激发学生兴趣

Brian Dang 是南加利福尼亚州的一名小学教师，他教授从数学和科学到阅读和社会研究的许多知识，同时是一个技术爱好者，一直在寻找新的创新教学方法。像他这样的老师付出了巨大的努力来激励学生，拓展学生的思维。

Brian Dang 创建了一系列教育应用，虽然他从来没有经过任何计算机科学或编程方面的正式教育。使用 Power Apps 和 Power Automate，他正在改变他的教室。他明白，从小学到大学，教师需要更多的资源和工具来可视化概念、管理教室并激励学生。现在，他准备分享他的课程，并鼓励其他教育工作者也这样做。

11.2.1 痛点和挑战

从教学生涯的开始，Dang 先生就依靠电子表格来跟踪他所教授的三年级和四年级学生的课堂活动。除了成绩和课程，他还跟踪其他所有与教学相关的事情，从数学到阅读练习，再到如何促进学生参与教学等。Dang 先生希望尝试新的教学方式来改变这一切。Dang 先生主要面临以下挑战。

- ❑ **快速验证教学研究**。Dang 先生是利用技术手段改善教育体验的先驱，他热衷于将最新的研究融入课程。他想尝试多种可能性及不同的视角，体验新技术带来的改变和视角，它不只是作为老师站在教室前面，还通过在整个教室中不断地走动和观察，更好地接近他的学生们。

- ❑ **无编程经验也可以编程**。2016 年年初，Dang 先生发现了 Power Apps 低代码工具，并了解到它可以创建自定义 Web 及移动应用，而且不需要任何编程经验。尽管他想立即将 Power Apps 应用到教学中，但不得不等到下一个学期开学才开始探索它在教学中的应用潜能。

- ❑ **一套应用打破教学孤岛**。Dang 先生认为 Power Apps 作为一个低代码解决方案，能够变革教学体验，快速开发出教学研究 App，如图 11-9 所示。通过结合对教育最佳实践的理解，他可以快速创建教师们需要的应用，而这些应用是市场上不存在的。"课堂上有很多技术解决方案，但这些方案之间是孤立的，"Dang 先生说，"如果你可以创建一套你想要的应用，那么就能获得更好的教学效果。"

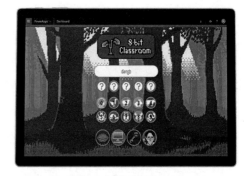

图 11-9 教学研究 App

11.2.2　解决的实际问题

随着 Power Apps 功能的不断丰富，Dang 先生也在不断提高自己作为一名全民开发者的能力。他使用问题导向的学习方法来自学 Power Apps，实现方便灵活的创建应用，如图 11-10 所示。由于他想创建的应用需要执行复杂的任务，因此他尝试使用 Power Apps 内置的强大数据存储 Microsoft Dataverse。使用过程中他发现，Power Apps 支持方便灵活地创建各种或简单或复杂的应用，是理想的低代码开发解决方案。

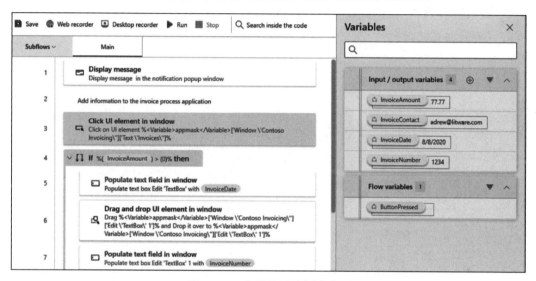

图 11-10　方便灵活地创建应用

- 随需即时开发应用：Dang 先生使用 Power Apps 创建多个教学和课堂管理应用，以帮助学生和教师改善学校生活。最吸引学生的解决方案之一是银行应用，这个应用为学生提供了一个有趣的方式来赚取积分。在此之前，学生们是通过纸质小册子来完成的。每次他们需要记录交易和余额时，他们必须在头脑中回忆相关信息并更新小册子。Dang 先生的应用不仅节省了学生们的时间和纸张，而且通过游戏化激励了学生。

- 自动化教学任务：在使用 Power Apps 的同时，Dang 先生还把 Power Automate 融入了他的课堂。Power Automate 也不需要编写代码，并且可与大量微软和第三方的应用及服务无缝协作。Dang 先生使用基于云的工作流服务来更好地管理学生数据。不同于发送电子邮件的方式，他的应用将学习工作的操作项目布置成待执行任务列表。

❑ 数据释放教学洞察力：利用通过 Power Automate 收集的数据，Dang 先生能够立即了解学生对知识点的熟练程度以及他们可能需要什么支持。从学生那里收到的实时数据的汇总视图帮助他很好地掌握课程的教学效果。

11.2.3　带来的收益

Dang 先生不仅在 Power Apps 和 Power Automate 的课堂应用上取得了成功实践，而且决定以"8 位课堂"（8-bit Classroom）的品牌创建自己的应用系列。但他真正想要的是，让老师们自己制作应用。"我有两个目标：一是为教师创建高效能的应用，共享它们，并使其便于访问和使用；二是把这种技能教给别人。即使教师只有基本的 Excel 知识和使用技能，他们也可以使用 Power Apps 等低代码工具。"Dang 先生说道。

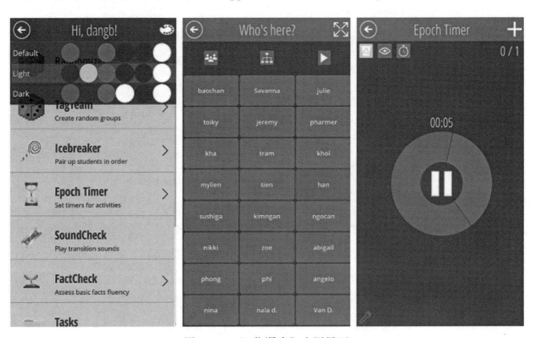

图 11-11　"8 位课堂"应用界面

（1）每个老师都可以参与并编写"教学体验"

Dang 先生在工作中不断尝试着说服其他老师加入他的变革。他希望"没有应用"，希望赋能教师，让他们创建自己真正需要的工具，而不是有什么就用什么。他预见到，从小学到大学，教师将成为全民开发者的未来。

一个教师提高的教学效率也许不值得一提，但想象一下，如果一个学区采用这些工具提高教学效率，会怎样？在整个学年，教师在管理教室和备课方面节省的时间都可以显著增加。学生能够保持专注而不被其他任务分心，这可以改变他们的整个学习状态。

（2）千生千法，洞察学生学习力，提升个性学习效果

Dang 先生发现，学生在使用了这些应用之后，学习效果有了明显进步。例如，在确定了针对数学教学中需要改进的地方后，他使用应用来可视化地演示带分数与假分数的关联。在随后的章节测试中，对于 20 个涉及带分数的问题，学生答题的正确率超过 80%。

教师也可以使用 Power Apps 和 Power Automate 来完成日常工作。Dang 创建了一系列小型应用来取代常规的课堂步骤，例如为项目和活动配对学生。现在，教师们可以专注于教学的各个方面，这会让他们更加热爱教师这个职业。如果出现任何新的或独特的课堂挑战，教师可以使用共享应用或创建自己的应用来应对这些挑战。

（3）每个教师的专业知识都可以代码化并复用

Dang 先生表示："我想发起一项运动，我们将这些应用及其创建方法应用于不同的年级、不同的教学内容、不同的年龄组。对于当今存在的每个问题，都有机会使用应用创建解决方案。这可能会在教室之外产生更多积极的影响。通过将专业知识与程序代码配对，教师可以自己设计解决方案来解决具体的问题。我已经成为一名教师开发人员。"

11.3　金融——便捷的全区域 ATM 管控

南非标准银行在 20 多个非洲国家开展业务，按资产计算，它是非洲最大的金融机构。它以数字化战略为核心，试图改变整个公司的运作方式。通过创建基于低代码平台的卓越中心（CoE），IT 团队与业务部门紧密合作，使它们能够在 ATM 管理等领域快速创建应用和解决方案，从而改变流程，提高生产力和效率，节省成本并提升客户满意度。

标准银行存在几个业务问题，这些问题需要各个业务部门共同努力来解决。首先，它有必要基于 Office 365 提高协同办公的效率，拥抱数字化，并使用移动技术来全面改善客户和员工的体验，同时满足每个业务线和区域位置的独特要求。举个例子，Retail Banking（零售银行）部门的 Cash Tribe 团队负责 8000 台 ATM（自动柜员机）。他们需要定期对这些 ATM 进行手动检查，检查是否存在人为破坏、屏幕破裂、周围脏污等问题，而之前并未通过自动化的方式对这些问题进行筛查及提醒。

11.3.1 痛点和挑战

在使用 Office 365 和 Power Platform 之前，标准银行在业务流程上有很多痛点。例如在 ATM 检查的例子中，检查是通过纸质检查表进行的，团队被埋在大量的文书工作中。该过程分散在各个职能部门（如设施维护部门、IT 部门）中。此外，标准银行没有中央数据存储库，也无法运行商业智能以帮助企业进行改进。以下是标准银行最典型的挑战：

❑ 业务流程需要手动完成，端到端需要依靠多个系统组合执行；

❑ 过程分散在各个职能部门；

❑ 记录只能在电脑端执行；

❑ 问题普遍需要两周时间才能得到报告。

企业数字化的挑战正从四面八方涌来，纵观数字化挑战的前景，IT 团队根本没有足够资源来为每个业务部门的需求构建移动和数字化解决方案。该银行的高级 IT 管理层了解到，数字化转型的关键是使业务团队直接参与进来，将他们的经验与技术相结合，不断增强其运营水平。企业数字化主管 Ian Doyle 表示："作为 IT 团队，我们所做的最根本的转变之一就是致力于帮助客户、帮助我们的业务团队发现工作中的摩擦点，然后使用技术来解决它们。"

该银行看到利用 Power Apps 快速开发的应用可以解决整个业务中的许多摩擦点，这些应用可以用更快、门槛更低的方法开发出来，既高效又省成本。

Doyle 团队从 Retail Banking 部门的 Cash Tribe 开始，与业务中的主要利益相关者讨论 Power Apps。

虽然可以通过自动警报来警示内部问题（如 ATM 内现金不足），但必须通过物理方法来检查和监视环境问题（如人为破坏、屏幕破裂和周围脏污）。标准银行零售银行负责人 Patience Rolls 说："我们检查 ATM 的团队需要先进行大量的文书工作，然后打字、分发和存储。为了优化这些工作，我们正在寻找解决方案。当听说 Power Apps 可以做什么时，我们看到了希望和潜力。"

11.3.2 解决的实际问题

通过 Power Apps 开发解决方案，Doyle 团队在 24 小时内创建了一个原型移动应用，然后对该应用进行了测试和完善。如今，该应用使银行的 100 名检查员能够记录故障，并在公司手机上捕获 ATM 的图像，自动对数据进行地理标记并自动保存到 SharePoint Online。之后，再使用 Power Automate 将其路由到对应的部门。基于 Power BI 的报告

提供了有关 ATM 资产的实时视图，使工作人员可以深入了解单个设备并监视趋势。图
11-12 和图 11-13 分别为移动应用界面和 Power BI 报告模型。标准银行每月记录 5000 ～
6000 个检查报告，该过程以前完全基于纸张，而现在情况完全变了。

❑ Power Automate 应用将 Excel、SharePoint Online、电子邮件等多个系统串联起来。
❑ 移动应用和账号权限分配使部门间协作成为可能。
❑ Power Apps 使移动端的输入和查询成为可能，员工不在电脑旁也可以及时解决问题。
❑ 有了 Power BI 基于低代码的数据分析和报表展现，检查报告的生成和统计在数小
时内即可完成。

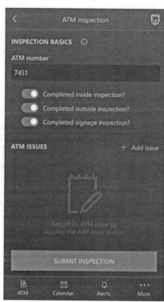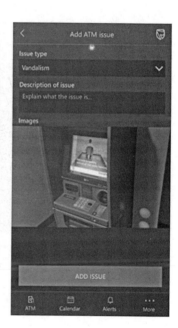

图 11-12　标准银行的 ATM 管理应用

"这对我来说真是令人惊讶。在 24 小时内得到实实在在的东西真是太神奇了！你可
以看到它，它是可行的，我们可以自己对其进行完善。"Rolls 说，"以前，每个检查员都
只在星期五提交报告，现在有了这种实时的流程，我们能够更准确、更快速地修复故障。
不需要纸，也不需要交接，每个人都可以立即对信息采取行动。"

在这个项目成功之后，Cash Tribe 又使用 Power Apps 为新客户开发了 Cash Onboarding
应用，该应用也取代了手动流程。这再次由业务部门领导，所有开发工作均由运营团队
中的非开发人员完成。

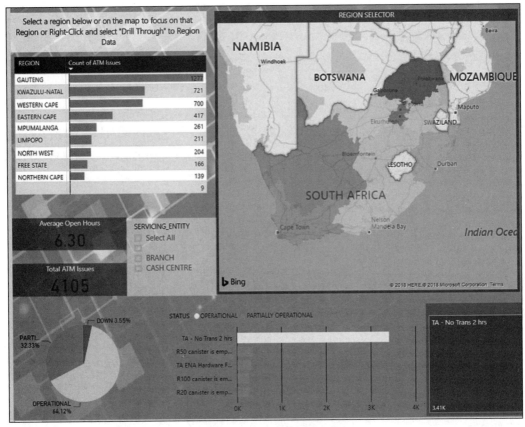

图 11-13 ATM 故障分析和数据展现平台

在一年中，Power Apps 就帮助业务部门创建了 50 多个移动应用，并增加了员工人数以应对需求的增长。尽管这些应用都各不相同，但是它们拥有共同的主题，例如处理客户和员工的现金入账、审计资产、自动执行手动流程、支持银行团队组织或参加的线下活动等。Doyle 说道："未来，任何人有纸质表格或正在捕获任何信息，我们都可以围绕它创建一个数字解决方案，而无须编写任何代码。"

11.3.3 带来的收益

在不到 18 个月的时间里，Power Apps 已为整个标准银行带来了可观的收益：

❏ 将纸质信息数字化，实现存储、查询和编辑的高效性；

❏ 零纸张，降低成本；

❏ 数据报表的可视化进一步优化，改善了用户体验；

❑ ATM 清洁等问题的响应时间从数周缩短至数小时;

❑ 运营管理更便捷,可以一键分配清洁公司,并在规定的时间内工作;

❑ 员工手机内置密码的安全性进一步保护了公司的敏感信息,例如 ATM 内部的照片。

Rolls 说:"关键优势在于,我们已经从使用大量纸张的状态转变为零纸张,节省了纸张成本……而且我们不必让人们感知到其优势,它使人们的生活变得更轻松,他们现在可以专注于做更有意义的工作。"

由于所有应用都是内部构建的,因此银行不需要雇用外部顾问,并且可以确保应用专注于真正的业务需求。"Power Apps、Power Automate、Power BI 和 SharePoint 这四种强大的工具一起为我们提供了一个崭新的、强大的业务平台。"企业数字化主管 Doyle 说,"我们现在可以在整个企业中快速移动,以创建可提供更高生产力的应用和解决方案,使我们的运营方式变得更加敏捷,数字化更彻底。"

11.4　制造——通过数字化应用提高效能并加速创新

丰田汽车公司是一家跨国汽车制造商,总部设在日本。截至 2017 年,它是世界上第二大汽车制造商。丰田汽车公司在全球拥有 36 万多名员工,在北美的 14 个制造工厂、得克萨斯州总部以及密歇根州、亚利桑那州和加利福尼亚州的研发工厂雇用了近 5 万名员工。作为一家知名的汽车制造商,丰田在品牌知名度及员工满意度上享有盛誉,并且被管理者打造为精益公司。

在任何传统的业务模型中,随着部门自身的业务调整及新技术的采用,IT 部门的参与是必不可少的。在数字化转型的过程中,业务部门对于软件产品的需求变得越来越迫切。对于数字化转型中的核心应用,鉴于其影响重大,往往需要根据业务模式进行定制开发,而只依靠 IT 部门来完成业务部门的需求,无疑会使加长开发和部署周期。因此,许多大型企业的业务部门都自行负责采购和部署第三方解决方案。然而,这对于丰田来说并不是最优的解决方案。

11.4.1　痛点和挑战

虽然业务部门自行采购和部署第三方解决方案与丰田精益公司的身份相冲突,但是如果只是对其进行限制会影响公司的整体敏捷性。实际上,提高敏捷性是丰田公司最近进行技术改造的推动力。

（1）提高敏捷性同时减少技术蔓延

作为技术改造的一部分，丰田公司希望找到一种方法来降低技术学习曲线，同时提高业务部门和员工的能力，以满足不断变化的需求。"这就是为什么我们开始探索从低代码到无代码的解决方案（比如 Power Apps），"丰田公司业务和解决方案架构师 Chris Ingalls 解释道，"我们希望为员工提供快速简便地创建应用的能力。"

（2）快速创新实践同时无须 IT 部门大量参与

丰田公司寻求单一的解决方案来满足其跨多个部门和学科的效率和创新需求，而无须 IT 部门的大量参与。通过部署 Power Apps，公司已授权员工负责所属业务部门的应用开发请求。丰田已经通过 Power Apps 开发了 400 多个应用，参与员工也从几个专业成员发展到企业内大量的普通员工，这些应用正在被内部员工不断使用。

11.4.2 解决问题之道

借助 Power Apps，员工可以轻松构建满足其需求的应用或自定义现有应用。Ingalls 说："你不必担心系统设计、基础设施或网络。Power Apps 为全民开发者提供了最佳实践并提供给了模型驱动的设计参考。代码是自动生成的，这显著降低了学习曲线。"通过为员工提供学习并实践 Power Platform 的机会，丰田已成为微软低代码平台的首批且规模最大的用户之一，并在低代码开发及数字化转型的道路上不断前行。

（1）创新应用的注册制度

在部署 Power Apps 时，丰田明白，允许员工无限制地利用 Power Apps 进行应用开发可能会导致应用功能重复，破坏解决问题的初衷。为了应对这一挑战，丰田的 IT 部门制定了一些基本准则。当全民开发者开始开发应用时，他们必须向公司注册。注册应用要经过五轮审批，确保丰田内部核心敏感数据不会公开，应用不多余，并且能够带来预期的收益。如果应用未获得批准，全民开发者可以继续开发，但只能当作自我学习的过程，无法应用到实际的生产工作中，如图 11-14 所示。"我们喜欢这个系统，因为它允许我们的员工（全民开发者）创建任何他们喜欢的东西。"Ingalls 说，"这些准则仅在他们准备与员工共享应用时才会有影响，此时我们才对应用是否准备就绪拥有发言权。"

（2）授权并响应式的 IT 治理

除了设定限制外，丰田还以卓越中心的形式为全民开发者创立了一套标准及治理框架。Ingalls 说："员工授权计划经常发生的情况是，企业允许员工使用新解决方案，要求他们使用新解决方案。员工尝试一下，但在某些时候他们陷入了困境，失去了兴趣，整个人也失去了动力。"有了卓越中心，丰田员工现在有地方可以求助支持。卓越中心每周提供了两次集中交流的机会，同时还提供预约交流，帮助员工解决实际遇到的技术问题。

图 11-14　丰田内部应用统计 App

在丰田内部，通过卓越中心，有经验的同事与全民开发者可以组成互助小组，共同解决技术上遇到的问题，并使用合适的组件来实现业务需求。例如，某些应用能在 Wi-Fi 信号较弱甚至完全没有 Wi-Fi 信号的区域运行。如果构建应用的全民开发人员缺乏添加该功能的专业知识，则卓越中心可能会创建一个示例应用，说明如何启用脱机功能。"我们不会为他们构建应用，"Ingalls 继续说道，"我们为具有专门需求的小型团队提供应用。我们有一个员工相互查找的应用，允许员工查找彼此的工作位置和联系方式。这在我们的工厂中应用十分广泛，也十分受欢迎。在移动设备中互相查找，而不必走回办公桌，可以节省员工的时间。"

（3）人人贡献业务数字化应用

设施管理员工还开发了相应的应用以提高效率，提高丰田大型园区的安全性。通过设施应用，所有部门的员工都可以通过扫描位置识别二维码并附加照片来快速记录需要注意的问题。然后，设施管理员工可以确定重要安全问题的优先级，并高效处理同一地区中的多个问题。

通常，全民开发者需要持续支持其创建的应用。这消除了 IT 部门内出现支持瓶颈的可能性。但是，对于员工查找应用、设施应用以及其他具有大量用户基础的应用，IT 部门将支持这些应用，以保证全民开发者的本职工作不受影响。

（4）数字应用实现企业的提效减排

通过采用 Power Apps 和支持不断增长的全民开发者社区，丰田找到了一种创新的方法，可以解决每个业务中经常被忽视的问题。从人力资源到设施管理，丰田几乎所有部门或日常运营都受到员工用 Power Apps 开发的应用的积极影响。丰田通过使用将纸质流程数字化的应用，已经节省了数十万张纸，节省了数千美元的材料成本。通过跨多个应用使用自动化，员工每年在数据输入上花费的时间也减少了数百小时。

"Power Apps 为我们提供了快速、高效地响应业务变化的新方式，"Ingalls 说，"这些应用易于创建，易于部署，为我们提供了极其快速的创新方式。"Ingalls 还看到了 Power Apps 为员工带来的好处。"我们所有的业务部门都不乏富有创造力的人，"Ingalls 指出，"以往他们对像使用 Power Apps 那样创造东西的需求是被压抑的。现在，他们不只是创建应用，他们真正解决了一些小问题，这些小问题加在一起，就是一个需要解决的大问题。"

11.5 专业服务——设施服务团队实现任务自动化

总部位于意大利的莱昂纳多集团是航空航天、国防和安全行业的关键参与者。莱昂纳多全球解决方案（LGS）是莱昂纳多集团的一家子公司，专注于集团的房地产、采购和设施管理。LGS 的设施管理团队负责在意大利提供以下服务：清洁和病虫害防治、自助餐厅、搬运和工作站移动、景观区管理、除雪、邮件收发室、印刷中心、车队管理和国际企业现场管理。140 名设施管理团队成员承担着为集团在意大利的近 29 000 名员工的日常工作和运营提供保障的责任。

11.5.1 痛点和挑战

该团队每年提供超过 500 万份餐点，并定期在意大利 40 多个站点维护超过 8000 万平方英尺的物业和办公空间。因此，正如莱昂纳多全球解决方案公司设施业务规划主管 Antonio Luciano 所说："如果我们停止工作，抑或我们的职能不能正常运作，集团的业务将无法发展。"LGS 设施管理团队面临的典型挑战如下：

❏ 采用传统的 Excel 表格制订并执行每日检查的方法，手动录入经常出现错误；

❑ 员工需要回到电脑前操作表格，不能随时随地记录，有部分记录会忘记填写；

❑ 数据统计有误且不完整，导致不能很好地以统计报表的形式衡量执行效果。

该团队使用 Power Apps 创建了一个应用，以取代缓慢、手动，有时甚至不准确的方法，以满足维护意大利各地莱昂纳多集团设施的日常需求。该应用是专门用来提高设施检查整体流程的效率的。具体要解决哪些场景和问题呢？

为了保持高质量的服务，设施管理团队制订了一个监控日常主要任务的流程，并具体到清洁和自助餐厅服务层级。团队很早开始使用 Excel 电子表格模板来制订并执行每日检查表，但手工记录有时会导致数据不准确。Luciano 说："我们的人员会到每个地点四处走动，检查清洁服务是否按照服务水平协议提供并执行。然后回到他们的计算机前，将笔记录入 Excel 电子表格。人们会输入错误，会忘记录入。因此，在每个月末，我们只能收集到部分数据，这并不能帮助我们衡量我们的战略执行效果。"

Luciano 的 IT 同事建议他联系微软，因为采购部刚刚签署了微软 Office 365 的框架协议。通过这个途径，他找到微软金牌合作伙伴成员来帮助创建理想的解决方案。Luciano 及其团队陈述了目前他们在应用 Excel 表格进行物业检查过程中遇到的问题，以及希望达到的效果，并指定了希望使用的设备。该合作伙伴推荐使用 Power Apps 来开发新应用，并选择微软 Surface 设备供现场检查人员录入使用。这个应用从开发到上线只用了两个月的时间。

11.5.2 解决的实际问题

使用微软低代码平台，LGS 设施团队能够更容易地将技术运用到工作中。

❑ 基于 Power Apps 开发的设备管理应用，使员工能够随时随地填写设施服务执行情况，如图 11-15 所示。

❑ 云端的数据存储使不同员工之间能够便捷地使用标准化的 App 填写流程，从而有效避免检查员的手动输入错误。

❑ 利用 Power Automate，将维修排班通知和设备文件同步自动化。

❑ 基于全量数据的 Power BI 分析，可视化地展现了整体执行效果和特定供应店的趋势。

合作伙伴帮助复制 Excel 模板，以消除 LGS 设施团队在过渡到应用时的任何不适应。在有数据可视化需要时，团队还使用 Power BI 为每个特定设施的要求重新排列数据。此过程在解决方案设计中是完全自动化的，设施团队可以方便地在 Surface 设备上运行检查表。解决方案生成包含清单和注释的 PDF，然后通过 Power Automate 实现自动化。

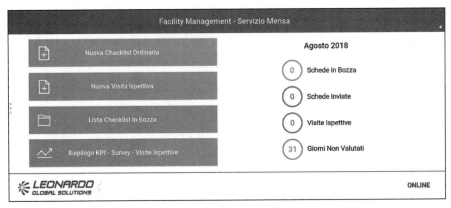

图 11-15　LGS 的设备管理 App

通过从手动和纸质流程切换到电子方法，团队节省了时间，减少了潜在的转录错误，检查人员对每月的检查更有信心。"我们能够在软件开发、设备和整个集团方面进行投资，"Luciano 说，"在确保集团每个人的日常工作中我们起到了重要的作用，因为我们向他们提供这些精心制作的报告。"

受益于基于云的 Power Apps 解决方案，设施团队使集团的每个人可以随时随地收集和下载数据并共享更新（见图 11-16）。LGS 负责设施服务设计的 Chiara Andreini 说道："你可以在云中实时保存数据，而我们的中心团队可以下载数据并立即报告。这是非凡的体验。"

Checklist Ordinaria		31/08/2018				
AREA DISTRIBUZIONE		AREA RISTORO		GENERALE	MAGAZZINI/FRIGORIFERI	PREPARAZI
Frequenza Rilevazione	Tipologia di Analisi	Cosa Verificare			Risposta	Note
G	PULIZIA LOCALI	Pulizia Locali - zona distribuzione *Controllo visivo (pulizia pavimenti, assenza rifiuti, assenza macchie o muffa, assenza ragnat...*				
G	TEMPI DI ATTESA	Adeguatezza tempi di attesa alla distribuzione *Controllo visivo*				
G	SERVIZIO	Disponibilità, pulizia e asciugatura di piatti, bicchieri, posate durante la distribuzione				
G	SERVIZIO	Disponibilità, pulizia e asciugatura dei vassoi durante la distribuzione				
G	MODALITA' DI CONSERVAZIONE DEGLI ALIMENTI	Gli alimenti serviti sono in buono stato e conservati in modo corretto *Controllo visivo (riparati, refrigerati o mantenuti caldi)*				

图 11-16　便捷的数据下载和共享更新

11.5.3　带来的收益

（1）纸质化到数字化的使用体验变革

参与 Power Apps 试点项目的人员反应热烈。"我们本以为会有少数员工抵制这场技术变革，但大家的反应却与我们的预期非常不同。"Luciano 说，"他们非常兴奋能够使用新的电子设备来管理日常的检查表，而不是在一张纸上做笔记。"

（2）云端数据存储使数据分析和通知推送变得灵活便捷

以前，数据保存在本地，每个月末会向 LGS 提交 30 个 Excel 电子表格（包括最后一张计算表）。现在，团队可以自动将数据存储在云中，使用 Power BI 收集和分析数据，并检查特定供应商或站点的动态。团队可以聚合具有不同视图的数据，并通过 Power Automate 轻松地通过通知和更新在班次之间转换。

现在，LGS 管理层期望更翔实、更准确、更高效的月度摘要报告。Luciano 说："主要期望是更准确的数据、更有担当并主动的人以及快速响应的能力，因为我们不必等到月底才能发现有些事情不正常。"

（3）未来发展的无限可能

设施团队应用未来版本的路线图包括推送通知、拍摄和上传照片的能力以及其他高级功能。2018 年 7 月，设施团队为大约 40 个站点配备了支持设备管理应用的 Surface 设备。"一旦我们拥有了更多的数据，我们就可以更好地聚合数据并获取更准确的信息。这将带来更有针对性的定价方法。"Luciano 说，"我们非常满意使用了先进的 Power Apps，我们正在最大限度地利用新技术，而 Power Apps 让这变得容易。"

11.6　跨行业——人力资源的移动端应用创新

微软自身也一直在内部使用 Power Platform 推动业务创新。微软内部使用 Power Apps 创建了一整套供内部员工使用的移动应用，这些应用已在全球范围内部署，为超过十万名员工提供服务。这些应用具有干净、现代的 UI，并连接到各种后端服务，包括基于云的 API 和本地系统。这些应用被称为 Thrive，本节将更深入地研究这些应用。我们将介绍微软 HR 和 IT 部门之间的成功合作关系、使用 Power App 的原因、应用的功能以及解决方案的体系结构。

11.6.1　痛点和挑战

微软 HR 团队需要一个应用的统一框架，以供员工查询和办理企业内部的相关事务。

在员工查看假期、提交休假、查看公司消息、查看获得的荣誉及相互鼓励时，HR 团队希望能够提供一种统一且友好的用户体验。HR 团队知道，要实现上述需求，必须做出技术上的颠覆性改变：

❑ 现代化的 UI 和交互体验；

❑ 便捷的移动体验；

❑ 可高度定制的业务流程。

微软员工使用各种工具来完成这些任务，其中许多亟须整改。举一个例子，以前的假期查询和休假系统的 UI 还是十年前的标准。"使用原始的应用使我感觉我还工作在 20 世纪 60 年代"，这是新入职的校招员工首次看到该工具的评论。由于用户界面糟糕且缺乏移动体验（见图 11-17），许多员工根本不报告自己的假期。人力资源业务部门此前曾尝试过两次重构此应用。虽然可以通过编程的方式来改善外观、解决用户体验不佳的问题，但经过调研发现，开发成本高昂且耗时。创建第一个版本花了几个月的时间，而且根据用户反馈进行迭代的时间太长，导致解决方案被放弃。

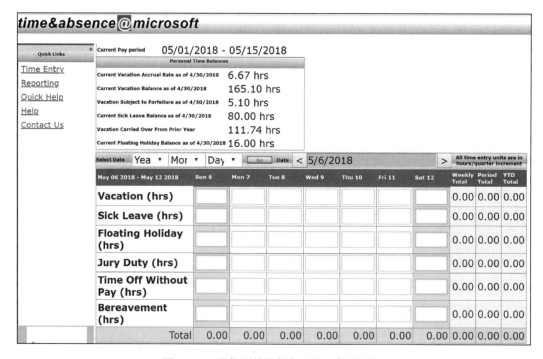

图 11-17　微软原始的假期查询和休假系统

11.6.2　解决的实际问题

2016 年年初，微软 HR 团队评估了 Power Apps 之外的两个第三方供应商平台。该团队非常关注用户体验，他们发现 Power Apps 是能够同时满足快速、UI、扩展三个选项的不二选择。但是，当时 Power Apps 仍处于预览状态，无法满足其对性能和可靠性的要求。最终 HR 团队决定与 IT 团队及 Power Apps 产品团队合作，将 Power Apps 作为开发 HR 系列应用的框架，在解决问题的同时，提升 Power Apps 产品的能力，弥补其不足。在此过程中，团队遇到了技术挑战和怀疑。但是他们坚持不懈，将超过 300 个更新推送到产品中，并继续改善内容、用户体验和技术基础。他们现在拥有一套 Thrive 应用，可供超过 10 万名员工使用。

Thrive 应用的使命是"为微软员工提供一致的、跨平台的用户体验"。这些体验可在移动设备、Web 以及嵌入式场景（如 Bing 内部）中运行。

Thrive 移动应用是利用画布应用构建的，使用自定义连接器来调用 Microsoft IT 提供的中间层 API。这些 API 通过以下方式连接。

❑ 本地 SAP 薪资系统，用于执行活动，例如报告休假时间和查找薪资单信息。

❑ Office 365 Graph API 用于获取人员信息和执行日历活动。

❑ Power Automate 用于向移动应用发送推送通知，例如在用户收到赞誉时通知他们。

让我们来快速浏览一下当前在生产环境中部署的每个应用。

（1）Thrive Home

Thrive Home 是一切开始的地方，如图 11-18 所示，员工从这里开始了解公司新闻，获得重要警报，一目了然地查看任务，查找和启动其他 Thrive 应用或查看其员工的资料。Thrive Home 是一切其他 Thrive 应用的中心及入口，它包含来自这些相关应用的通知。例如，当员工的假期即将到期时，他们将在 Thrive Home 中收到一条通知，其中包含启动 Time Away 应用的链接。

（2）Thrive Kudos

Thrive Kudos 是微软内部的员工感谢和表彰的平台，可以用来发表你对某员工在部门内或跨部门工作中的出色表现。该平台早期采用了 Web 解决方案，该解决方案仅适用于公司网络。现在通过 Power Apps 增加的移动应用，可从任何地方便捷访问的其功能，如图 11-19 所示。使用 Delve Analytics 的办公数据分析功能，Thrive Kudos 中会展示近期与你合作最多的人，推荐你对他的工作进行评价和表彰。在这里，你可以赞扬同事，也可以查看收到的赞誉，该应用倡导了微软企业互帮互助、协同创新的文化。

图 11-18 移动端的 Thrive Home

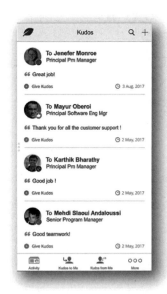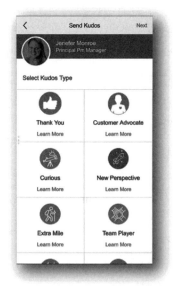

图 11-19 移动端的 Thrive Kudos

（3）Thrive 假期

使用 Thrive 假期应用（见图 11-20），你可以收到有关即将到来的假期的通知。你可以查看假期列表，获取有关每个假期的更多信息，并选择单击以将其添加到日历中。如果你正在旅行或在其他国家有队友，则可以轻松切换到另一个国家来提高文化意识或更好地计划旅行。

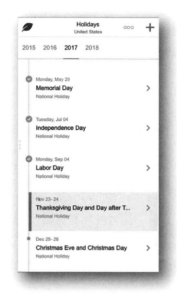

图 11-20　移动端的 Thrive 假期

11.6.3　带来的收益

通过 Power Apps，微软 HR 和 IT 团队获得了令人惊喜的收益。

☐ 干净、简单、令人愉悦的用户界面为微软员工带来了世界一流的体验。这些应用表明画布应用也可以做出符合当下审美的高清应用。

☐ 更高的参与度：以前的解决方案用户数从未超过 500 个，而截至 2018 年 9 月，新的移动应用已有超过 2 万月活跃用户。

☐ 应用仅构建一次，就可以嵌入多种应用中，从而有助于提高知名度和使用率。与 Bing for business 的集成就是一例，员工现在可以通过嵌入式 Power Apps 直接在 Bing 上报告假期。

☐ 这些应用彼此紧密链接，可以直接从其他 Web 应用中启动。例如，填写反馈的网页链接到 Thrive Kudos，以快速查看员工提出的 Kudo。

☐ 作为 Power Platform 的早期采用者，Thrive 团队通过功能请求和错误报告将大约 300 个更新驱动到 Power Apps 中。

❏ 外部客户受到 Thrive 应用的启发。例如，一家大型能源公司在看到 Thrive Home 应用运行后仅两周就创建了自己的员工新闻应用。

这些收益使得企业内部员工对开发和使用应用的热情空前高涨。一系列的需求和场景被激发出来的同时，我们看到技术创新给企业带来的生生不息的力量。未来会有更多好方案被业务人员提出，并由全民开发者实现。应用的迭代正以我们难以想象的速度改变着我们的工作和生活。

11.7　跨行业——销售团队快速制订销售策略

在任何一家拥有销售部门的公司中，销售人员都会周期性地对其负责的客户群体制订相应的销售策略。销售团队需要从公司的产品策略、市场动向、发展趋势等多个维度，针对不同类型的客户，协调多方资源，查阅内外部资料，制订销售策略，并周期性地对制订的销售策略进行调整，以确保达到期望目标。因此，针对任何一个客户的销售策略的制订，不是一个一次性的工作，会随着市场、客户等多方因素而不断变化。从销售策略的制订，到后续信息的不断更新，再到策略方向的调整，都需要收集和分析海量的数据，并结合销售团队对于市场、客户的理解，多方团队配合完成。一般一个销售策略的初稿差不多要 3 天才能够完成，且需要大量的资料查询操作。这个案例将带大家了解，市场 & 销售运营团队如何利用 Power Platform 来提高销售策略的制订效率，为销售提供更好的数据支撑。

11.7.1　痛点和挑战

任何一个需求的提出，都代表着原有的实现存在提升空间，或代表着当下技术的进步。目前，很多企业都在进行数字化转型，希望从企业现有数据中挖掘价值，获取商机，抢占市场。

制订销售策略是销售团队在每年年初对客户进行的一次全方位了解，包括客户所属行业的动向、客户面临的挑战以及客户的目标。通过对一系列客观信息的收集、整理，并结合公司产品的策略与自己的经验见解，制订切实可行的计划。参与销售策略制订的人员角色及目标如下。

❏ **销售团队**：代表公司，负责对客户进行全产品销售。销售团队重点关注的内容包括：客户的战略规划；客户的业务；针对客户所属行业的动向，结合公司产品及自身的见解，提供定制化的产品及解决方案推荐，帮助客户加速数字化转型；协调公司资源来帮助客户更好地使用公司产品，并不断挖掘潜在的商机等。

❑ **相关支持团队**：为销售团队提供相关的支持。相关支持团队的角色会因公司属性及公司规模不同而略有不同，但其目标都是一致的：了解客户需求及其相关业务，具备客户所属行业的相关经验，能够针对客户当前所处的数字化转型阶段提供相关的建议及端到端解决方案的规划，并持续为客户提供良好的用户体验。

❑ **市场营销团队 & 产品团队**：了解客户群体及主要客户群体所在行业的动向。针对公司的产品特点，结合市场需要，提供更好的产品宣传、市场推广、产品提成、功能更新等。

❑ **决策层**：把握整体业态动向及行业动向，为销售团队提供战略性指导及资源支持，确保公司的稳定发展。

销售策略的制订是个持续改进的过程，一般会经历 3 个阶段，如图 11-21 所示。

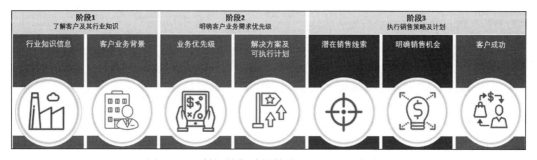

图 11-21 制订销售计划策略所经历的 3 个阶段

1）了解客户及其所在行业。了解客户所属行业，无论是金融、汽车还是制造，需要了解当前行业的业务模式、发展趋势、技术在行业中的适配性、行业竞争状况、法律法规等。了解客户目前的发展情况、长期战略目标及新一年的规划，了解客户目前面临的竞争、威胁以及潜在的增长机会，准备适合客户的相关业务及技术方面的解决方案推广等。

2）明确客户当前需求的优先级。了解当前哪些领域是客户关注的，客户有哪些迫切需求，并与公司产品进行适配；明确客户在业务层面及技术层面的优先级及预期，并结合公司产品在这些方面进行规划；了解客户的数字化转型进程，并提供相应的解决方案参考。

3）切实执行销售策略。针对前面两步收集的信息，发掘客户侧的商机，并努力转化为销售增长；协调内部资源，从产品、技术、市场等多个维度进行相关解决方案、落地执行等环节的配合，确保方案落地及数字化转型的顺利进行。

制订销售策略时会面临三大挑战。

- 信息来源多且分散。行业信息、客户信息、产品信息、市场动态等信息分布零散，有的来自网络，有的来自行业报告，有的来自客户拜访，有的来自内部研究，有的来自个人的积累，还有的来自内部系统。如何快速找到合适的数据并将其整合到一起，是目前的一大挑战。
- 随时记录用户需求反馈，并不断微调销售策略。销售策略制订通常是用 PPT 或 Word 来完成的。在初期，大家会对信息进行汇总、整理并制订计划，但往往在销售过程中并没有很好地将信息需求汇总在一起，也没有有效地追踪计划执行的进度，甚至在中间如果有人员变动，新成员不能很快地适应及过渡。
- 快速查看可用的资源。不同的产品、解决方案在公司内部会有不同的专业人士支持，并有不同的项目进行支撑，销售团队无法一次性记住所有的资源，如何在需要时快速定位并找到合适的资源，也是一个需要解决的问题。

11.7.2 解决的实际问题

虽然可以组建一支专业的开发团队，按照常规软件开发流程来开发上述需求，但这样的投入产出比过低，且实现业务需求过程中无法快速适应变化，比如数据源新增、流程变更、销售计划调整等。因此，过去很长一段时间里并没有一款定制化软件来实现这个需求。

过去两年，市场 & 销售运营团队利用 Power Platform 重新尝试实现此需求，并最终在 45 天内开发了销售策略制订的 App 原型，并不断新增功能及优化用户体验。Power Platform 这类低代码工具能在短时间内实现需求，主要有以下几个原因。

1）业务人员直接参与开发，所见即所得。运营团队与应用开发团队配合完成了项目的开发。由于有运营团队的参与，痛点被直接反映出来，并且在实现的过程中，对于每一个流程的设定、功能的实现都能够第一时间反馈（是否解决了销售策略制订过程中遇到的问题），因为销售策略本身是运营团队时时刻刻要经历的。此外，低代码平台采用的是拖曳的开发方式，所见即所得（开发的时候是什么样，用的时候就是什么样），有问题第一时间就会调整，节省了返工成本。

2）跨平台设备，多数据源支持。现在要实现一个应用，移动化、多终端化是基本要求。另外，信息来源多、格式多，数据源有互联网、搜索引擎、内部系统等，数据有 PDF、Word、图片等格式，分为结构化和非结构化数据。如何将信息统一汇总分析，怎样把大数据和机器学习技术用起来，在常规软件开发中，这对程序员的要求越来越高，而在低代码开发中，可以直接拿过来用。

3）快速的迭代方式。低代码开发的这种迭代方式是完全按照业务需求来实现的，每一个功能的实现都是一个业务流程的实现；常规的软件开发前期有个很重要的过程是搭框架，不太可能直接开始开发。

利用 Power Platform 实现的制订销售策略的应用包含以下几个部分。

1）Account Planning 画布应用。这款画布应用是给一线销售人员使用的，利用画布应用的特性，可以随意定制页面的布局、页面间的转换，并随时调整。同时，利用数据连接器，画布应用中的数据与很多内部系统打通，销售人员很容易找到自己的客户名单，并针对每个客户一键生成销售策略计划模板。应用会利用已经写好的自动化流程 Power Automate，将不同的数据进行汇总整理，包括行业趋势、内部行业团队的资源整理、客户所属行业重点解决方案分类及内部资源分配等信息。虽然无法一键完成全部工作，但可以实现 60% ~ 70% 的自动化。销售人员可以基于此版本，对信息进行调整，熟悉收集的信息，并将自己的计划整合到计划中，形成最终版。另外，在销售拜访客户或与内部团队沟通时，此款应用可以随时记录相关信息并更新到计划中，不断迭代计划。应用的页面示例如图 11-22 所示。

图 11-22　Account Planning 画布应用的页面示例

2）Account Planning Review App。销售经理能够对销售人员提交的销售策略进行评审并给出建议。Review App 最大的好处在于，整个销售策略计划的沟通和迭代都是在App 内部完成的，所有信息都有记录，不像利用 PPT 或 Word，会因忘记更新或更新不及时而丢失重要信息。同时，能够将当前最新版本的销售策略计划按照既定的格式（如Word 或 PDF）导出，供管理层查阅。Review App 的示例如图 11-23 所示。

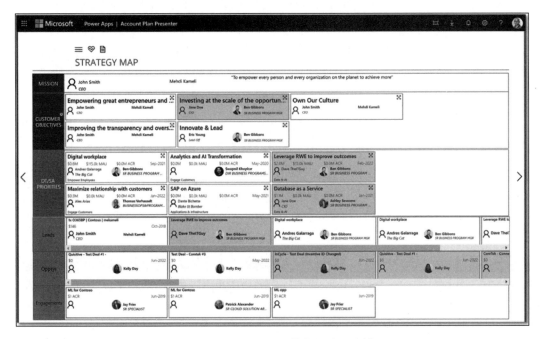

图 11-23　Review App 的应用页面示例

3）Power BI Dashboard。可视化数据报表能够直观地显示出数据的价值，并能够反映当前的进度以及遇到的问题。运营团队利用 Power BI，结合整个销售团队的销售策略制订及执行情况，对计划落实情况进行了汇总展示，提供了一种可视化手段，帮助整个团队在不同层级了解当下遇到的问题，以及需要协调哪些内部资源来解决问题。Dashboard 的示例如图 11-24 所示。

11.7.3　带来的收益及后续的持续发展

整个销售策略计划从原有的 90% 手动作业发展到现在的 60% ～ 70% 自动化，且更加系统化，整体收益如图 11-25 所示。

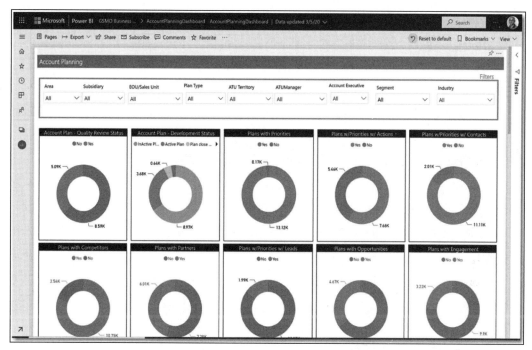

图 11-24　销售运营团队 BI 展示示例

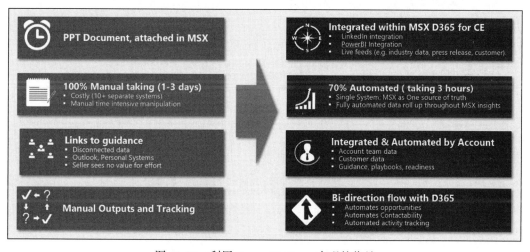

图 11-25　利用 Power Platform 实现的收益

其实，最大的收益在于以下两点。

第一，一个典型的 Power Platform 案例，展示了低代码开发的快速迭代、多数据源对接及快速实现方式。

第二，一个非常好的起点，将原来不便于追踪、积累的 PPT 模式转化成数字化、智能化的模式，符合当下数字化转型的需求。

当然，在业务层面，利用 Power Platform 实现的销售策略计划应用还有很多可量化的收益。

1）原来 9 个月都没有得到良好实现的业务诉求，现在在 45 天内就打造出了符合期望的原型，并在随后的 6 个月内迭代出完全符合要求的应用，且能够对于新提出的需求，在几天内响应、实现并发布到环境中。

2）相比常规软件开发高昂的成本，原型开发只需要两个全职人员，且邀请了业务方参与开发，直达痛点，减少沟通和返工成本。

3）提高了销售策略计划的效率：将原本 3 天的工作缩短到了 3 个小时，将原本 90% 手动完成的工作变成了 60% ～ 70% 自动化。

4）统一了工具，涵盖了策略的制订、评审及更新，并与内部的销售系统打通，实现了数据的通路。

11.7.4 深入剖析方案架构

整个解决方案遵循了 Power Platform 开发的流程，包括前期规划、数据梳理、设计、开发、测试等一系列步骤，整个项目的架构如图 11-26 所示。

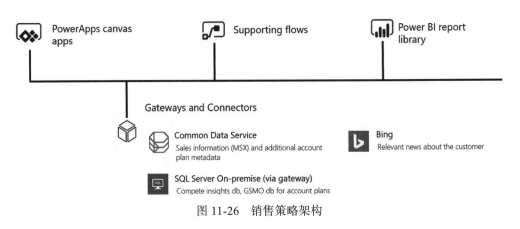

图 11-26　销售策略架构

从解决方案设计出发，整个项目考虑了如下几个方面。

（1）团队的组建

在前期的原型验证阶段，开发人员主要来自市场 & 销售运营团队，他们借助于内部的培训及学习材料，学习了 Power Platform 相关知识。在组建开发团队的时候，需要根据项目的大小、复杂程度进行考虑。在原型验证阶段，项目团队不要求特别大，由小团队开发出一个比较直观的应用，投入产出比更高。在团队人员构成上，尽可能做到多样化，理想的组合是业务团队、专业开发人员至少各一名，这样从业务流程的实现到复杂逻辑的处理，既可以利用 Power Platform 平台自身的组件，也可以借助 Azure 的一些服务，利用代码能力进行扩展。在此项目中，虽然团队人员均来自业务团队，但好处是他们非常熟悉业务流程，并不断与销售团队直接沟通，同时也积极与专业开发人员沟通，寻求建议。

（2）技术的选型

在此项目中，开发人员最终选择了用画布应用进行应用开发，并利用了 Power Automate 及 Power BI。究竟是选择画布应用还是模型驱动应用，主要看用户对于页面的定制程度，此案例用画布应用实现，主要是考虑到可以按照自己的想法来设计页面，而模型驱动的页面更加模块化、标准化。当然，选择画布应用后，在实现应用之前，可以考虑利用画图工具或通过手绘的方式对 App 进行打扮，设计页面的布局，这样，开发人员就可以更高效地实现应用。技术选型并不只涉及 App，在很多项目中，Power Apps 与 Power Automate 并没有明显的界限，很多业务流程的实现都需要自动化，需要 Power Automate 的辅助，所以在应用的设计实现上，并不能把 Power Apps 与 Power Automate 作为两个独立的产品对待。

（3）数据源的选择

此应用的一个非常复杂的部分在于数据源，图 11-27 展示了整个 App 用到的数据源。

本次数据的来源主要有本地 IDC 内部 SQL Server、Office 365、Microsoft Dataverse、LinkedIn 以及外部数据源。规划数据源、数据类型、数据连接方式，能够帮助项目更好地设计数据模型，并执行相应的数据保护策略及安全防护策略。同时，数据源的规划能够让用户清楚地知道数据的流向及可能会用到的服务。例如，本次案例中使用的 Azure Data Factory 服务对专业人员的需求、服务准备都有一定的要求。

（4）项目的开发测试与迭代

开发好的功能及针对 bug 的更新如何发布到生产环境，如何确保销售人员使用的 App 是最新版本，这些都是 Power Platform 开发必然要经历的。可以利用 Power Platform 的解决方案进行应用生命周期管理、新应用部署、应用更新、补丁迭代，确保终端用户能够无感知地使用最新版本的应用。

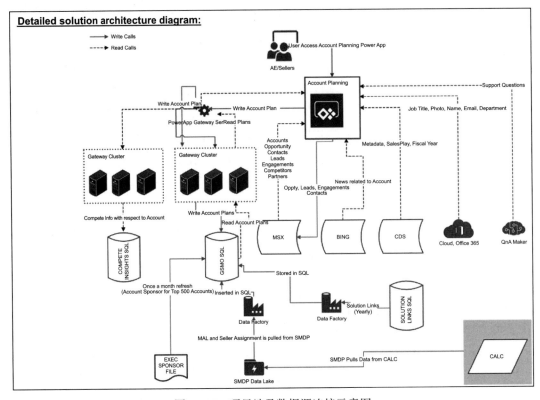

图 11-27 项目涉及数据源连接示意图

第 12 章 _Chapter 12_

变革与展望

作为企业数字化转型的工具引擎之一，低代码平台被越来越多的人所熟知，也被越来越多的企业所了解并加以使用。在响应快速变革的业务场景的同时，低代码平台也实现了日益丰富的客户需求，满足了企业在数字化转型过程中对"效率＋个性化"的共同追求和向往。企业在引入低代码平台时，要明确低代码开发不能一蹴而就，而要持续迭代，并且要充分鼓励建立全民开发者的内部社群文化，以开放的视角树立企业数字公民意识，探索新常态下的数字化能力和创新边界，并关注低代码平台在应用上的安全合规性。本章立足于对变革和展望的思考，就上述话题展开阐述。

12.1　全民开发者

在展开介绍全民开发者之前，我们先统一"开发者"的定义。

开发者是所有软件应用程序背后的关键人物。一般来说，开发者至少精通一门编程语言，并且精通构造和开发软件代码的艺术。根据工作角色和所开发软件的类型，开发者可以分为软件开发人员、应用开发人员、移动开发人员、Web 开发人员等。尽管主要的工作是编写代码，开发者也可能承担其他职能，比如收集软件需求、设计软件架构、整理软件文档和负责开发过程项目管理等。

从上述定义可以看到，在一般认知中，开发者需要具备专业技能。这意味着想成为开发者有一定的门槛。开发者作为企业中的一个群体,他们"开发的艺术结果"就是满足企业业务发展和各个角色需要的丰富"应用"。

随着数字化转型的发展和深入,企业在拥抱数字化的同时,在将现有业务与IT融合方面也有了新目标:拥抱创新,赋能客户体验,增强协助,提升生产力,等等。

新的目标带来了新的认知,即数字化转型不只是完成通常意义上的业务应用开发和运维,还包括更为广泛的企业数字文化建设和变革。这就需要企业各个部门、各个角色都参与到数字化转型的建设中,贡献自己的知识、经验、洞察、认知等,并应用于实际工作中。

在新的认知下,"全民开发者"这个新概念、新角色应运而生。

全民开发者是构建应用以促进业务操作过程的用户,他们遵循IT的开发指导方针和治理策略。与专业开发人员不同,他们没有参与过系统的编程训练,开发不是他们的实际工作内容。但他们也常常会有改进业务领域的奇思妙想,如客户关系管理、内部运营和产品开发。他们可以是财务人员、销售人员、市场人员等。

相比开发者所需的专业技能和知识(与计算机开发有关),全民开发者掌握的技能是从业务场景出发的软性技能,如创造性的想法、经验与业务的感知融合等。通过应用低代码平台,全民开发者可以从5个方面来帮助企业加速数字化转型。

- 全民开发者通过帮助推动数字化转型,为企业打造在需要改变时做出反应的能力。他们可以为自动化过程和完全数字化系统的应用做出贡献。

- 速度。企业对应用有持续的需求,现在就需要解决方案。使用低代码平台,全民开发人员可以使用可视化建模快速、轻松、有效地构建解决方案,并且只需几天或几周,而不是几个月。

- 更好地协同业务部门和IT部门。全民开发者通过弥合潜在的利益分歧来协调业务部门和IT部门。全民开发者将商业智慧与技术技能结合起来,开发具有商业目标的应用,并与IT部门密切合作,将想法变为行动。

- 全民开发者会随着他们技能的提升而变得更有创造力。全民开发者获得的经验和工具越多,他们的开发技能就会提升,从而更快地响应企业数字化转型过程中的业务需求,交付更大的业务价值。

- 全民开发者点燃了创新的火花。当需要新产品时,企业通常会依赖于他们的IT团队或外部软件提供商。但是IT团队容易在维护现有系统时陷入困境,并不总是有创新的空间。低代码平台使企业的每个人能够探索新的解决方案和业务模式,以更好地满足他们自己和客户的需求。

全民开发者能在数字化转型的浪潮下，从上述 5 个方面参与企业的数字化转型，并作为一个重要的群体贡献力量，离不开三个关键要素：

- ❏ 无处不在的计算；
- ❏ 低代码平台兴起；
- ❏ 技术学习型群体。

下面展开介绍这三个要素。

12.1.1　无处不在的计算

在科技界，有个概念是普适计算（Ubiquitous Computing）。普适计算强调与环境融为一体的计算，而计算机本身则从人们的视线里消失。关于普适计算，各地的说法与描述各不相同，但是观念却相当一致，都视普适计算为新时代的信息技术趋势典范，无时无地不影响民众生活、产业发展、政策规划等。在普适计算范式下的未来社会可以说是无所不在的网络社会，人们能够在任何时间、任何地点以任何方式进行信息获取与处理。

当前可以认为处于计算资源的平民化时代，即让每个人、每一家企业都能获得用得起、用得上、用得好的计算资源，可以说是正处于无处不在的计算的中期阶段，这也是科技浪潮发展中一个十分美妙的篇章。而这恰恰构成了使全民开发者群体不断演变的要素之一。

1. 个人计算激活专业开发者

专业开发者的出现与群体边界验证是与个人计算的平民化和普适化息息相关的。微软公司的两位创始人赋予微软的愿景是让每个家庭都拥有电脑。在电脑逐步走进家庭和企业，成为一种生产工具后，也创造了很多新的业务和工作角色，其中之一就是开发者。

这个阶段开始大量涌现专业开发者，他们精通一门开发语言，为电脑编写应用，不断延展电脑作为生产工具的使用边界和领域，并进入各行各业。而这时候开发的应用很多是以个人使用场景为出发点的，即使在企业应用中，开发者也是为完成单一业务需求而进行开发，比如编写文档、处理科学数据等。

随着互联网的诞生，Web 开发技术、开发语言和浏览器等的普及，个人计算的受众也在增加，新的专业开发者群体不断浮现，比如 Web 开发人员、UI 设计师等，他们都会归属到一种开发者群体中。同时，在企业内部，跨部门、流通协同的应用场景不断浮现，比如企业办公系统、业务审批系统。而在这个阶段，非专业开发者主要作为业务需求方参与到应用的规划和建设中，仍然不能深度参与"开发"，即根据自身业务需要而开发或者调整应用，因为他们受制于"精通一门开发语言"这个门槛。

智能手机和移动互联网的发展不仅进一步推动并加速了个人计算的普及，使个人计算受众群体的边界再次延展，而且推动着让随时随地进行信息获取和处理的"普适计算"目标不断前进，让这一时期成为无处不在的计算的早期阶段。

而让无处不在的计算进入中期阶段的是云计算的蓬勃发展，它同时带来了庞大的独立开发者群体。

2. 云计算解放独立开发者

云计算的发展史可以追溯到2010年，个人计算的平民化是引爆云计算的导火索之一。2014年是云计算爆发的元年，全球范围内的新共识是：云计算如工业时代的电力一样，成为未来信息经济社会的新基础设施。

云计算的发展让计算作为一种资源或者说是基础设施变得唾手可得。正是这种变化将计算资源进一步平民化，随之而来的是独立开发者的兴起，独立开发者是全民开发者的一种早期形态。

独立开发者的概念来自游戏行业，被称为"独立游戏开发者"。开发游戏应用不仅需要有好的创意和内容，还需要一个拥有丰富角色的团队进行协作，包括美术、策划、开发、测试、发行等多种角色。因此，游戏团队本身就是一个生产力的组织形态，对"组织"这个概念进行了重塑，**打破了企业是"单一的"组织形态的观念和认知**，即个人也可以视为一个组织。游戏发行的组织工作也发生了变化，一些人自行发行自己的游戏，而另一些人则与发行商合作。

独立开发者可以是个人、小团队或大型组织，只要能够保持对其组织和过程的操作与控制。独立开发者这种形态让每个人的创造力、参与度、责任感等都得到极大释放，每个人都可以自发地参与到组织的规划和发展中，并以不同的角色参与组织的生产流程优化、跨部门协同等。

3. 无处不在的计算赋能全民开发者

由云计算等技术驱动的数字化浪潮不仅改变了每个人的行为和生活，也改变了每个企业的组织形式和工作方式。这也打破了企业中每个人的角色边界，让每个人都可以参与到企业的变革与创新中，贡献自己的力量，并不断完善企业的组织形式，提升企业的生产力，改善企业的流程等。

与此同时，数字化浪潮让计算资源无处不在，人们可以随时随地按需获取、处理和使用信息，并且产生新信息。信息应用的环路更加丰富，这就使企业中的每个人，从财务部门的经理，到销售人员，再到业务分析人员等，都能够以开发者的身份主动与 IT 部门展开广泛协作，把自己的所知所想转化（开发）为企业应用，并将其与现有的企业应用进行融合。而其中，低代码平台是第二个关键要素。

12.1.2　低代码平台兴起

工具是促进人类文明发展的重要力量之一，而低代码平台则是全民开发者群体蓬勃发展的重要力量。

在个人电脑被作为重要的个人计算工具进行普及的过程中，大量优秀的工具被专业开发者开发出来。利用这些工具，非专业开发者也能拥抱数字技术，并促进其所在领域、行业、企业、部门等进行信息获取和处理，让科技以人和企业为本，降低代码开发的门槛。这也催生了早期的全民开发者，他们将应用作为工具，释放潜能。

1. 应用即工具，释放潜能

应用即工具，其最典型的代表就是 Excel。作为 Office 套件中的一个应用，Excel 支持通过简单编写程序的方式实现复杂的信息计算，这也被称为用 Excel 编程。所谓用 Excel 编程，不是用程序设计语言编写，而是充分利用 Excel 的功能，在 Excel 的工作表中通过定义名称、输入计算公式、插入工作表函数、插入图表等操作，完成一系列信息处理（包括工程计算）。

Excel 编程的价值场景之一是，让非专业开发者（如会计人员、市场人员、销售人员）使用预先定义并编写好的一组公式进行加减乘除等数字计算。在这个过程中，使用者只需要熟练掌握 Excel 的用法，再准备一本 Excel 工具书随时查阅公式，就可以专注于思考如何实现自己想要的信息处理目标和结果了。Excel 能够激发并释放每个使用者的潜能，提升他们的效率，让他们作为早期全民开发者中的一员，参与到企业的变革中。

还有很多类似的例子，比如微信平台。微信平台加上第三方工具可以让不会编程但有好想法的微信使用者快速搭建出一个电商小程序，并在其中上架其个人或所在企业的商品，面向客户进行推广和销售。在这种场景下，每个微信使用者都可以成为一名全民开发者。

2. 工具即计算，为群体赋能

企业或组织内部的工具更为丰富，其中一个重要的特征是工作流程。企业的应用系统需要提供给多部门、多角色进行信息获取和处理，且存在大量的协同过程。这种协同过程不仅服务内部员工，也服务着外部的客户和供应商等群体。因为业务和人员之间存在多维度的交织，所以企业场景下的应用开发比个人场景要复杂得多，可谓是"牵一发而动全身"。

在企业内，全民开发者会通过群体的形式来参与企业的数字化转型。群体产生的成果要成为群体乃至企业的一种新型能力，服务于企业的业务发展。因此，全民开发者要做的不是将应用作为工具，而是将工具作为计算，以实现更复杂的信息交换、流程协作等。

与此同时，新技术带来的新场景应用层出不穷，比如人工智能加持的 RPA、聊天机器人等，这些新场景可以激发全民开发者的创造力，比如把 RPA 整合到某个业务流程中，实现自动化的信息处理。因此，工具即计算的好处之一是可以不断与新技术集成，与其他工具整合，为全民开发者赋能，让全民开发者参与到企业的数字化转型浪潮中。

12.1.3　技术学习型群体

在数字化转型中，全民开发者是技术学习型群体的典型代表，他们是自我激励的学习者、新兴技术的拥抱者和实践者。对于这个群体而言，思考与学习是他们的原动力，这让有不同技能、不同角色的员工都能自发地了解、学习和领悟技术，并主动思考如何将所掌握的新技术应用到工作中，创造新价值。

这也是让技术学习型群体成为全民开发者的首要原因。但是，这并不意味着他们不需要培训与协作，不需要进行跨角色的信息沟通。

1. 培训并协作

培训和指导能够帮助全民开发者获得新技能，增强自信心，并主动学习新技术。企业向全民开发者提供的开发和指导越专业，他们就越能与 IT 专业知识和企业发展目标保持一致。

企业的 IT 部门需要参与到对全民开发者的培训中，因为全民开发者的应用开发工作要建立在可靠、可控的 IT 基础设施与环境之上，其中包括低代码平台。他们可以安心地开发自己所需要的应用或者解决方案，并且在整个开发过程中可以得到 IT 部门的充分指导。

例如，IT 部门可以通过授权管理和报告应用与全民开发者积极合作。IT 部门通常还应该积极参与监督全民开发者项目，以避免出现影子 IT 和组织中运行太多未受监视的应用的风险。全民开发者也可以通过参与由专业开发者主导的项目来学习。

2. 跨角色信息沟通

在组织中，跨角色和职能的信息沟通进一步激发了全民开发者的能动性，他们会站在各自所属角色的业务视角，多维度地分析业务需要，并尝试应用新技术来解决业务痛点，探索用技术推动业务目标持续优化。全民开发者甚至可以让企业变得更加灵活和敏捷。在既强大又具有适应性的 IT 基础设施的加持下，全民开发者能够帮助企业快速适应任何变化，抓住新的增长机会。

为了让全民开发者充分发挥潜力，企业高层（尤其是 CIO）和 IT 负责人需要在整个企业中推动跨部门、跨角色的信息沟通，沟通内容包含但不限于企业的业务发展目标与需求、各部门的新技术与应用创新。与此同时，这也能确保企业的数字化转型文化作为一个整体在企业内传播，并持续为全民开发者提供支持。

12.2　企业数字公民、责任与文化

在涉及企业以及它们试图在业务中进行的重大变革时，数字化转型是最常见的流行语之一。通常认为这是与数字技术在人类社会各个方面的应用有关的变化。它会改变企业的经济活动、能力、模型、流程等，以充分利用数字技术的优势。数字化转型是企业解决竞争性商业环境中出现的主要问题的有效解决方案之一。

与此同时，技术的显著进步和互联网的普及带来了数字时代。在数字时代，企业责任和数字化转型已成为企业竞争力的主要因素之一。当前，数字化转型是第四次工业革命中最重要的因素，它改变了企业的业务经营方式和体验，帮助企业探索新的增长方式。这需要深刻改变企业员工的认识，从被动转为主动，学习并应用数字技术。

在这个背景下，企业数字公民应运而生，成为改变劳动 / 工作与技术之间关系的新土壤，塑造新技术应用创新的新方式，全民开发者与企业共同变革和治理的新模式。企业数字公民新常态下的数字文化从以下三个方面不断推动着数字技术重塑企业和员工，创造双方共同的新未来。

□ 开放建立新思维。

□ 共创培育新机遇。

□ 治理管控新风险。

12.2.1　以开放建立新思维

在数字时代，企业比以往任何时刻都更需要在全公司范围内提升各方对数字化转型的认同感，并建立起新的数字化思维方式：在塑造竞争优势方面从自给自足到开放合作，在产品设计开发方面从线性开发到快速试验，在工作职能方面从机器替代人类到人机互补合作，在信息安全方面从被动合规到积极应对等。

开放是帮助企业在数字化转型中建立起新思维的方式。这里所说的开放主要体现在两个方面：一是对企业内部，二是对企业外部。

对企业内部而言，开放是指在企业和团队内部形成了合作氛围，鼓励各个职能部门、各个员工角色通过跨组织的合作方式更好、更快地解决企业在发展中所遇到的问题；打破固有的思维方式，兼容并包，形成新的思维意识和形态；在企业内部形成创新的工作方式和团队行为。

对企业外部而言，开放是把企业"一个人"的目标，转化成为企业生态"一群人"的目标（包括消费者、上游供应商、下游渠道商等），强化了企业生态"一群人"的合作程度（深度和广度）。企业所在生态系统内的各方参与者会在不同环节展开积极合作，共同提供具有最佳体验的产品或服务。

开放建立起来的新思维也给全民开发者提供了新土壤，让他们有机会更广泛地参与企业的数字化转型进程，把他们的工作洞察和技术能力转化为企业的运营效率和新生产力。例如，通用电气创建 Predix 开放式软件平台以吸引优秀人才参与产业互联网程序的开发。该平台在 2015 年拥有超过 4000 名开发人员，总共开发出超过 50 万个程序。

数字化企业形成了一个适应变化更快、协同合作水平更高、风险接受意愿更强的数字化企业文化。这主要体现在以下两个方面：团队内部形成合作氛围，鼓励各方通过合作（内部和外部）来更好、更快地解决企业遇到的问题；鼓励创新的工作方式，形成新的员工行为。

12.2.2　以共创培育新机遇

以往，技术和竞争是企业创新的主要驱动力，企业具有"由内而外"的创新方式。基于内部资源，他们设计了新产品和服务，并通过市场营销来说服客户购买和使用。在数字化转型中，要应用的技术范围不断拓宽，企业要更多地借助物联网、人工智能、区块链等新技术，对其运营和研发的产品进行改造升级，在提高内部效率的同时，发现促进外部业务增长的新引擎。而"共同创新"是这个新引擎发动过程中的重要一环。

共同创新鼓励企业内部重新思考并组织创新团队的角色构成，把不同知识背景、不同业务部门、不同地域等的人员编制成新的混合创新团队（称为"共创团队"）。共创团队成员多样化（业务团队充分参与），支持冒险行为、颠覆性思维和探索新思想等，发挥每个人的不同工作技能；企业支持共创团队对企业提出的业务挑战启动创新计划，以业务需求为导向提出数字化解决方案，并以敏捷的方式进行开发和验证等。

最常见的形式就是企业内部的黑客马拉松或车库项目。鼓励业务部门提出自己的业务挑战，员工提出创新课题，企业内的员工可以自由组队报名并以不同的角色参与到挑战题目或课题中，有人负责产品设计，有人负责应用开发，有人负责演讲，等等。其中，全民开发者及低代码平台是共创团队的土壤和催化剂。

以微软公司为例。Power Platform 已经在微软内部广泛应用，目前微软已有数万个员工自己开发的基于 Power Platform 的应用。在微软的全球 15 万名员工中，每个月都会有10 万名员工用 Power BI 分析数据，8 万名员工用 Power Apps 开发自己需要的应用，3 万名员工用 Power Automate 实现流程自动化，其中既包括开发人员，也包括销售、财务、法务等人员。

12.2.3　以治理管控新风险

在鼓励业务人员（非开发 /IT 人员）广泛使用低代码平台、云计算等参与企业数字化转型过程的同时，由于有大量业务人员参与应用开发，可能会给企业带来一些独特的治理挑战，企业需要加以关注并调整治理策略，以管控新应用开发带来的潜在新风险。

以往，通过专业开发和 IT 人员治理，企业建立了符合安全和法规要求的最佳实践。治理策略必须包含政策和技术约束，分别涉及完成什么工作和如何完成工作。

因此，在业务人员使用低代码平台快速开发数字创新的应用系统的过程中，仍然需要IT 人员的充分参与，否则低代码创新下的治理是不可能实现的，无论由谁做实际的开发工作。通过监督，IT 管理人员应该定义和执行策略的要求。另外，他们应该选择既能减少不遵守策略约束的风险，又能促进对低代码应用的审计的低代码平台。政策和技术限制可以帮助减少的主要风险有数据重复和不一致、数据安全、代码质量、资源的低效率等。

12.3　变革无边界

快速变化、多样化的用户需求，大量的技术创新和更新迭代，产业边界的融合等，给企业带来了多维度的结构化冲击，冲击的范围不仅有行业、企业、组织及其生态，还有文化意识、组织形态、变革界限等，这些都是企业面临的新常态。

拥抱数字化转型，企业可以更加自信地面对这种新常态。通过获取数字化能力，增强企业的技术强密度，在改变生产力与生产关系的同时，提供数据即要素的新生产资料，可以增强企业的数字化基础，给予企业无边界地探索业务创新和变革的能力，进而提升企业的创新力和竞争力。

为此，企业需要做好以下三个方面：

❑ 增强技术强密度；

❑ 边缘式敏捷创新；

❑ 跨边界融合。

12.3.1 增强技术强密度

第三次工业革命为企业提供了自动化机器，并且不断演进迭代，拓宽自动化应用范围及提供高效的生产工具，极大提高了企业的生产效率。第四次工业革命，即以智能化为核心，以人工智能、物联网等技术为代表的新工业革命，要点之一是快速获取数字化能力，强化数字技术应用的深度和广度，让每个人、每个组织都有使用数字技术的技能，增强企业的技术强密度，从而把技术作为工具，拓展企业数字化转型和变革的边界。

技术强密度指企业未来的竞争力将不仅取决于企业对技术全面应用的能力，更取决于企业自身因技术变革所带来的文化变革以及自身不断再创新的能力。这两种能力的结合，加上信任这个技术赖以发展的基础，就造就了企业的技术强密度，从而使所有企业都将成为科技型公司，所有企业也都将在不同程度上成为软件应用公司。

早在 2015 年微软首席执行官纳德拉就提出，未来所有的业务都将是软件业务，所有的公司都将是软件公司。2018 年，纳德拉进一步提出了"技术强密度"的概念，他认为所有公司都需要通过增强技术强密度来提升公司竞争力，最终成为软件公司或科技公司。纳德拉在 2018 年给出了技术强密度公式，即技术强密度 =（技术应用）^（技术能力），并于 2019 年将其修正为技术强密度 =（技术应用 × 技术能力）^（信任）。

根据微软 2019 年年底的研究，"技术强密度"这一概念已经普遍存在于企业中，有 73% 的受访公司表示正在使用下一代技术增强技术强密度，如机器学习（39%）、物联网（37%）、人工智能（32%）、区块链（29%）和混合现实（21%）。

全民开发者是文化变革的代表。企业通过提供技术培训等方式，帮助每个员工（尤其是业务员工）学习并掌握新兴的数字技术，增强技术应用能力，并与自身工作相结合来提升效率。在这个过程中，员工会自发形成技术型学习群体，形成对技术创新的信赖，进一步强化群体的技术能力来延展创新的范围和边界。

而在增强技术强密度的过程中，最主要的方式就是使用数字工具，它可以提升企业效率和生产力。同时，持续开发新数据工具，以确保持续推动数字化转型下的创新和变革。现在，那些已经取得成功的企业正在应用数字工具和技术来打造自己的数字解决方案，在新常态下解决复杂的商业和社会问题。在此过程中，随着对行业进步和创新的推动，它们实际上已成为技术公司，并坚信这将决定企业未来的成功。

12.3.2　边缘式敏捷创新

企业及其业务发展有一个阶段性的最高适应度：不断成长，以达到最顶点，达到最高适应度，触达一个阶段性的边界。此时，企业需要拥抱变革与创新，例如产品创新、服务创新、技术创新、流程创新等，突破阶段性的最高适应度的边界。在以变革拓展边界的过程中，边缘式创新也是一股不可忽视的重要力量。

边缘式创新的共性有质量低、风险高、利润低、市场小、未被市场证实等，这些共性使得在大企业内部难以出现边缘式创新，因为投入的成本过高而回报未知，企业不愿意进入。结果很多创新的想法、技术和产品反而是从外部产生的。

而在外部创新中，主导者是起初被大公司忽略的新兴创业公司。创业公司别无选择，因为他们没有资金、顾客和技术。这些边缘性领域就是创业公司的突破口，这就是为什么创业公司很容易颠覆我们目前的科技和业务模式等。

数字化转型帮助企业获得数字化能力和增强技术强密度，给予企业重新开展并鼓励边缘式创新的可行性。在此基础上，边缘式创新可以来自企业内的任何地方，借助企业内的全民开发者社群和高效的低代码平台等，打破企业创新限制在少数几个人或一个部门中的边界。

低代码平台可以帮助企业员工快速将想法变成原型、最小可行产品甚至应用，进行最小成本、最快速的敏捷试错。而非技术背景的业务人员在利用企业级低代码平台构建应用时，经常会设计并实现更丰富且优质的功能。使用通用的低代码平台，专业开发者可以无缝切换角色并参与构建应用，从而轻松地与全民开发者协同开发更优质的应用。

而这种赋能全民开发者的边缘式敏捷创新又构成了企业拓展变革边界的一个创新引擎。

12.3.3　跨边界融合

数字技术带给企业进行变革和创新的一个新势能是跨边界融合。跨边界融合不仅体现在企业外部的跨行业、跨领域、跨区域的边界上，比如"互联网＋农业""医疗＋地产＋旅游"等，还体现在企业内部的跨组织、跨部门、跨角色的边界上。而企业内部的跨边界融合引发了规则变化、信息流变化、资源变化、流程变化、产品变化等，正是这些变化重新培育了激发创新的土壤和环境。

在企业内部，边界是普遍存在的，比如存在于部门之间、角色之间。在企业的发展过程中，各种资源、信息、人才等都需要跨越企业内的各种边界进行传递，而跨越的质量和效率对企业的内部创新起着十分重要的作用。跨边界可以说是没有限度的，但是能力是有限度的，所以提升企业组织和员工的能力能让跨边界融合带给企业更肥沃的创新土壤和更好的成长性。

全民开发者的文化、企业公民的新思维让企业把数字技术转化成一种可以创新和转型的能力，进而让不同部门、不同角色之间有能力进行更广泛的协同及更丰富的组合，再把各种知识、信息、技能、想法、资源等进行跨边界融合和重混，在共同目标下探索变革和创新，从而产生并形成新流程、新资源、新产品、新业务等，创造无限种可能。在此过程中，企业使用低代码平台以及其他数字化工具，以低成本、快速的方式进行应用和验证，进而推动企业不断探索和延展变革的边界，提升数字化时代的竞争力和创新力。

推荐阅读

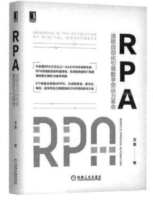

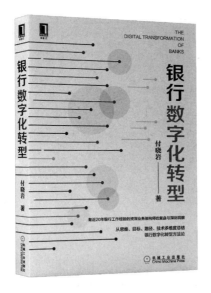 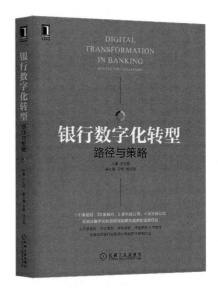

银行数字化转型

这是一部指导银行业进行数字化转型的方法论著作，对金融行业乃至各行各业的数字化转型都有借鉴意义。

本书以银行业为背景，详细且系统地讲解了银行数字化转型需要具备的业务思维和技术思维，以及银行数字化转型的目标和具体路径，是作者近20年来在银行业从事金融业务、业务架构设计和数字化转型的经验复盘与深刻洞察，为银行的数字化转型给出了完整的方案。

银行数字化转型：路径与策略

银行数字化转型的内涵和外延是什么？
银行为什么要进行数字化转型？
先行者有哪些经验和方法值得我们借鉴？
银行数字化转型的路径和策略有哪些？
……

本书将从行业研究者的视角、行业实践者的视角、科技赋能者的视角和行业咨询顾问的视角对上述问题进行抽丝剥茧般探讨，汇集了1个银行数字化转型课题组、33家银行、5家科技公司、4大咨询公司的究成果和实践经验，讲解了银行业数字化转型的宏观趋势、行业先进案例、科技如何为银行业数字化转型赋能以及银行业数字化转型的策略。